国家出版基金项目
NATIONAL PUBLICATION FOUNDATION

生态气象系列丛书

丛书主编：丁一汇
丛书副主编：周广胜 钱 拴

U0276153

天津生态气象

主编：郭 军
副主编：陈思宁 黄 鹤

气象出版社
China Meteorological Press

内 容 简 介

本书针对天津市典型生态系统气象监测、评估、服务等业务能力建设,系统介绍了天津市气象局近年来生态气象的研究成果。书中详细介绍了基于气象要素、多源卫星遥感数据,应用数理统计、数值模拟、地理信息系统(GIS),对天津市城市、水体湿地、林地植被、农田以及海岸带等典型生态系统监测、评估,分析了影响生态系统的气候概况、极端气候事件与气候变化对生态系统的影响。其主要内容包括:天津市生态气象要素的特征、五大典型生态系统生态气象监测评估和针对生态保护修复人工影响天气的现状。

本书可供气象、环境、生态、地理、农林业、城市规划等相关专业从事科研和业务的技术人员以及政府部门的决策管理者参考。

图书在版编目(CIP)数据

天津生态气象 / 郭军主编 ;陈思宁,黄鹤副主编
. -- 北京 :气象出版社,2023.8
(生态气象系列丛书 / 丁一汇主编)
ISBN 978-7-5029-7998-0

Ⅰ. ①天… Ⅱ. ①郭… ②陈… ③黄… Ⅲ. ①生态环境-气象观测-研究-天津 Ⅳ. ①P41

中国国家版本馆CIP数据核字(2023)第119250号

天津生态气象
Tianjin Shengtai Qixiang

出版发行:气象出版社
地　　址:北京市海淀区中关村南大街 46 号　　　邮政编码:100081
电　　话:010-68407112(总编室)　010-68408042(发行部)
网　　址:http://www.qxcbs.com　　E - m a i l:qxcbs@cma.gov.cn
责任编辑:黄红丽　　　　　　　　　终　　审:张　斌
责任校对:张硕杰　　　　　　　　　责任技编:赵相宁
封面设计:博雅锦
印　　刷:北京地大彩印有限公司
开　　本:787 mm×1092 mm　1/16　　印　　张:15.5
字　　数:400 千字
版　　次:2023 年 8 月第 1 版　　　　印　　次:2023 年 8 月第 1 次印刷
定　　价:155.00 元

编委会

前言

党的十八大把生态文明建设纳入中国特色社会主义事业"五位一体"总体布局,明确提出大力推进生态文明建设,努力建设美丽中国,实现中华民族永续发展。天津市委市政府坚持绿水青山就是金山银山的理念,坚持山水林田湖草沙一体化保护和系统治理,全方位、全地域、全过程加强生态环境保护,生态文明制度体系更加健全,向着绿色、循环、低碳发展转变,生态环境保护发生全局性变化。气象部门高度重视生态文明建设气象保障服务能力建设,按照习近平总书记的重要指示精神,围绕生命安全、生产发展、生活富裕、生态良好的新需求,加快推进气象高质量发展,努力构建科技领先、监测精密、预报精准、服务精细、人民满意的现代气象体系,更好满足人民日益增长的美好生活需要,为全面建成社会主义现代化强国提供坚强支撑。

天津市委市政府按照山水林田湖系统保护的要求,划定并严守生态保护红线,维护国家生态安全,融入京津冀生态网络大格局,促进经济社会可持续发展。天津市气象局按照市委市政府和中国气象局的要求,围绕森林、湿地、农田、海岸带、城市等典型生态系统开展有特色的生态气象服务研究,先后筹建了天津市生态气象与卫星遥感中心、都市农业气象中心、高分辨率对地观测系统天津数据与应用中心、中国气象局温室气体监测和碳中和监测评估天津分中心。

本书总结、梳理近年来业务服务案例,以及各类型课题研究成果,主要是围绕城市生态、水体湿地、林地、农田、海岸带等天津市典型生态系统的气象监测、评估技术研究成果。希望本书的出版能为进一步了解天津市城市变化、林地与水体湿地变化、海岸带演变受气候与气候变化影响情况,了解针对典型生态系统的气候评估与区划提供参考。

《天津生态气象》由郭军主编,陈思宁、黄鹤副主编,根据天津典型生态系统气象服务特点,拟定大纲和每章的要点,确定本书分为8章。全书由郭军统稿并最终审定。第1章为绪论,主要介绍天津市生态文明建设现状、发展规划,以及生态气象服务的现状和站网建设、业务系统等,由郭军、陈思宁负责编写;第2章为天津市生态气象概况,介绍天津自然生态情况,分析了温度、水、日照等生态气象要素的时空特征以及主要的气象灾害,由陈跃浩负责编写;第3章为城市生态气象,介绍了天津城市的发展,以及城市气候效应研究成果,详细介绍利用高时空分辨率气象观测站的热岛评估和基于高分卫星资料的城市热岛监测评估成果,分析了天津市风向风速的变化特征,结合城市热岛、城市形态参数,开展城市通风廊道设计研究,最后介绍了天津市重污染天气环境气象的业务服务,本章由黄鹤、孟凡超、蔡子颖、郭军负责编写;第4章为水体湿地生态气象,介绍了天津市水体湿地演变,应用多源卫星遥感数据对水体湿地监测评估,分析水体湿地面积变化、水质变化、生态状况等,整理了水体湿地小气候研究成果,分析了气候变化对天津市水体湿地的影响,本章由李根、郭玉娣、宋鑫博、郭军负责编写;第5章为林地生态气象,介绍了天津市绿化建设进展,应用高分卫星监测评估天津山区林地植被的变化,评估了绿色生态屏障区建设的气候效应,本章由陈跃浩、黄鹤、李根、梁冬坡、郭军负责编写;第6章为农田生态气象,介绍了天津农业种植结构与农业气候资源区划,应用卫星遥感开展农田监测成果,分析了天津小站稻和特色农产品的气候适宜性以及天津农田气候生产潜力,本章由陈思宁、王铁、李根、郭军负责编写;第7章为海岸带生态气象,介绍了天津市海岸带变迁及影响,应用卫星遥感监测识别评估海岸带变化的研究成果,分析了气候变化对天津海岸带侵蚀与海平面上升的影响,并做了定量化的影响评估与区划,介绍了应用内涝仿真模型开展风暴潮对天津市滨海新区影响评估技术的研究成果,本章由郭玉娣、段丽瑶、郭军负责编写;第8章为生态修复型人工影响天气,简单介绍了天津市人工影响天气的业务、科研和管理情况,本章由宋薇负责编写。全书涉及天津市气候中心多年来在生态气象方面的研究成果,也整理了相关的参考文献。在此感谢天津市气候中心全体业务人员提供的资料,特别是刘淑梅、李春在农业气象上的指导,卫星遥感科提供的卫星遥感资料,气候分析科多年来的研究成果。本书由国家重点研发计划"京津冀超大城市和城市群的气候变化影响和适应研究"(2018YFA0606300)资助,在此一并感谢。

同时还须说明,由于生态气象涉及较广,有关的研究很多,我们的研究成果具有局限性,不够深入,且限于篇幅,概括还不够全面,难免有所疏漏,恳请读者多提宝贵意见,以便我们不断丰富天津市生态气象的研究。

编者

2022 年 12 月

目录

第1章
绪 论

建设生态文明,关系人民福祉,关乎民族未来。党的十八大把生态文明建设纳入中国特色社会主义事业"五位一体"总体布局,明确提出大力推进生态文明建设,努力建设美丽中国,实现中华民族永续发展。走向生态文明新时代,建设美丽中国,是实现中华民族伟大复兴的中国梦的重要内容。习近平总书记在党的十九大报告中强调:"坚持人与自然和谐共生。建设生态文明是中华民族永续发展的千年大计。必须树立和践行绿水青山就是金山银山的理念,坚持节约资源和保护环境的基本国策,像对待生命一样对待生态环境,统筹山水林田湖草系统治理,实行最严格的生态环境保护制度,形成绿色发展方式和生活方式,坚定走生产发展、生活富裕、生态良好的文明发展道路,建设美丽中国,为人民创造良好生产生活环境,为全球生态安全作出贡献。"

加快推进生态文明建设是加快转变经济发展方式、提高发展质量和效益的内在要求,是坚持以人为本、促进社会和谐的必然选择,是全面建成小康社会、实现中华民族伟大复兴中国梦的时代抉择,是积极应对气候变化、维护全球生态安全的重大举措。全面推进污染防治,建立以保障人体健康为核心、以改善环境质量为目标、以防控环境风险为基线的环境管理体系,健全跨区域污染防治协调机制,加快解决人民群众反映强烈的大气、水、土壤污染等突出环境问题。大力推进绿色城镇化,构建科学合理的城镇化宏观布局,尊重自然格局,依托现有山水脉络、气象条件等,合理布局城镇各类空间,尽量减少对自然的干扰和损害。提高应对极端天气和气候事件能力,加强监测、预警和预防,提高农业、林业、水资源等重点领域和生态脆弱地区适应气候变化的水平。

天津市委市政府高度重视生态文明建设,深入贯彻习近平总书记系列重要讲话精神和治国理政新理念新思想新战略,紧紧围绕统筹推进"五位一体"总体布局和协调推进"四个全面"战略布局,牢固树立新发展理念,认真落实党中央、国务院决策部署,以改善生态环境质量为核心,以保障和维护生态功能为主线,按照山水林田湖草系统保护的要求,划定并严守生态保护红线,实现一条红线管控重要生态空间,确保生态功能不降低、面积不减少、性质不改变,维护国家生态安全,促进经济社会可持续发展。到2035年,国土空间开发保护格局得到优化,"871"重大生态建设工程(875 km² 湿地升级保护、736 km² 绿色生态屏障建设、153 km 海岸线严格保护)取得重大进展,生产生活方式绿色转型成效显著,能源资源配置更加合理、利用效率大幅提高,主要污染物排放总量持续减少,生态环境显著改善,城乡人居环境更加绿色宜居。构建"三区两带中屏障"的生态空间格局。完善生态廊道和生物多样性保护网络,提升生态系统质量和稳定性,构建科学合理的生态安全格局。统筹优化生态空间,重点保护北部盘山-于桥水库-环秀湖生态建设保护区、中部七里海-大黄堡-北三河生态湿地保护区、南部团泊洼-北大港生态湿地保护区，着力构建西部生态防护林带和东部国际蓝色海湾带，以双城间绿色生态屏障为重点调整生态功能布局，建设世界级"生态屏障、津沽绿谷"。开展北部矿山生态修复，实施山区重点公益林管护和封山育林，重建山体自然生态，提升北部山区生态涵养功能。坚持留白、留绿、留璞，强化山水林田湖草系统治理，加快推进"871"重大生态建设工程。全面加强七里海、大黄堡、北大港、团泊洼 4 个湿地保护和修复，加快推进退耕还湿、生态补水等工程，打造国家湿地保护与修复典范。加快双城间绿色生态屏障建设，推进区域内造林绿化、水系连通和生态修复等工程建设，到 2025 年一级管控区森林（绿化）覆盖率达到 25％，构建贯通天津南北的生态廊道。实施"蓝色海湾"修复整治，强化渤海近岸海域岸线修复建设，到 2025 年自然岸线保有量不低于 18 km。

加强大气环境治理。坚持全民共治、源头防治，优化产业布局和能源、交通运输结构，巩固提升"散乱污"企业综合治理成效，实施工业污染排放总量和强度"双控"，加快推进钢铁、石化等传统行业绿色转型和升级改造，淘汰低效落后产能，从源头减少能耗、物耗和污染排放。深化燃煤、工业、移动源、扬尘、新建项目污染治理。强化多污染物协同控制和区域协同治理，加强细颗粒物和臭氧协同控制。实施气象保障服务系统工程，提升生态保护修复气象服务能力。到 2025 年细颗粒物年均浓度控制在 43 $\mu g/m^3$ 左右，基本消除重污染天气，大气环境质量显著改善。

天津市委市政府全面推进生态文明建设，统筹生产、生活、生态三大空间，不断加强生态环境保护和生态修复建设，加快美丽天津建设。天津市第十七届人民代表大会提出"双城生态屏障、津沽绿色之洲"的建设定位。该规划紧密衔接屏障区未来保护与建设形势，坚持生态优先、绿色发展，近期以解决区域突出生态环境问题，远期以污染物排放总量显著降低、生态环境根本好转为目标，以"预防、调整、治理、管控"为主线，全面落实屏障区规划管控要求，实施分级分类管控和治理，加大机制创新，为实现"生态屏障，津沽绿谷"定位奠定良好的生态环境基础。要求优化生态环境质量监测网络，建设屏障区生态环境监测平台，优化屏障区大气、水、土壤等生态环境质量监测，客观准确反映屏障区生态环境质量状况，实现精准溯源、精细化监管。开展区域生态环境状况定期监测与评估，建设天地一体化的生态遥感监测系统，加强无人机遥感和地面生态监测，特别是对自然保护区、永久性保护生态区、生态保护红线、重点造林区等重要生态保护区进行监测和评估，全面掌握区域生物多样性变化、生态环境质量、生态系统演变趋势等。特别是要及时掌握一级管控区蓝绿空间生态功能状况及动态变化。

从生态空间上看，绿色生态屏障有机融入京津冀生态网络。北连天津七里海、大黄堡生态湿地保护区、盘山和于桥水库生态保护区，同北京通州生态公园和湿地公园呼应。南接北大港和团泊洼生态湿地保护区，与雄安新区生态公园和湿地公园串联。将天津正在加紧推进的七里海、大黄堡、团泊洼、北大港四大湿地保护修复和渤海海岸线综合治理等生态工程贯通起来，形成京津冀区域内从山到海的生态通道，切实筑牢首都"生态护城河"。建设绿色生态屏障，也是天津坚持新发展理念，坚定不移走绿色高质量发展道路的"宣言书"。南北向约 50 km、东西向约 15 km，面积 736 km² 绿色生态屏障区，彻底改变了中心城区和滨海新区东西对进、相向拓展"摊大饼"式粗放发展路径，走上了绿色、集约、内涵、高质量的新路，有利于构建津城与滨城"双城"辉映的新型城市发展格局。规划建设中的绿色生态屏障区，自古为渤海退海之地，是内陆生态湿地系统向滨海滩涂湿地转换的重要生态功能区。一百多年来的人类活动，改变了这片地区的面貌,土地被开垦、利用,水面和植被面积大量减少,生态承载力不断弱化。通过建设绿色生态屏障,将恢复地区百年前的"津沽"风貌和"九河下梢,水乡泽国"的生态环境。

中国气象局大力推进生态气象业务建设,近年来在中国气象局的支持下建成风云三号、四号卫星资料直收站,建立了长时间气象卫星遥感资料序列,初步形成以卫星遥感应用为重点的生态气象服务能力。建立了植被生态质量监测评价技术方法和核心指标,利用多源卫星遥感数据,开展植被覆盖率、森林叶面积指数、生态质量气象评价、水体和湿地、城市热岛特征等动态监测评估,初步形成了生态气象监测评估业务能力。参与《天津市"十三五"生态环境保护规划实施计划及任务分工》《天津市建立资源环境承载能力监测预警长效机制的实施意见》等文件的编制。利用积累的长年代气象要素开展生态红线划定气候评估研究,为天津市生态红线划定提供科学依据。开展城市积水隐患点普查、城市内涝气象风险评估,编制设计暴雨计算公式、典型暴雨年等,为海绵城市规划建设提供了重要依据。2020 年 3 月国防科工委批复在天津建立高分辨率对地观测系统天津数据与应用中心,依托天津市气象局气候中心为建设单位开展高分卫星中心建设,2022 年 5 月成立中国气象局温室气体监测和碳中和监测评估天津分中心。在中国气象局的支持下,开展能力建设,围绕生态文明建设气象保障服务开展服务。

"十二五"和"十三五"期间,天津市气象局持续加强大气环境观测能力建设。在中国气象局统一部署下,提升全区域雾-霾监测能力,全市 13 个国家级观测站均实现能见度仪器观测,并在市区、武清、蓟州、宁河、汉沽、塘沽、大港、静海等地完成大气成分站建设,实现 $PM_{2.5}$ 和 PM_{10} 的实时观测;在市区城市边界层站 255 m 气象塔建成 5 层大气成分观测平台,实现 $PM_{2.5}$ 廓线观测,在地面增加黑碳、粒径谱、浊度仪观测,雾-霾观测向深度开展。加强与大气环境密切相关的边界层观测,在城区 255 m 气象塔实现 15 层风、温、湿度廓线观测,并通过地面微波辐射计和气溶胶激光雷达建设,延伸气象塔高度,开展边界层风、温、湿和污染观测,在静海、西青、宝坻和滨海布设风廓线雷达,完成高空风场的组网观测,提升边界层观测能力;加强全市范围生态监测能力,全市增加 5 个负氧离子观测站,在科技园建立新型的辐射站,为生态气象服务奠定基础。

大气污染防治气象保障服务水平不断提升。2013 年以来天津市气象局在中国气象局和天津市政府指导下,积极开展大气污染防治气象保障服务。在组织上,成立天津市环境气象中心,夯实业务发展主体;在业务上,积极开展霾和大气污染气象条件预报,预报时效不断延长,目前实现 0~10 d 环境气象智能网格预报,分辨率 5 km,并联合生态环境部门开展月空气质量预测。联合生态环境部门开展空气质量预报和重污染天气预警,预警时效提前 24 h,预报准确率不断提高;开展市-区两级大气污染气象条件评估服务,科学解析气象条件对空气质量变化影响;在技术上,构建 0~15 d 高分辨率环境气象数值模拟,为大气污染防治预测提供客观支撑,构建环境气象评估模型,实现多项评估技术开发和运用,为大气污染防治精细化管控提供客观支撑,开发一体化平台(TIPTOP)环境气象功能,实现监测、分析、预报和产品发布检验的集约化,市-区两级共同开展大气污染防治气象服务,并通过业务平台建设,初步构建环境气象智能网格预报体系,初步发展了以生活指数为主的健康气象服务体系,为大气污染防治分区和精细化预报、预警、服务和管控提供技术支撑。

本书围绕天津市生态文明气象保障服务建设成果,针对天津市城市生态、水体湿地、森林、海岸带、农田等典型生态系统的科研、业务服务进行梳理和分析,为超大城市生态建设气象服务提供参考。

第2章
天津市生态气象概况

2.1　自然生态状况

天津,中国四大直辖市之一,也是中国北方最大的开放城市和工商业城市。天津简称"津",意为天子经过的渡口,也称"津沽""津门"。天津所在地原为海洋,4000多年前,在黄河泥沙作用下慢慢露出海底,形成冲积平原。古黄河曾三次改道,在天津附近入海,3000年前在宁河区附近入海,西汉时期在黄骅县附近入海,北宋时在天津南郊入海。金国时黄河南移,夺淮入海,天津海岸线固定。天津地处华北平原北部,东临渤海、北依燕山,位于东经116°43′~118°04′,北纬38°34′~40°15′之间。市中心位于东经117°10′,北纬39°10′。天津位于海河下游,地跨海河两岸,北南长189 km,西东宽117 km。陆界长1137 km,海岸线长153 km。

天津城市发展的目标愿景为"京津冀城市群和环渤海地区发展的重要引擎,生态引领、创新竞进、和谐宜居的现代化国际大都市",是联通京津冀及"三北"地区,辐射东北亚、连通欧日韩的国际航运核心区,中国北方最大的沿海开放城市。图2.1是天津市城市发展区位图,京津冀城市群中部,在沿海地区与沧州、唐山、秦皇岛打造东部滨海发展示范区;与北京、雄安新区共同建设城市群中心消费核心区;与北京、张家口、承德建设生态涵养区。从生态安全、粮食安全、区域应急联防联控等方面起到强化首都安全格局的作用。

天津地质构造复杂,大部分被新生代沉积物覆盖。地势以平原和洼地为主,地貌总轮廓为西北高而东南低,除北部与燕山南侧接壤之处多为山地外,其余均属冲积平原,平原约占93%。天津地跨海河两岸,海河流域五大支流永定河、大清河、子牙河、南运河和北运河在天津三岔口汇合成海河干流,由大沽口入海。天津市域内一级河道19条,以及输水河道含引滦水源输水河道、引黄济津、南水北调东线,南水北调中线天津干线等(图2.2);二级河道79条,深渠1061条。水源水库5座,分别是于桥水库、尔王庄水库、北塘水库、王庆坨水库、北大港水库;6座其他重要大中型水库,分别是团泊洼水库、杨庄水库、鸭店水库、黄港一库二库、东丽湖、天嘉湖。北大港水库西库为北大港湿地自然保护区核心区,东库为北大港湿地自然保护区实验区,团泊洼水库为团泊鸟类自然保护区。天津湿地众多,有古海岸与湿地国家级自然保护区、大黄堡湿地自然保护区,以及青甸洼、黄庄洼、东淀等洼地,沿海还有盐田。根据《天津市国土空间总体规划(2021—2035年)》的规划目标,以资源环境承载能力和国土空间开发适宜性评价为基础,充分对接京津冀生态体系,构建"三区两带中屏障"生态布局(图2.3),"三区"即北部盘山-于桥水库-环秀湖生态建设保护区、中部七里海-大黄堡-北三河生态湿地保护区和南部团泊洼-北大港生态湿地保护区;"两带"即西部生态防护带和东部国际蓝色海湾带;"中屏障"则指中心城区和滨海新区之间绿色屏障区。

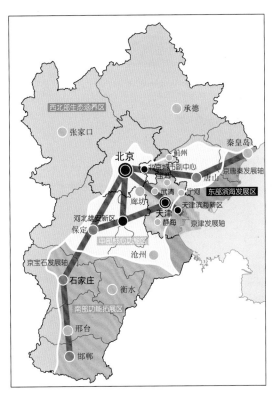

图 2.1　天津市区位示意图
(引自(天津市规划和自然资源局,2022))

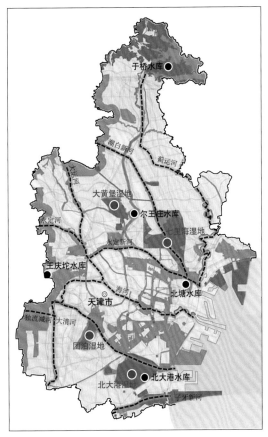

图 2.2　天津市主要河流和水库湿地位置示意图
(引自(天津市规划和自然资源局,2022))

天津海岸线位于渤海西部海域,南起歧口,北至涧河口,长达 153 km。有滩涂资源、海洋生物资源、海水资源、海洋油气资源。滩涂面积约 370 多平方千米,已开发利用。天津地区植被大致可分为针叶林、针阔叶混交林、落叶阔叶林、灌草丛、草甸、盐生植被、沼泽植被、水生植被、沙生植被、人工林、农田种植植物 11 种。

2.2　气候条件

天津地处华北平原东部,西有太行山、北依燕山、东临渤海,位于北温带中纬度欧亚大陆东岸,主要受季风环流的支配,是东亚季风盛行的地区,属温带大陆性季风气候。天津主要气候特征是:四季分明,春季多风,干旱少雨;夏季炎热,雨水集中;秋季气爽,冷暖适中;冬季寒冷,干燥少雪。四季之中,冬季最长,有 137~153 d;夏季次之,有 102~122 d;春季 55~59 d;秋季最短,仅为 50~56 d。

根据 1991—2020 年气候资料统计显示,天津市年平均气温 13.1 ℃,全市各区年平均气温在 12.1~14.1 ℃之间;其中市区最高,宝坻最低,总体上呈现南部气温高于北部的分布特征

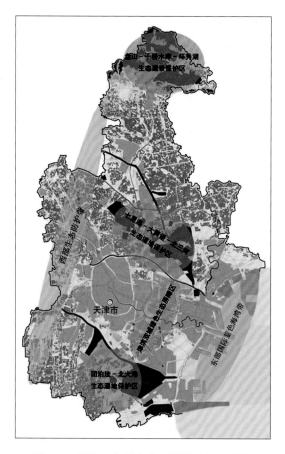

图 2.3　天津市主要生态区规划布局示意图
(引自(天津市规划和自然资源局,2022))

(图 2.4a)。各月之中,1月最冷,为−3.2 ℃,全市各区1月平均气温在−4.4～−1.7 ℃之间;7月最热,为27.0 ℃,各区7月平均气温在26.5～27.8 ℃之间。历史上,年极端最高气温41.7 ℃,1999年7月24日出现在蓟州;极端最低气温−27.4 ℃,1966年2月22日出现在宝坻。

近30 a(1991—2020年)天津年平均降水量为534.7 mm,全市各区年平均降水量518.3～611.1 mm;年平均降水日数为63 d,各区60～67 d。各月之中,7月降水量最多,为160.1 mm,全市各区7月降水量在141.2～188.3 mm之间;1月降水量最少,仅有2.5 mm,全市各区1月降水量在2.0～2.9 mm之间。历史上,年降水量最多高达1213.3 mm(1978年蓟州),最少为194.4 mm(1968年东丽);一日降水量最大值353.5 mm,1978年7月25日出现在蓟州。空间上,总体呈现山区降水多于平原,沿海多于内陆的分布特征(图2.4b)。

天津季风盛行,多为西南风,沿海风速明显高于内陆地区(图2.4c)。各季中,冬、春季节风速最大,其中3月平均风速达到3.1 m/s;夏、秋季节风速较小,8月平均风速仅为1.9 m/s。全年平均风速为2.4 m/s,各区平均风速在1.6～3.1 m/s之间。全市各气象站有观测记录以来,瞬时极大风速曾达到52.7 m/s(1986年7月9日出现在滨海新区塘沽站)。天津光照资源充足,全年日照时数能达到2421.5 h,空间上沿海高于内陆(图2.4d);各季中,春夏光照丰富,各月日照时数194.1～263.2 h;秋冬季光照较少,各月日照时数161.7～207.1 h。

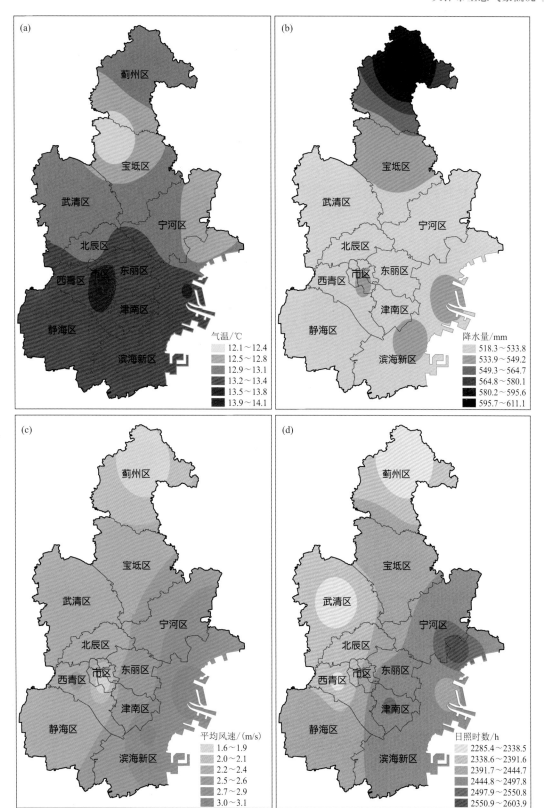

图 2.4　天津市 1991—2020 年年平均气温(a)、降水量(b)、平均风速(c)和日照时数(d)分布

2.3　主要气象灾害

影响天津的主要气象灾害既有本地发生的暴雨、冰雹、大风、干旱、暴雪、台风和龙卷等,又有上游发生的干旱(影响径流,减少水资源)、特大暴雨(造成洪水)等。气象灾害一方面对社会经济和人们生命财产安全造成直接影响,另一方面,其衍生灾害(山体滑坡、泥石流、风暴潮等)给各行各业带来严重影响。

受气候变化影响,极端天气气候事件频发多发,气象灾害几乎每年均会给天津社会经济造成影响,其中以暴雨洪涝最为显著,占比接近60%,风雹次之(占比约31%),干旱、雪灾、台风、龙卷、低温和雷电的影响均较小,6种灾害占比合计不足10%(图2.5)。

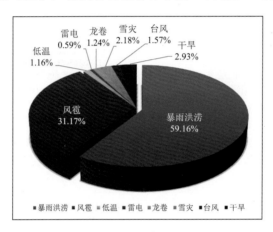

图2.5　不同类型气象灾害造成直接经济损失占比

2.3.1　暴雨洪涝

天津暴雨多发生在夏季,尤其是7、8月份。暴雨日数平均每年1.7 d,夏季暴雨日数为1.5 d,春、秋季节也偶有发生。

天津地处九河下梢,上游多条河系通过汇集海河入海。流入天津的主要河流有:发源于河北境内的北运河,发源于河北、山西境内的永定河、子牙河、大清河,起自黄河北岸的南运河,这五大河流的上游也是一些较大的河流,如潮白河、温榆河、桑干河、唐河、易水河、滏阳河、滹沱河、卫河、漳河、汶河。五大河最终在天津的三岔河口汇集为海河,穿过市区经过大沽口入海(温克刚 等,2008)。因此,海河流域各地区如遇连续暴雨且宣泄不畅时,常常引发海河地区洪水泛滥。1963年8月上旬,海河流域发生持续暴雨,旬降水量有200~600 mm,比常年(1991—2020年)同期偏多2~6倍,由于暴雨雨量大,来势猛,造成海河南系的子牙、大清、南运河三大水系发生特大洪水,海河上游中小型水库大都倒坝,洪水直泄下游,汇集天津市周围,形成天津市50 a一遇的洪水灾害,天津市周围一片汪洋,涌浪高达3 m。据不完全统计,此次流域特大洪水造成农田受灾面积达600万hm²,死亡5800多人,倒塌房屋1500多万间。1996年8月上旬,海河各河系上游连降暴雨,洪峰直逼天津,天津开启闸门,宣泄上游洪水,8月1—15日,从天津市区外围区县入海洪水达14.3亿m³,泄洪对农业造成严重的影响,直接经济损失达 6.96 亿元,农作物受灾面积 11.69 万 hm²,成灾面积 4.52 万 hm²,绝收面积 0.39 万 hm²。

除此之外,受气候变化影响,天津市近 30 a(1991—2020 年)单日最大降水量呈现显著增加趋势,极易诱发城市内涝。2012 年 7 月 21—22 日、25—26 日、7 月 31 日—8 月 1 日天津连续出现 3 次暴雨和大暴雨天气过程,城区大面积积水,海河流域出现了 1996 年以来的最大洪水,天津直接经济损失 24.3 亿元。2016 年 7 月 20 日,天津市普降大暴雨,全市平均降水量 185.9 mm,为 1961 年以来全市日平均降水量的最大值。此次降水过程雨量大、影响范围广,造成城区大面积积水,部分地段积水深度达 1 m 以上,对农业也造成了严重影响。此次降水过程造成全市直接经济损失达 2.56 亿元。

2.3.2　风暴潮

天津地处渤海湾西部,属于我国风暴潮灾害频发地区,同时也是受风暴潮灾害影响最严重的地区之一(李杰 等,2022)。天津风暴潮灾害一年四季皆有发生,但是夏季台风活跃期和春秋过渡季节灾害往往发生较多。1980 年以来,天津潮位高于 5 m 的风暴潮有 7 次(1992 年 9 月 1 日、1997 年 8 月 20 日、2003 年 10 月 11 日、2005 年 8 月 8 日、2009 年 4 月 15 日、2012 年 8 月 2 日和 2018 年 8 月 17 日),最严重的一次是 1992 年 9 月 1 日,天津港最高潮位达 5.93 m,是 1949 年以来的最高潮位,沿海 100 多千米海挡几乎全部漫水,汉沽两个盐场 30 万 t 原盐被冲失,大港油田 69 口井被海水浸泡,其中 31 口停产,3400 户居民家庭进水,倒塌房屋 19 间,1.8 万亩[①]海水养殖虾池被潮水冲毁,20 万 m² 路面被冲坏,直接经济损失达 4 亿元。

2.3.3　风雹

天津年平均大风日数为 3～18 d,沿海多于内陆,平原多于山区;春季大风日最多,占全年的 30% 以上,冬季次之,秋季、夏季大风依次减少。受大气环流及城市化等因素影响,大风日数呈明显减少趋势。2020 年 3 月 18 日傍晚到夜间,全市普遍出现 6～7 级西北风,阵风 9 级,局地达 12 级,其中多站极大风速突破历史同期极值,大风导致全市多处发生火灾。2021 年 4 月,全市 16 站次观测出现大风,瞬时极大风速出现在宝坻,达 24.7 m/s(10 级),大风导致 2 人死亡、2 人受伤。

天津年平均出现冰雹 10 站次,最多达 25 站次,常出现在 3 月下旬—10 月中旬,以 6、7 月份最多。一天中降雹时间多出现在 14—20 时(北京时,以下未标注世界时均为北京时)。初、终雹日期的年际差别悬殊,最早和最迟可差 80～100 d。2020 年 6 月 25 日夜间,天津经历一次罕见风雹天气过程,中南部大部分地区极大风力达到 6 级以上,最大值出现在西青站(41.4 m/s;13 级),列该站建站以来历史高值第一位,列全市有观测以来历史高值第三位(塘沽站:52.7 m/s(1986)、48.7 m/s(1966))。武清、北辰、西青、市区、津南多地出现冰雹,其中西青区最大冰雹直径达 2.5 cm,武清最大冰雹直径 2 cm,津南区冰雹直径在 4 mm 左右。风雹灾害造成西青、武清、北辰、津南四个区玉米、果树、蔬菜、瓜果等农作物受灾(图 2.6),农作物受灾面积 0.95 万 hm²,直接经济损失 5.16 亿元。

---

①　1 亩＝1/15 hm²,余同。

图 2.6　2020 年 6 月 25 日风雹过程农业受灾情况

2.3.4　干旱

天津干旱一年四季均可能发生,干旱范围广,次数多,素有"十年九旱"之称。每年都会在某个季节某个区出现不同程度的干旱现象,有时还会出现全市区域性干旱、春夏连旱、夏秋连旱甚至春夏秋连旱等。春季是天津旱情最重、对农作物影响最大的季节。近 50 a(1971—2020 年)来有 75.7％的年份曾出过现全区性或局部区域的春旱。

干旱有一定的连续性,常有几年连旱的情况。1961 年以来,全市范围最长连旱时间达 4 a,如 1980—1983 年和 1999—2003 年。而 1997—2007 年的 11 a 间,除 1998、2003、2004 年年降水量比常年略偏多以外,其他年份降水偏少,导致河流水位下降、水库蓄水不足。2000 年,春夏降水量持续偏少,其中 6 月降水特少,比常年同期偏少 9 成,持续了上年的干旱。上游地区降水总体偏少,库区周围可形成径流的降水过程更少,基本没有客水流入天津市,造成全市河道、水库等无水可蓄,地下水位明显下降。受其影响,全市夏粮和秋粮出现了大幅减产,农作物受灾面积 35.8 万 hm²,成灾面积 18.2 万 hm²,粮食总产量比上年下降 29％,40 万人饮水困难,直接经济损失达 12.8 亿元。

2.3.5　暴雪

天津暴雪多见于 11 月—次年 3 月,其中初冬 11—12 月最多。2010 年 1 月 2 日夜间—4 日 02 时,天津普降大到暴雪,其中滨海新区中部和北部、东丽、市区、北辰为暴雪。受降雪影响,1 月 3 日市内交通车辆运行缓慢,途经天津的高速公路上发生近 30 起交通事故,12 条途经天津的高速公路上午全部关闭。同日,天津机场关闭,50 多个航班被取消。由于降雪较大且持续低温,至 6 日高速公路路况仍然不良,车辆移动缓慢。6 日上午,唐津高速距唐山 180 km 处发生堵车,堵车从 5 日 18 时开始持续十五六个小时,各种车辆绵延数千米。

2.3.6　台风

1951 年以来直接或间接影响天津市的台风一共有 19 个,中心过境的只有 1 个(2018 年台风"安比"),平均 4～5 a 天津就会受台风影响(杜庆有 等,2021)。台风对于天津的影响主要表现为:一是导致海河流域大范围暴雨,形成洪水影响天津;二是直接导致天津本地暴雨,形成城市内涝;三是导致潮位暴涨,形成风暴潮,影响滨海新区。

1951 年以来海河流域共出现 4 次流域性洪水,分别发生在 1954、1956、1963 和 1996 年,其中 1956、1996 年洪水是由台风影响产生的。1956 年洪水是受 5612 号台风"温黛"影响,7 月底 8 月初海河流域发生一次大强度暴雨,降雨从 7 月 29 日开始至 8 月 4 日结束,历时 7 d。雨区范围很广,太行山、燕山山区都被大雨所笼罩,大暴雨区主要分布在太行山迎风山区,从南到北过程雨量 600 mm 以上,暴雨中心多达 5 处,最大暴雨中心平山县狮子坪最大一日降水量 385 mm(8 月 3 日),3 d 雨量 747 mm(8 月 2—4 日)。洪水主要以大清河、子牙河、漳卫南运河为主,各水系都发生漫溢和决口,其中以大清、子牙河最为严重。1996 年洪水是因 199608 号台风"贺伯"登陆后减弱为低气压与西风倒槽和冷空气共同影响造成的。"96·8"暴雨集中于海河南系太行山东侧迎风坡,过程雨量超过 600 mm 的有四个暴雨中心,自南向北依次是:河南省林县土园站 679.9 mm,沙河上游河下站 653.0 mm,泜河临城水库石家栏站 642.9 mm,黄壁庄水库南西焦 652.0 mm。四个暴雨中心相距不远,几乎连成一片,顺着太行山迎风坡形成一个狭长带状的 300 mm 以上高值区。突发性高强度暴雨造成了山洪暴发,一些中小河流漫溢。太行山区 400 多座水库,有 300 多座库满溢流。四个重点滞洪区被迫启用,部分山区和滞洪区遭受严重灾害。

直接导致天津出现暴雨的台风有 4 个,分别为 197203、198407、201810 和 201814 号台风。201810 号台风"安比"造成天津普降大暴雨,平均降雨量 130.8 mm,最大雨量出现在武清河北屯,为 240.8 mm,最大小时雨量出现在宝坻高家庄,为 56.1 mm/h;此次过程造成天津大部分地区路面积水,部分路段出现漫堤和断交,农业损失严重。受 201814 号台风"摩羯"外围影响,天津东部大到暴雨,局部大暴雨,全市平均降雨量 49 mm,最大降雨出现在张头窝 149 mm。197203 号台风"丽塔"造成京津地区普降 40～120 mm 大到暴雨,北京东北部出现大暴雨,京津普遍出现 6～8 级大风,塘沽阵风 10 级。198407 号台风"Freda"给天津(8 月 9 日 20 时—10日 08 时)带来 133.7 mm 雨量。

2.3.7　龙卷

历史上天津共观测到 4 次龙卷天气,天津地区记录到的龙卷次数不多,最严重的发生在 1969 年。1969 年 8 月 27 日高空有东蒙冷涡出现,后向东偏南缓慢移动,地面不断有冷锋东移,经北京向天津侵袭,28、29 日午后和傍晚对流旺盛,出现雷雨、大风,两天内连续发生两次龙卷。

28 日龙卷约 15 时 40 分在天津市内红桥区、南开区出现,风经赵家场渡口,6 条船只被刮翻沉没,行人被风刮入河中,树木被扭断,水泥电杆被刮倒,市第二中心医院重约 30 t 的烟囱被刮歪,2～3 t 重的铁管架被吹到附近房顶上。29 日 20 时 20 分再次出现龙卷,风从河北省霸县入西青区,将直径 60 cm 的大树连根拔起,扭断钢筋混凝土铸件,摧毁建筑,许多烟囱、房顶刮得不知去向。据当时的统计,两次龙卷造成 120 人死亡,823 人受伤,房屋倒塌 1271 间。

刮倒电线杆 400 多根,造成 84 个重要部门停电。折断树木万余株,24.1887 万亩农田受灾。

另外,2018 年 8 月 13 日 17 时 30 分左右,静海地区出现自东北向西南移动龙卷,并伴有局地短时强降水、大风天气,此次龙卷移动路径长度为 5 km 左右,宽度几米至百米以上,致灾过程持续时间约 15 min,导致农作物倒伏、水泥钢筋电线杆折断、汽车被卷起,房屋倒塌 4 间、损坏 179 间,造成经济损失 4731 万元。图 2.7 是此次龙卷造成的灾害现场情况。

图 2.7 龙卷导致天津市静海区受灾情况

2.4 生态气象要素时空变化

2.4.1 气温

在全球变暖背景下,1961—2020 年天津市年平均气温呈现显著升高趋势(图 2.8),增暖幅度为 0.39 ℃/10 a。从增暖趋势来看,20 世纪 80 年代之前增温并不显著;进入 20 世纪 90 年代后呈现显著增温趋势,其中近 10 a(2011—2020 年)是 1961 年以来的最暖时期,平均气温达到 13.5 ℃,明显高于其他年代。在四季平均气温的变化上,冬、春季增温最为明显,分别为 0.50 ℃/10 a 和 0.51 ℃/10 a,秋季增温幅度为 0.28 ℃/10 a,夏季最小,为 0.27 ℃/10 a。

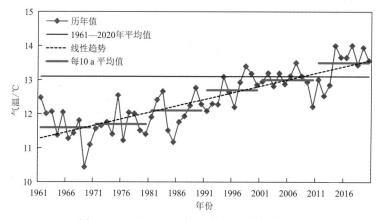

图 2.8 1961—2020 年天津市平均气温变化

图 2.9 给出了 1961—2020 年天津市平均最高、最低气温的变化图,从图中可以看出,1961—2020 年天津市年平均最高气温呈现上升趋势,平均每 10 a 升高 0.29 ℃,低于年平均气温的升高速率;平均最高气温显著增温期发生在 20 世纪 90 年代之后。1961—2020 年天津市年平均最低气温呈现显著上升趋势,平均每 10 a 升高 0.50 ℃,高于年平均气温和最高气温的上升速率;20 世纪 70 年代之前,最低气温呈现下降趋势,之后最低气温开始明显上升,近 10 a (2011—2020 年)平均最低气温相比于 1961—1970 年上升了 2.3 ℃。

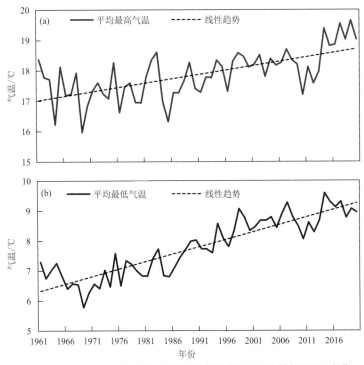

图 2.9 1961—2020 年天津市平均最高气温(a)和最低气温(b)变化

2.4.2 降水

1961—2020 年天津市年降水量并无明显增减趋势(图 2.10),但年际变化明显,从 20 世纪

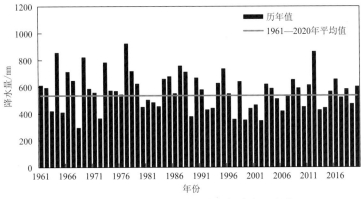

图 2.10 1961—2020 年天津市年降水量变化

60年代开始至20世纪80年代,降水量以偏多为主,其中1977年最多,全市平均降水量达到922.3 mm。从20世纪90年代开始,降水量则以偏少为主,直到最近10 a(2011—2020年),降水量逐步转为偏多,其中2012年全市平均降水量达到862.3 mm,仅次于1977年,位居第二位。从四季降水量的变化来看,与年降水量变化类似,1961—2020年四季降水量并无明显增减趋势,但夏、秋季降水日数有微弱的下降趋势。四季当中,降水资源最丰富的为夏季,占全年降水总量的70.8%,其次为秋季,占全年降水总量的15.5%,春季降水量占比为11.7%,冬季仅占2.0%。

2.4.3 积温

通常,≥0 ℃积温可以反映一个地区作物生长季内的总热量资源;≥10 ℃积温可以反映出喜温作物生长季内的热量资源,同时10 ℃也是喜凉作物迅速生长,多年生作物开始以较快速度积累干物质的温度(戴声佩 等,2014)。因此,分析了1961—2020年天津市≥0 ℃和≥10 ℃积温时空分布特征,评估天津市整体热量资源。

1961—2020年≥0 ℃和≥10 ℃积温总体均呈现上升的趋势(图2.11),≥0 ℃积温每10 a增加104.6 ℃·d,≥10 ℃积温每10 a增加99.4 ℃·d,表明天津市整体热量资源呈现增加的趋势。从不同年代积温变化来看,在20世纪70年代≥0 ℃和≥10 ℃积温均出现了小幅下降,之后开始出现明显的增加趋势。1961—2020年天津市≥0 ℃积温年均值为4821.5 ℃·d,最大值出现在2019年,为5275.5 ℃·d,最小值出现在1976年,为4369.1 ℃·d,二者相差906.4 ℃·d;≥10 ℃积温年均值为4463.1 ℃·d,最大值出现在2014年,为4946.6 ℃·d,最小值出现在1976年,为4012.4 ℃·d,二者相差934.2 ℃·d。四季当中,夏季热量资源最为丰富,春秋次之,冬季最小。空间上,天津≥0 ℃和≥10 ℃积温均为由北向南递增,从市区到滨海新区南部为全市热量资源最为丰富的地区(图2.12)。

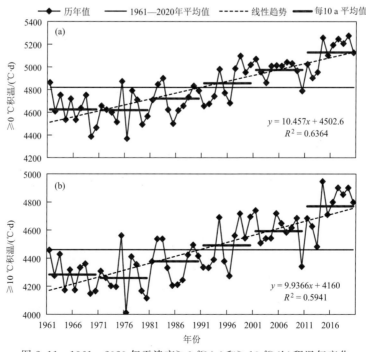

图2.11 1961—2020年天津市≥0 ℃(a)和≥10 ℃(b)积温年变化

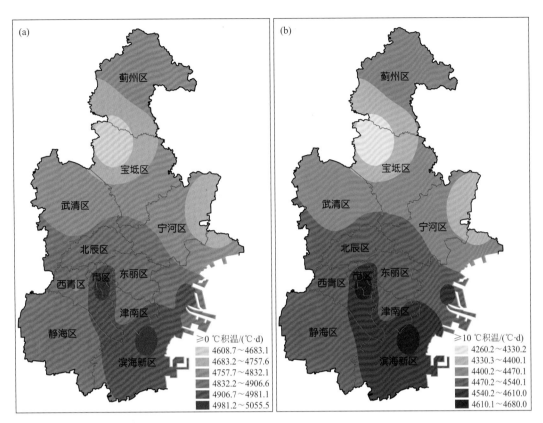

图 2.12　天津市≥0 ℃(a)和≥10 ℃(b)积温空间分布

2.4.4　太阳辐射

1961—2018 年天津市年太阳总辐射总体呈现先下降后上升的趋势,年平均值为 5107.9 MJ/m²,其中年总辐射最低值出现在 1996 年,太阳辐射量仅为 4077.6 MJ/m²。从不同年代太阳辐射的变化来看(图 2.13),从 20 世纪 60 年代开始,年总辐射呈现显著下降的趋势,其中 1961—1970年年平均太阳辐射总量为 5551.6 MJ/m²,1991—2000 年年平均太阳辐射总量为 4829.5 MJ/m²,

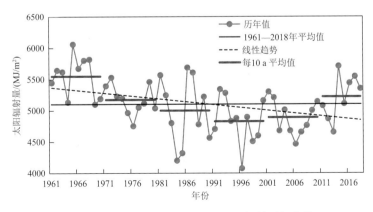

图 2.13　1961—2018 年天津市太阳辐射量年变化

相差 722.1 MJ/m²；进入 21 世纪后开始逐步增加。四季中，春、夏季太阳辐射最大，分别为 1636.7 MJ/m² 和 1658.1 MJ/m²，秋季次之，为 1052.0 MJ/m²，冬季最小，仅为 761.2 MJ/m²；各月中，5 月太阳辐射量为全年最大，达到 645.5 MJ/m²，12 月最小，213.4 MJ/m²，相差 432.1 MJ/m²。

2.5 本章小结

本章介绍了天津市地理位置、自然生态情况，以及天津市生态规划建设的定位和在京津冀协同发展中的作用；简单介绍了天津市气候条件和主要气象灾害，分析了气温、降水、积温、太阳辐射等与生态密切相关的气象要素的变化规律。

第 3 章
城市生态气象

3.1 城市气候效应

3.1.1 天津城市空间发展

据历史记载,1404—1406 年天津设卫筑城,"天津卫"一称自此开始。卫城为 1.5 km×1.0 km 的矩形城垣,呈正南北向坐落于海河西侧、南运河以南的旧三岔河口地区。明朝迁都北京,天津成为"京师门户"。1860 年,西方列强在天津强设租界,租界区沿海河两岸布局。1901 年袁世凯任直隶总督,推行"新政",决定在中国住区建立新车站(北站),车站以西开发河北新区,使天津城市面积有较大扩展,旧城区、租界区和河北新区三大块连成一片。抗日战争爆发后,日本帝国主义加紧对华经济掠夺,把塘沽划入天津市,在海河口北岸建设塘沽新港,从此,天津港的码头开始由海河上游的市区两岸向塘沽海口转移,形成了天津城区的基本格局(刘露,2011)。

3.1.1.1 新中国成立至改革开放期间的城市发展

新中国成立以后,天津城市空间呈蔓延式发展,在旧城区的外围形成大片的新建区。1952 年为解决劳动人民的住房问题,在旧城区边缘靠近工业区地段规划建设了吴家窑、唐家口、中山门、王串场、西南楼、丁字沽、佟楼 7 个工人平房新村。"一五"期间,在 1953 年编制的《天津市城市建设初步方案》的指导下,城市交通干道系统按照"三环十八射"的环形放射形态发展,新辟了东南郊、白庙和陈塘庄等工业区,南仓、西站西、北仓等仓储,并相继规划建设了团结里、友好里、昆明路、德才里等居住街坊和尖山、咸阳路等居住区。1958 年根据全国城市座谈会提出的"大、中、小城市相结合,以发展小城市为主,在大城市周围建立卫星城"的方针,对天津城市总体规划进行了修订,确定至 2000 年,城市人口规模300 万~350 万,用地规模为 370 km^2。在扩展方向上,为少占海河下游的高产农田,城市空间布局重点向北部高地发展。城市工业按照"大分散、小集中、集中分散相结合"的原则,在中心区外围新规划了天拖、西站西、北仓、新开河、程林庄等 10 个工业区,在近郊区规划了杨柳青、咸水沽、军粮城、杨村四个工业点,在远郊区规划了塘沽、汉沽等工业点。此外,结合工业区,设置了十几个大型居住区,用地形成集团式布局(任云兰 等,2009)。

"文化大革命"期间,城市向外扩展幅度不大,进入内向"填充"时期,在居民区内混杂的工厂逐步外迁到 10 个工业园区的同时,为解决就业问题,又出现很多街道小厂,甚至五大道的一些高级住宅也被街道工厂占用。在此期间,除了原规划的 10 个工业区被占满外,又无计划地发展了 5 片比较集中的独立工业地段,基本上形成了工业环形包围城市的局面。

至改革开放初期,如图 3.1 所示,天津城市基本形成核心为商业、居住混合区,中间为居住、工业混合区,在西南部形成科研教育与居住混合区,外层为居住和工业混合区的同心圆圈层结构(马玟,1997)。

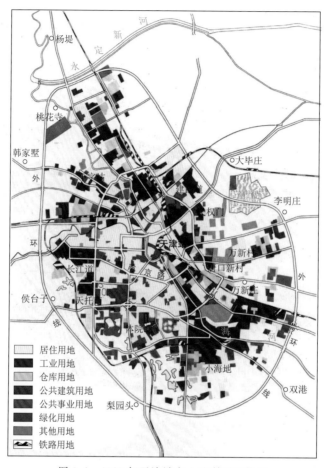

图 3.1　1985 年天津城市土地利用现状图

3.1.1.2　改革开放以后的城市空间发展

1978 年党的十一届三中全会召开后,为加快震后恢复重建工作,尽快解决居民的住房短缺状况,除对城市旧区进行成区、成片改造外,还在中心城区的边缘地带相继开发了体院北居住区、小海地居住区、真理道居住区等 14 片新居住区,使城市规模扩展近 8 km²。在国家进一步办好特区和开放沿海城市政策影响下,天津的重要性进一步凸显。在此背景下,1985 年对城市总体规划进行修编,本次规划提出城市发展以海河为轴线,以老城区为中心,大力发展滨海新区。中心区被确定为天津市政治、信息、金融、贸易、文教、科研中心,调整土地使用功能,逐步迁出污染较大的工厂和仓库。中心区规划"三环十四射"的道路结构,使城市结构变得清晰、完整。在该版总规的指导下,建设了天津站枢纽、古文化街等新的城市地标及一批新型居住区,基础设施也得到改善。城市建设有效带动了城市空间的扩展,至 1994 年,天津中心城区建成区面积达到 242 km²。

随着改革开放的深入,为适应新的形势,1997 年对 1986 版城市总体规划进行修编,城市发展以海河和京津塘高速公路为轴线,由中心城区、滨海城区组成中心城市。中心城区主体扩大至环城四区,滨海新区范围扩大到塘沽、汉沽、大港和海河下游工业园。为增强中心城区的载体功能,改善中心城区的生态环境,避免外延式发展,中心城区的规划结构调整为多中心、组团式发展。中心城区继续完善"三环十四射"道路骨架,增加快速路系统。此外,在中心城区外围,规划杨柳青、大寺、双街、小淀、新立镇、军粮城、咸水沽、双港 8 个外围组团。如图 3.2 所示,在该版规划的指导下,城市建设有序发展,建设了五大安居新区,形成了万松新区、梅江、双林、华苑、西横堤等大型居住区。

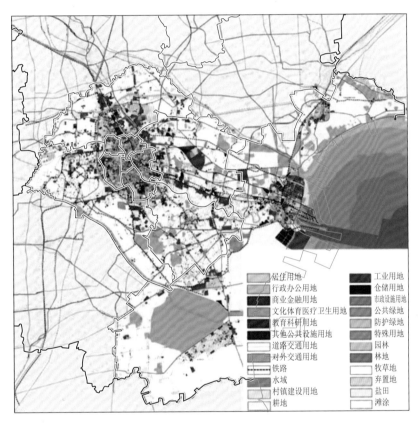

图 3.2　2005 年天津城市用地现状图

2000 年以来,在经济全球化的大背景下,滨海新区的开发、开放上升到国家战略层面,天津城市发展面临新的机遇与挑战。2006 年天津市组织编制新一轮总体规划,规划将天津城市定位为中国北方的经济中心、国际港口城市、生态宜居城市。城市发展以中心城区和滨海新区为主副中心,以湿地、河流等为基础构筑网络状绿地及开敞空间系统。中心城区依托海河为轴线,采用中心组织形式,外围地区沿交通干线发展小淀镇、双街镇、双港镇、大寺镇、津南新城等外围城镇组团。如图 3.3 所示,在该版总体规划的指导下,中心城区继续向外拓展,新发展区与环城四区呈连绵态势。滨海新区分散发展,形成多个建设区。

3.1.1.3　2021—2035 年城市规划简介

为落实党中央、国务院关于加快推进生态文明建设,着力促进国家治理体系和治理能力现

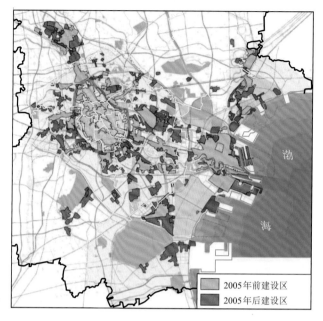

图 3.3　2013 年天津城市建设用地示意图

代化,构建国土空间规划体系的部署,深入贯彻习近平总书记对天津工作提出的"三个着力"重要要求和一系列重要指示批示精神,按照市委市政府要求,编制了《天津市国土空间总体规划(2021—2035 年)》(简称《规划》)。《规划》贯彻新时代国土空间开发保护新理念、新部署、新要求,彰显新时代特色,坚持生态优先、绿色低碳,统筹发展和安全;坚持以人民为中心,促进人与自然和谐共生;探索国土空间开发保护制度,全面提升我市国土空间治理体系和治理能力现代化水平。《规划》对推动习近平新时代中国特色社会主义思想和党中央重大决策部署在天津落地生根有着重要战略意义,为天津深入推进京津冀协同发展、建设"一基地三区"提供有力支撑和空间保障。

以资源环境承载能力和国土空间开发适宜性评价为基础,充分对接京津冀生态体系,构建"三区两带中屏障、一市双城多节点"的市域国土空间总体格局(图 3.4)。"一市"即中心城市,是城市功能集聚的主体地区;"双城"指津城和滨城;"多节点"即武清区、宝坻城区、静海城区、宁河城区、蓟州城区。

通过市域国土空间总体格局的塑造,进一步落实了"生产空间集约高效、生活空间宜居适度、生态空间山清水秀"的空间优化要求,有利于推进生态文明建设,加快形成绿色生产方式和生活方式,提升城市紧凑度,防止城市蔓延连绵发展。

在津城、滨城中间地带规划 736 km² 的生态屏障区,构建"三区两带中屏障"的生态格局,构筑南北联通的津沽绿色森林屏障,融入京津冀环首都生态屏障带,优化区域生态格局,避免城市连绵发展,倒逼城市结构优化,形成"双城紧凑、中部生态"的新发展格局,是天津市生态文明建设的重要举措。持续推进津城与滨城之间绿色生态屏障规划建设,打造京津冀东南部生态屏障、环首都生态护城河,进一步促进"双城"格局形成,呈现"水丰、绿茂、成林、成片"景观的生态资源富集"绿谷",引领转型发展的"绿峰"。

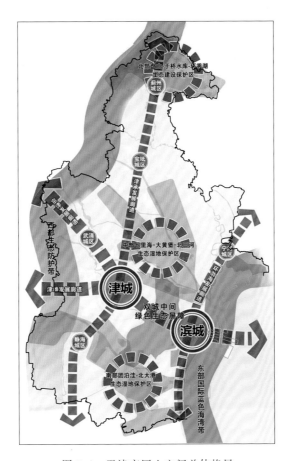

图 3.4　天津市国土空间总体格局

3.1.2　城市气候"五岛效应"

伴随着城市化的高速发展,在城市中心建筑物高度密集,形成了特殊的"地面",加之城市人口聚集,高强度的经济活动会消耗大量的燃料,释放出无数的有害气体和粉尘,连同其他的人类生产和生活会对城市的气温、降水、湿度、日照、能见度和风等产生很大影响,从而改变原有的气候状况,形成一种与城市周围不同的局部气候,被称为"城市气候"(周淑贞,1988)。城市气候最明显的特征就是城市的"五岛"效应,也就是城市气候与郊区相比有"热岛""雨岛""干岛""湿岛"和"浑浊岛",其中城市热岛效应是城市气候不同于其以外地域的最明显特征之一,目前已成为气候、生态和环境等领域国内外学者的研究热点。

城市热岛是指温度较高的城市地区被温度较低的郊区所包围或部分包围的现象,最早由英国气象学家 Lake Howard 在 1833 年提出。城市热岛效应的产生是由多个因素共同作用的结果,其中城市化的发展无疑是城市热岛效应产生乃至增强的重要因素之一。城市热岛效应一年四季都可能存在,影响最大的是中纬度和低纬度的夏季。相关研究表明,城市热岛效应使得夏季城市高温灾害频发、极端天气气候事件增多,导致城市能源消耗增加、环境污染加重,容易诱发城市内涝,严重影响社会经济正常运转和城市基础设施安全(肖荣波 等,2005)。长期居住在热岛中心的居民更容易诱发心理疾病,严重者甚至可能死亡。由此可见,城市热岛效应已成为当今社会普遍关注的问题之一。

天津是中国四大直辖市之一,紧邻首都北京,在京津冀城市群和环渤海经济圈发展中都发挥着举足轻重的作用。2020 年天津市实现地区生产总值 14083.73 亿元。随着社会经济的发展,城市规模也在不断地向郊区扩张,造成了郊区耕地、园地等面积的减少,其中 2002—2012 年天津市耕地减少 392.39 hm²,园地减少 62.83 hm²,而建设用地增加了 892.52 hm²。城市规模的扩张、建设用地的变化,一定程度上加剧了天津城市热岛效应。

目前,已有不少学者针对天津地区的城市热岛效应进行了研究。孙奕敏等(1988)利用观测、红外航空遥感以及数值模拟等技术手段对天津市城市热岛效应进行了综合研究,发现白天低空热岛强度比地面热岛强度要强,存在"冷湖"现象,并且人工热源是形成城市热岛的最主要原因,城市下垫面建筑物和下垫面特征、大气污染,也是形成热岛的重要因素。韩素芹等(2007)利用天津市 1964—2003 年城郊气温数据,结合陆地卫星遥感资料分析了天津市城市热岛时空演变特征,发现热岛强度每 10 a 增加 0.11 ℃,7 月份的热岛强度增强趋势明显,同时热岛强度在秋季最强春季最小。另外,天津热岛分布基本与建成区一致,热岛中还包括了许多大小不同、形状各异、强度有别的小热岛群。黄利萍等(2012)通过多元线性回归方法,分析了云量、云高、风向、风速和相对湿度 5 个气象要素与热岛强度的关系,并揭示出风速是影响天津城市热岛效应的显著气象因子。另外,作者还从夏季海陆风对城市热岛日变化特征的影响角度进行了研究,发现热岛强度与海风向内陆传播的距离相关(黄利萍 等,2013)。上述研究是基于观测资料来对比城市和郊区气象要素的差别,从而分析评估城市热岛效应及其影响,还有的学者利用遥感影响资料来分析天津城市热岛效应,取得了很好的成果。如程晨等(2011)利用美国陆地卫星主题成像仪和增强型主题成像仪(Landsat TM/ ETM+)数据的热红外波段反演天津市地表亮温,并分析了天津城区和滨海新区的城市热岛效应时空分布,发现天津地区热岛效应主要发生在中心城区、滨海及道路沿线的区域,热岛范围加大,热岛强度增强。赵全勇等(2014)利用 Landsat 数据反演地表亮温,从景观格局角度分析城市热岛在天津城市化过程中的演变特征,发现热岛景观斑块趋于复杂化,数量减少,平均斑块面积增大,分布不均,呈组团状发展,以市区和塘沽中东部为典型。一直以来,关于天津地区城市热岛研究备受关注,表明城市热岛效应对于人类居住环境、城市规划建设以及能源可持续利用等方面影响巨大,为此需要进一步分析天津地区城市热岛的精细化特征,为地方政府乃至国家"碳达峰、碳中和"目标的实现提供科技支撑。

高润祥等(2011)选取代表天津不同局地气候环境的 5 个气象观测站:蓟州(山区)、城市气候监测站(市区)、西青(郊外)、静海(城镇)、塘沽(滨海),通过比较分析各台站降水、云量、雾等大气物理量的变化特征,探讨了天津地区人类活动对局地气候变化影响。1960 年以来,年平均降水量基本呈北部山区多,南部少,东部沿海多,西部少的分布特点。市区附近出现闭合的低值中心区,其中最低值出现在西青为 539.6 mm;而降水高值中心位于蓟州,1960—2007 年平均降水量达 641.0 mm。研究分析认为,造成这一局地降水分布特征的原因是蓟州位于燕山山脉的南蓄,暖湿气流容易在迎风坡造成气旋性辐合,当伴有足够的动力抬升和水汽辐合条件时,地形对对流性降水有明显的激发作用(廖菲 等,2009),故北部山区降水最多。天津东临渤海,盛行海风锋,王彦等(2006)通过对该地区新一代天气雷达资料的研究得出,海风锋对强对流天气有触发作用,加之沿海地区有着充沛的水汽,为降水提供了必要条件,故海岸地区的降水也较多。最低值出现在城市的郊区,并没有表现出城市雨岛现象,这可能与该地区长期处于城市热岛环流的下沉支区域有关。但是从降水量变化趋势上看,塘沽、蓟州年降水量气候变化幅度远高于市区,市区年降水量减小幅度最小。对同一时期各个台站相对湿度变化趋势的统计得到,1960—2007 年年平均相对湿度均呈减小趋势,市区减小的幅度相对最小,塘沽相对较大,而代表乡村环境的蓟州地区,其相对湿度的减小幅度较市区略大。这一事实一方面说明了 1960—2007 年的局地土地利用或城市化给塘沽地区的气候要素带来了一定影响,这里可能主要集中于"城市热岛"与"城市干岛"的共同作用,使得逐年降水量出现幅度较大的减小趋势;另一方面,反映出由于日益严重的大气污染,降低了城市上空云水向雨水的转化,使得城市化及工业化较早较快发展的市区,降水量的趋势减小较缓慢。

大雾的分布基本呈现南部多北部少的规律,其中静海最多,年平均大雾日数达 26 d,这可能是由于静海地处天津市上风向,四周水面泛多,有利于辐射雾的形成所致。其次为市区,最少大雾日数出现在蓟州,仅有 13.5 d。对于不同季节来说,多大雾季节主要集中在冬季,其次为秋季,春季最少。一年四季中静海地区大雾日出现的频数仍为最多,市区次之,而塘沽在春、冬季分布也相对较多。造成大雾日数这种分布特征的原因有 2 种:一方面,天津属大陆季风型气候,因此雾多发生在夜最长、气温最低的冬季;另一方面,据有关研究得出(郭军,2008),天津灰霾天气多发于冬半年,市区等城市化进程较为显著的地区为灰霾多发区。因而,大雾的集中分布可能与经济发展造成的空气污染加重,大气气溶胶粒子浓度较高以及城市热岛效应有密切关系,但这种影响对大雾的形成存在双重作用(张利民 等,2002;石春娥 等,2008)。

3.2 城市热岛效应监测评估技术

3.2.1 应用气象观测数据评估城市热岛

3.2.1.1 天津自动气象站网

天津市自动气象站网始建于 2005 年,至 2019 年底总站点数达到 293 个,其中有 32 个站点位于中心城区。各站均参照中国气象局自动气象站建站标准,用以实时记录 2 m 气温。2009 年除 26 个观测环境有问题的站点外(中心城区 4 站),其余站点均被列入中国气象局地面观测业务考核,观测数据被实时上传至中国气象局,国家气象信息中心负责数据的质量控制,包括物理极值检查、历史极值检查、内部一致性检查、时间一致性检查和空间一致性检验(窦以文 等,2008;杨萍 等,2011),并将质控后的数据发回天津市气象局,供科研和业务使用。本节使用的数据均为经国家气象信息中心质控后的 2017—2019 年天津市区域气象自动站 2 m 气温小时数据。与 1 min 和 5 min 气温数据相比,小时数据的质量控制级别最高,可用性也最好(杨萍 等,2011)。

3.2.1.2 乡村站选取方法

乡村站的确定对于城市热岛的评估至关重要,选站标准不同会导致同一地区热岛强度的计算存在较大差异。近年来,利用高分辨率卫星遥感数据筛选乡村站的方法已被众多国内外学者证实更加方便可靠(Ren et al.,2011;Yang et al.,2013)。因此,在筛选乡村站时,首先利用 2019 年 Landsat TM 卫星遥感数据(30 m 空间分辨率)反演得到天津全境的不透水地表、水体、耕地、裸地和林地 5 种主要下垫面的格点分布(图 3.5b),然后统计距离自动气象站 2 km 范围内不同类型下垫面的占比(Ren et al.,2011),最后将不透水面积占比小于 20% 的站点认定为乡村站。通过筛选,全市 267 个区域气象自动站站点中有 64 个站被确定为乡村站。此外,为消除因纬度和海拔高度差异引起的计算误差,我们将距离中心城区约 50 km 的地区作为研究区域(图 3.5a,矩形)。研究区域内共有区域气象自动站 129 个,其中包括 18 个乡村站(图 3.5b,黑色圆点)、28 个中心城区站(图 3.5b,红色三角)和 83 个其他站(图 3.5b,蓝色方块)。所有站点海拔高度均在 20 m 以下,无需进行高度订正。

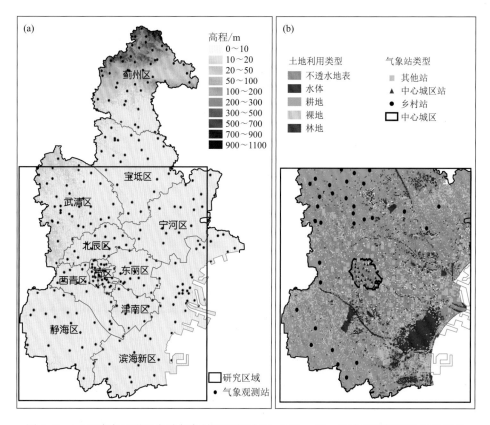

图 3.5　(a)天津市地形和自动气象站网空间分布;(b)LandSat TM 卫星资料数据反演的
土地利用类型(2019 年)和不同类型自动气象站分布

本节将研究区域内 18 个乡村站气温的平均值作为乡村参考气温(SATrural_ave),将其他任一站点气温(SAT$_i$)与 SATrural_ave 的差值定义为该站的城市热岛强度(UHII$_i$)(式(3.1))。UHII 空间分布采用克里金插值方法将各站点的 UHII$_i$ 进行空间插值得到,中心城区平均 UHII 采用 28 个城市站 UHII 的平均值,并按照《地面气象观测规范》对 UHII 进行年、季、月、日等不同时间尺度平均值的统计计算。

$$\mathrm{UHII}_i = \mathrm{SAT}_i - \mathrm{SAT}_{\mathrm{rural\_ave}}, i = 1, \cdots, 129 \tag{3.1}$$

式中,i 为各气象站点,本节中共 129 个;UHII$_i$ 为第 i 站的城市热岛强度;SAT$_i$ 为第 i 站气温;SATrural_ave 为乡村参考值平均值。

3.2.1.3   年和四季城市热岛强度的空间分布特征

图 3.6 给出了 2017—2019 年研究区域年平均城市热岛的空间分布。可以看到,天津城市热岛在空间上总体呈 1 个强热岛中心、1 个次强热岛中心和多个弱热岛中心并存的热岛群特征。中心城区为强城市热岛中心,UHII 最大值超过 1.5 ℃,各区年平均 UHII 均在 1 ℃以上。滨海新区核心区为次城市热岛中心,UHII 在 0.75～1.0 ℃之间,城市热岛范围约为中心城区的一半。相比之下,武清、静海、东丽区的 UHII 相对较弱,城市热岛范围也较小。

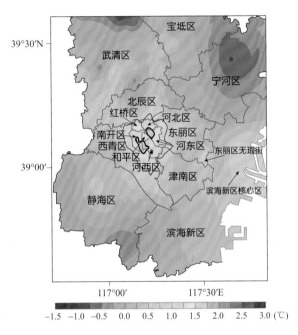

图 3.6   2017—2019 年年平均 UHII 空间分布。黑色粗实线为 1.5 ℃等温线,
黑色细实线为 1.0 ℃等温线

天津地区 UHII 大小及空间分布存在显著的季节性差异(图 3.7)。秋季,整个区域热岛强度最为显著,中心城区有两个 UHII 大值中心(UHII≥2.5 ℃),分别位于河东区北部和河西区南部(白色粗实线),滨海新区核心区和东丽 UHII 最大值高于 1.5 ℃,武清,静海城区 UHII 超过 0.75 ℃(图 3.7a)。中心城区、东丽和滨海新区核心区三个城市热岛联合在一起,共同构成了一个超大城市热岛,即天津经济主轴,且 UHII≥1 ℃的区域向北扩展至北辰区的中部和宁河区的南部,向南扩展至静海与西青两区的交界处,同时北大港水库局地暖区的融入,使天津经济主轴城市热岛向东南方向延伸至滨海新区最南部。冬季天津城市热岛与秋季相似,但局部差异较大。一是中心城区内 UHII≥2.5 ℃的区域增加了近两倍,从河北区北部延伸至南开、红桥两区交界中间地带,同时 UHII 极大值升高了约 0.5 ℃;二是武清、静海城区的城市热岛明显增强,滨海新区核心区和东丽区城市热岛则有所减弱;三是天津经济主轴城市热岛有所减弱,特别是津南区和滨海新区中南部,同时 UHII≥1 ℃的区域明显减少。相比之下,春、夏季城市热岛明显偏弱,中心城区 UHII 最大值低于 1.5 ℃,其他区域 UHII 均未超过 0.75 ℃,天津经济主轴热岛分裂为中心城区、东丽和滨海新区核心区三个独立的城市热岛。

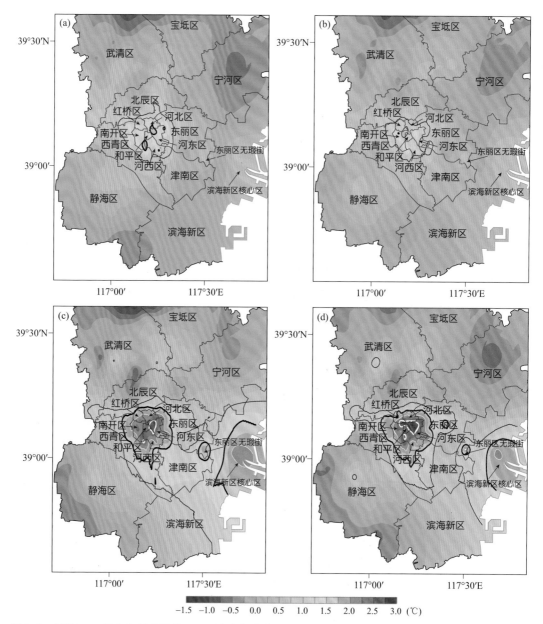

图 3.7 同图 3.6,但为各季节平均 UHII 的空间分布。(a)春季(MAM);(b)夏季(JJA);(c)秋季(SON);
(d)冬季(DJF)。白色粗实线为 2.5 ℃等温线,白色细实线为 2.0 ℃等温线,黑色粗实线为 1.5 ℃等温线,
黑色细实线为 1.0 ℃等温线

对比各季节的 UHII 空间分布可以得到,天津城市热岛呈现出两种典型的空间类型:"春夏型"和"秋冬型"。为进一步认识天津城市热岛空间特征的昼夜差异,图 3.8 给出了两种类型 UHII 在白天(10:00—17:00,下同)和夜间(21:00—次日 06:00,下同)的空间分布。可以看到,夜间城市热岛群和天津经济主轴热岛是天津地区城市热岛的显著特征,且"秋冬型"比"春夏型"更加明显。对于"秋冬型"来说,中心城区和滨海新区核心区绝大多数区域夜间 UHII 均高于 3.0 ℃,河东区北部、和平区东部和河西区北部的 UHII 更是超过了 4.0 ℃,静海和武清

城区则在 1.0 ℃以上。相反，整个区域在白天为弱热岛或无热岛状态，仅在中心城区与西青、东丽两区交界处及滨海新区核心区西北部出现弱热岛中心（秋冬型），中心城区甚至出现"城市冷岛"现象（春夏型）。

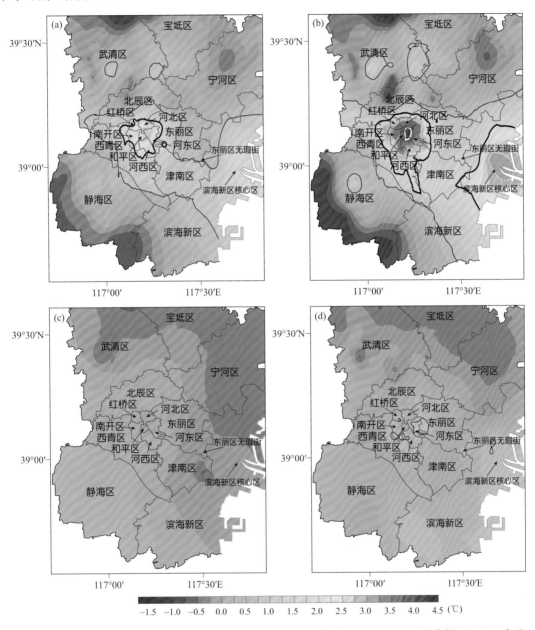

图 3.8　同图 3.6，但为"春夏型"(a)、(b)和"秋冬型"(c)、(d)白天(10:00—17:00)和夜间(21:00—次日06:00)平均 UHII 的空间分布。白色粗实线为 4.0 ℃等温线，白色细实线为 3.0 ℃等温线，黑色粗实线为 2.0 ℃等温线，黑色细实线为 1.0 ℃等温线

　　通过以上分析可以看到，与国内外发达城市类似，中心城区作为天津地区城市化程度最高、人口最密集、社会经济最发达和人为热排放最大的区域，其 UHII 在各个时期的大多数时段均维持最高水平（白天除外）。不同的是，随着"滨海新区开发开放""西部城镇崛起"和"卫星

城"等天津城市发展规划战略的实施,这些新兴区域的面积越来越大,城市热岛效应也逐步显现。由于这些区域与中心城区距离较近(小于 50 km),这就造成了天津地区密集型的城市热岛群现象,在夜间更是形成持续稳定的、贯穿整个天津中部地区的天津经济轴线超大热岛。

3.2.1.4　年和四季城市热岛强度的时间分布特征

总体来说,全年和春、夏、秋、冬四季平均 UHII 日变化均表现为:夜间强,白天弱,中午甚至出现负值(图 3.9)。受太阳辐射的影响,清晨到中午是一日内升温阶段,城市与乡村温差也迅速减小,到达中午为最小值;而后,随着太阳高度角的减小,城市与乡村的温差又逐渐加大,到傍晚接近最大值,23:00—次日 06:00 为年平均强热岛时段。这种日变化特征在四季表现得更为明显,冬季强热岛时段出现在 22:00—次日 09:00,秋季是 22:00—次日 06:00,夏季是24:00—次日 06:00,春季强热岛出现时段与年平均一致。秋冬热岛强度差异主要表现在01:00—09:00 的强热岛时段,其他时段两个季节差异很小。四季中弱热岛时段基本一致,均在 12:00—16:00,表明当太阳高度角较高时,城乡之间的温差主要受太阳辐射的影响。全年和四季平均 UHII 日变化具有两个快速变化时段,即 16:00—22:00 为快速上升时段,06:00—12:00 为快速下降时段。

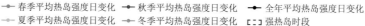

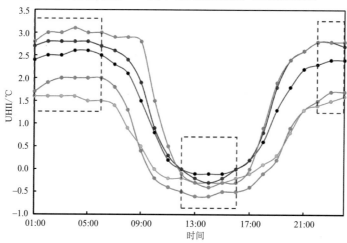

图 3.9　2009—2017 年全年、春季、夏季、秋季和冬季平均 UHII 的日变化

(引自(孟凡超 等,2020))

3.2.1.5　城乡平均、最高和最低气温及其差值的变化特征

城市热岛一般是指城乡平均气温的差值,实际上城乡最高气温和最低气温也存在差异。本节对城市和乡村的平均、最高和最低气温逐日平均值及城乡差值进行了对比,如图 3.10、表3.1 所示。城市和乡村之间最低气温曲线的差别较大,城市站平均最低气温始终高于乡村站,其差值一般在 2.0 ℃以上;但二者最高气温曲线之间的差别较小,两条曲线几乎重合;二者平均气温曲线之间的差值在 1.0 ℃以上,介于最高、最低气温之间,表明最低气温的热岛强度最大,平均气温的热岛强度次之,最高气温的热岛强度最小。秋季和冬季的日平均 UHII 要明显高于春季和夏季,其中最低气温冬季的 UHII 最高可达 3.1 ℃,夏季仅为 1.3 ℃(表 3.1)。

表 3.1   2009—2017 年城市和乡村全年及四季平均(T_{mean})、最高(T_{max})和最低(T_{min})气温及其差值

全年或四季	T_{mean}/℃			T_{max}/℃			T_{min}/℃		
	城市	乡村	UHII	城市	乡村	UHII	城市	乡村	UHII
全年	14.1	13.0	1.1	18.2	18.5	−0.3	10.3	8.1	2.2
春季	15.3	14.5	0.8	20.2	20.5	−0.3	10.5	8.5	2.0
夏季	26.8	26.1	0.7	30.8	31.0	−0.2	22.9	21.6	1.3
秋季	14.5	13.2	1.3	18.4	18.8	−0.4	10.9	8.5	2.4
冬季	−0.4	−2.1	1.7	3.0	3.3	−0.3	−3.5	−6.6	3.1

注:引自(孟凡超 等,2020)。

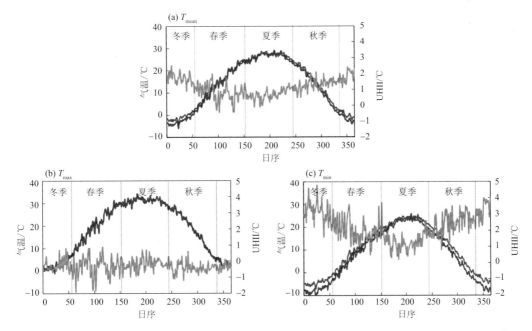

图 3.10   城市(红线)和乡村(蓝线)平均(a)、最高(b)和最低(c)气温逐日 9 a(2009—2017 年)平均值及其差值(绿线)的变化(引自(孟凡超 等,2020))

3.2.2   城市热岛遥感监测与评估

3.2.2.1   数据来源与预处理

(1)数据来源

收集表 3.2 中的数据,遥感数据包括陆地卫星陆地成像(Landsat 8 OLI)、中分辨率成像光谱(MODIS)遥感产品数据等。其中,Landsat 8 OLI 影像来源于美国地质调查局,MODIS遥感产品下载自 NASA 网站,美国国防军事气象卫星线性扫描系统(DMSP-OLS)夜间灯光遥感数据下载自美国国家海洋和大气管理局(NOAA)网站,用于城市人居建筑密度的获取和城市边界提取,高分辨率城市地表覆盖数据来源于地理国情监测云平台,高分 2 号卫星(GF-2)遥感影像数据来源于中国科学院遥感与数字地球研究所;土地利用数据来源于中国科学院资源环境科学数据中心,是基于 Landsat 8 OLI 影像通过人工目视解译获得的中国土地利用/覆

盖数据集的一级类产品,分类精度能够达到90%以上;先进陆地观测卫星 L 波段合成孔径雷达(ALOS/PALSAR)数字高程数据(DEM)下载自阿拉斯加卫星中心;人口数据来源于人口普查数据和人口1%抽查统计数据;行政区划、交通道路、河流水系等基础地理数据来源于国家基础地理信息中心;地图数据下载自 OpenStreetMap 网站,用于城市地块的提取。

表 3.2 数据源列表

类型	数据名称	数据分辨率及格式	数据来源
卫星遥感数据	Landsat 8	30 m 栅格	USGS (http://glovis.usgs.gov/)
	MOD21KM	1 km 栅格	NASA(https://ladsweb.modaps.eosdis.nasa.gov)
	MOD03	1 km 栅格	NASA(https://ladsweb.modaps.eosdis.nasa.gov)
	DMSP-OLS 夜间灯光遥感数据	1 km 栅格	NOAA (https://www.ngdc.noaa.gov/)
	GPM 降水卫星数据	10 km 栅格	NASA(https://gpm.nasa.gov/)
	MOD13Q1	250 m 栅格	NASA (https://modis.gsfc.nasa.gov/)
	GF-2 影像	1 m 栅格	中国科学院遥感应用研究所(http://www.irsa.ac.cn/)
辅助数据	城市地表覆盖数据	4 m 栅格	地理国情监测云平台(http://www.dsac.cn/)
	土地利用数据	30 m 栅格	中国科学院资源与环境科学数据中心(http://www.resdc.cn/)
	数字地形高程	12.5 m 栅格	Alaska Satellite Facility(https://www.asf.alaska.edu/)
	气象数据	表格	中国气象数据共享网(http://data.cma.cn/)
	基础地理数据	1:1 万矢量	包括行政区划、交通道路、河流水系等(http://ngcc.sbsm.gov.cn/)
	OSM 地图数据	矢量	OpenStreetMap(https://www.openstreetmap.org/)
	人口数据	表格	人口普查数据/人口1%抽查统计数据

（2）遥感数据预处理

Landsat 8 OLI 遥感影像预处理主要包括辐射定标、大气校正、图像配准预处理操作。基于遥感图像处理平台(ENVI)软件,分别采用辐射定标工具和大气校正工具(FLAASH),对影像进行上述预处理。

（3）城市地块数据提取

本节在地块尺度上分析、评估城市热岛效应,因此,需要提取城市地块数据。利用 OpenStreetMap 不同等级路网数据生成城市地块数据,为避免城市地块面积过小,仅选取原始路网分类中的 Trunk、Primary、Motorway、Secondary 和 Tertiary 共 5 类路网进行后续处理。首先,利用 ArcGIS 软件,筛选出上述 5 类路网数据,采用人机交互方法,并结合高分遥感影像,去除存在明显错误或不闭合的道路。然后,对上述筛选出的道路网进行不同距离的缓冲区分析,并进行擦除处理,获取初步的城市地块数据,在此基础上利用高分遥感影像,最终生成所需的城市地块数据(图 3.11)。

3.2.2.2 城市地表覆盖分类与温度反演

（1）提取方法

利用中国土地利用/覆盖数据集(CLUD),开展城市扩展信息的提取。CLUD 数据的分类体系包括 6 个一级土地利用/覆盖类别和 25 个二级子类别。基于 CLUD 数据集,重新划分为耕地、林地、草地、水体、城市、农村居民地、其他建设用地和未利用地 8 类。在此基础上,提取

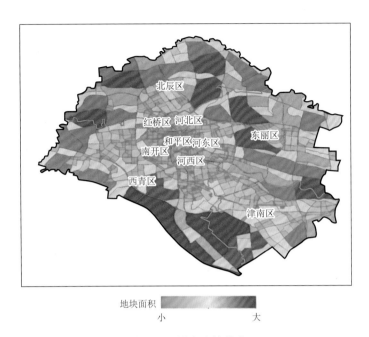

地块面积　小　　　大

图 3.11　城市地块分布

城市空间扩展过程。最后基于历史图集、遥感影像和城市规划图件,开展城市扩展信息提取。依据城市边界的定义开展数字解译矢量化,提取城市扩展边界信息;结合 CLUD 数据、基础地理信息等综合判读,提取城市扩展矢量图斑信息。

(2)城市土地覆盖组分精细化信息提取与制图

基于城市等级尺度地表结构和景观分类原理,建立了等级尺度的城市人居环境地表覆盖分类系统。依托等级尺度城市地表结构设置相应等级监测与评价单元,建立城市人居环境相关的城市地表等级结构指标参数。结合城市地表结构监测方法构建城市区域尺度、城市功能区划、土地覆盖功能、土地用途类型、结构的等级尺度结构监测体系。

基于多源遥感获取城市不同尺度土地利用与功能区信息,采用多源空间数据融合的方法快速获取城市土地利用和功能区空间信息。基于 Landsat TM 遥感影像,首先采用人机交互式的方式获取耕地、林地、草地、水体、建设用地和未利用地信息,在此基础上进一步获取城市建成区监测信息;城市功能区类型的识别是在获取城市建成区边界基础上,采用高分辨率遥感数据和城市规划图件作为制图基本数据源,利用面向对象的图斑分割方法,提取城市内部的工业区、住宅区、商业区和公共设施区等类型。

考虑城市功能区制图中需要精准的空间定位,为提高系列空间数据叠置的定位精度与分类精度,综合运用遥感解译法、地物名称判别法、辅助信息参考法和城市土地调查法,通过遥感分层分类法对基准年份城市功能区分类。城市功能区变化主要以城市外延式扩张和内部旧城区改造为主,采用面向对象的方法对城市功能区进行分类。

(3)城市下垫面地表状况

首先构建天津市城市地表覆盖分类体系。其中,一级类包括不透水地表、绿地、水体和裸地四类;二级类中不透水地表包括建筑、道路和其他建设用地。绿地包括耕地、树和草地;水体包括河流和湖泊;裸地包括裸土地,具体见表 3.3。

表 3.3　城市地表覆盖分类体系

一级类型	二级类型
不透水地表	建筑、道路、其他建设用地
绿地	耕地、树、草地
水体	河流、湖泊
裸地	裸土地

利用线性光谱混合分解来提取对于城市地表覆盖的一级类信息。线性光谱混合分解方法假设像元在某一波段的反射率等于其他组分的反射率与其所占像元面积比例的加权和,具体可表示为:

$$D_b = \sum_{i=1}^{n} a_i \times R_{bi} + e_b \tag{3.2}$$

式中,D_b 为波段 b 的反射率,n 为像元端元数,a_i 为第 i 端元在第 b 波段的灰度值,R_{bi} 为第 i 端元在像元内部所占比例,e_b 为模型在波段 b 误差项。

在应用最小二乘法求解像元内部各组分比例时,需满足两个条件:

$$\begin{cases} \sum_{i=1}^{n} a_i = 1 \\ 0 \leqslant a_i \leqslant 1 \end{cases} \tag{3.3}$$

(4)城市地表温度反演

地表温度的反演采用单窗算法,具体公式如下:

$$\begin{cases} T_0 = a_{10} \times (1-C-D) + [b_{10} \times (1-C-D) + C+D] \times T_6 + D \times T_6 \\ C = \varepsilon \times \tau \\ D = (1-\tau) \times [1 + (1-\varepsilon) \times \tau] \end{cases} \tag{3.4}$$

式中,T_0 表示待反演的地表温度;a_{10} 和 b_{10} 是经验常数,分别为 -63.1885 和 0.44111;T_6 是亮度温度;T_a 是大气平均作用温度;ε 是地表比辐射率;C 和 D 为中间计算参数;τ 是大气透过率。

大气平均作用温度利用以下公式进行估算:

$$T_a = 16.0110 + 0.92621 \times (T + 273.15) \tag{3.5}$$

地表比辐射率及植被覆盖度计算方法如下:

$$\begin{cases} \varepsilon_n = 0.9625 + 0.0614 \times P_v - 0.0461 \times P_v^2 \\ \varepsilon_a = 0.9625 + 0.0614 \times P_v - 0.0461 \times P_v^2 \\ \varepsilon_w = 0.995 \end{cases} \tag{3.6}$$

$$P_v = (NDVI - NDVI_{min})/(NDVI_{max} - NDVI_{min}) \tag{3.7}$$

$$NDVI = (NIR - Red)/(NIR + Red) \tag{3.8}$$

式中,P_v 为植被覆盖度,ε_n、ε_a、ε_w 分别为自然地表、人造地表和水体的地表比辐射率,NDVI 为归一化植被指数,NIR 和 Red 分别代表 Landsat 8 OLI 遥感影像的近红外波段和红波段的反射率。

大气透过率计算,首先需要计算大气水汽含量计算得到,计算方法如下:

$$w = 0.0981 \times e_{sw} + 0.1697 \tag{3.9}$$

$$\tau = -0.1134w + 1.0335 \tag{3.10}$$

式中，w 为大气水汽含量，e_{sw} 为饱和水汽压。

利用 ArcGIS 自然断点法，将获取到的天津城区的地表温度数据划分为 5 个等级（高温区、次高温区、中温区、次低温区、低温区），并进行统计分析。城市地表显热比的反演在地表温度的基础上计算城市地表波文比，进而计算显热辐射通量和潜热辐射通量。

3.2.2.3 城市土地覆盖状况及热岛

（1）天津市土地利用/覆盖特征

基于 2020 年天津市 1∶10 万土地利用数据，包括耕地、林地、草地、水体、建设用地及未利用地，统计分析各个行政区内不同土地利用类型特征（图 3.12）。结果表明，天津市耕地面积最多，达到 6561.55 km² ，占行政总面积的 55.11%，主要分布在天津西南部和北部地区；林地面积为 349.62 km²，主要分布在蓟州区北部地区；草地面积为 103.02 km²，仅占总行政面积的 0.87%；天津市水体面积较大，为 1715.11 km²，主要分布在滨海新区南部及北部、静海区、宁河区、武清区以及蓟州区；建设用地面积达到 3188.42 km²，占总行政面积的 26.69%。

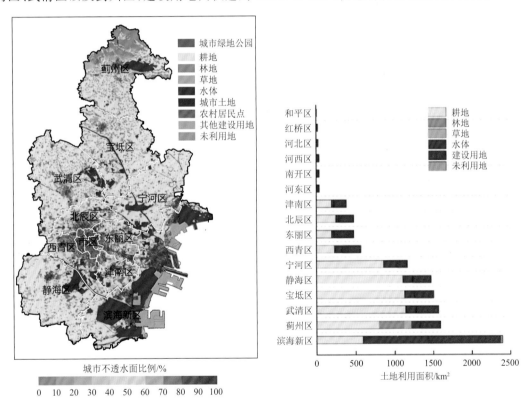

图 3.12 2020 年天津市土地利用分布及统计

从各个行政区来看，武清区、宝坻区、静海区耕地面积最多，分别为 1136.68 km²、1124.03 km²、1102.57 km²。耕地比例超过其面积的 50%。蓟州区林地面积最大，为 325.21 km²，占天津从林地总面积的 93.01%，其次为武清区和西青区，林地面积为 7.92 km² 和 5.61 km²；由于北大港水库的存在，滨海新区的水体面积最大，为 845.38 km²，其次为宁河区、武清区，分别为 171.06 km² 和 129.06 km²；天津城内六区河西区、和平区、南开区、河东区、河北区以及红桥区主要以建设用地为主。

（2）天津城市土地覆盖特征

2020年遥感监测的天津市城市不透水面占城市土地面积比例为75.18%，城市绿地空间占城市土地面积比例为23.15%，城市水体占城市土地面积比例为1.68%。2000—2015年，城市不透水面面积从423.25 km² 增加到948.81 km²，年均增长面积为35.04 km²。城市绿地空间面积从121.07 km² 增加到292.13 km²，年均增长面积11.4 km²。

不同扩展时段城市不透水面和绿地空间面积比例分析表明（图3.13），2000—2010年天津城市不透水面的比例扩展到77.28%，绿地空间的比例则由21.5%下降到20.87%。2010—2020年间，天津城市内部空间结构有所变化，城市面积转为低速扩展，不透水面的比例也由77.28%下降至75.18%，绿地空间的比例则上升到23.15%。总体上，由于天津市城市生态建设对园林绿化的重视，一定程度增加了绿地空间面积，提高了城市地表透水性，生态成效显著。

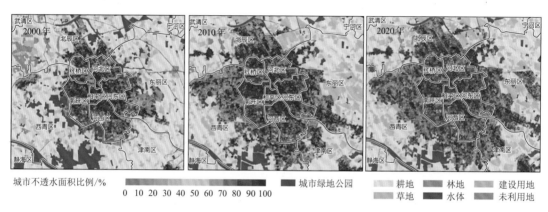

图3.13　2000—2020年城市土地利用/覆盖变化

自2000年以来，天津市城市园林绿化成效显著，城市绿化覆盖率和公园绿地面积显著提高，提升城市人居环境质量和生态系统健康显著提升。统计表明，截至2020年，天津市城市绿化覆盖率提升到36.8%，公园绿地面积增加到1.2万 hm²，2020年末人均公园绿地面积达到14.15 m²。

（3）城市热岛状况特征

图3.14为基于Landsat提取的天津城区2020年夏季温度及地表温度等级分区。可以看出，天津城区地表覆盖分布及统计区地表温度在26～46 ℃之间，城区内部地表温度明显高于郊区，高温区主要分布在和平区、河北区、北辰区南部地区及东丽区中东部地区，这些区域主要以老旧城区和工业区为主，不透水地表比例较高，导致地表温度明显高于其他区域。西青区西南部、北辰区西北部和东丽区东北部地区为低温区，这些区域主要是以水体、草地和耕地覆盖为主，植被比例较高，地表温度明显低于城市核心区。

图3.15为基于街道统计的平均地表温度。从图中可以看出，总体上各街道的平均地表温度由城市中心向城郊逐渐下降，但由于东丽区无瑕街道有大面积的钢铁制造、化工工业园区，导致平均地表温度达到39.57 ℃，其次，平均温度从39.42 ℃（劝业场街道）下降至31.21 ℃（曙光农场）。地表温度较高的街道主要分布在和平区，包括劝业场街道、新兴街道、南营门街道等街道；河东区的人王庄街道、中山门街道、大直沽街道；河北区的王串场街道、望海楼街道；南开区的向阳路街道等的地表温度也较高，热岛强度也更强，主要是分布着高密度的建筑，地

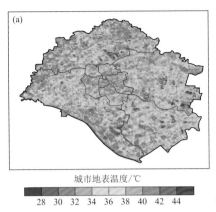
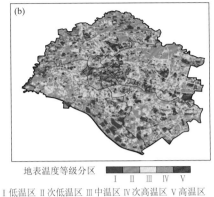

图 3.14　城区地表温度空间分布

表覆盖类型主要以不透水地表为主。地表温度较低的街道主要分布周边郊区,如东丽区的华明街道、西堤头镇、西青区的王稳庄镇、津南区的八里台镇等。城区内部如水上公园街道和西沽街道较周边也较低,2020 年夏季平均地表温度分别为 34.78 ℃和 35.23 ℃,主要是这两个街道内分布着较大面积的公园绿地和水体,有效缓解了周边的城市热岛。从各个行政区乡镇平均地表温度的分布来看,和平区和河东区明显高于其他八个区,其中最高的是和平区,其次是河东区、南开区、河北区和河西区。

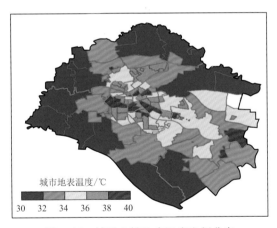

图 3.15　城区乡镇地表温度空间分布

3.3　城市通风廊道设计技术

3.3.1　城市风环境

在雾-霾、热岛等环境问题频发的背景下,城市风环境日益受到重视,天津作为沿海地区特大城市,相关研究也不断涌现,典型的有刘德义等(2008)对天津市城市和郊区两个典型气象站 1958—2008 年的气象数据研究发现,受城市建设影响,市区近地层平均风速以每 10 a 0.35 m/s 的倾向率减小,城郊风速差呈逐年增加趋势。薛桁等(2002)对海风在陆上的衰减规律研究发现,地形平坦的沿海地区,在距海岸10 km以内,从海岸到内陆,风速呈线性衰减;超过10 km后,风速衰减趋缓,有接近常值的趋势。黄鹤等(2011)对2008年2月天津气象塔风温观测数据分析发现,天津城市复杂下垫面特征主要影响风速的水平分量方差,对风速垂直分量方差影响不大。许启慧等(2013)对2008年天津自动站的气象资料分析发现,海岸带附近建立的海风50%以上向内陆传播距离都可达到30 km,最远可达70 km,海风强度近海站高于远海站,近郊站大于城市站。这些研究可以为天津城市风通道规划提供参考。

3.3.1.1 平均风速空间分布特征

天津北依燕山,东临渤海,季风环流影响显著。冬季受蒙古冷高压控制,盛行偏北风;夏季受西太平洋副热带高压影响,多偏南风。天津属于暖温带半湿润半干旱季风气候区,主要为大陆性气候特征,但受渤海影响,沿海地区有时也表现出海洋性气候特征,海陆风现象明显。

天津年平均风速呈东南向西北减小分布(图3.16),东部沿海地区的塘沽、大港和汉沽平均风速较大,为3.2~3.9 m/s;内陆地区的宁河、东丽、津南以及静海,平均风速次之,为2.7~3.0 m/s;武清、宝坻、西青、北辰平均风速2.5 m/s左右,蓟州最小,平均风速仅为1.8 m/s;市区范围存在一个风速较小的区域。从四季度平均风速来看(图3.17),空间分布与年值比较相似,均是沿海大、内陆小,市区风速小,只是在数值上略有差异,其中春季风速最大,平均风速为

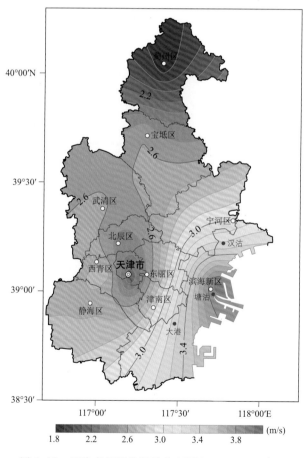

图3.16　天津市年平均风速分布图(1961—2017年)

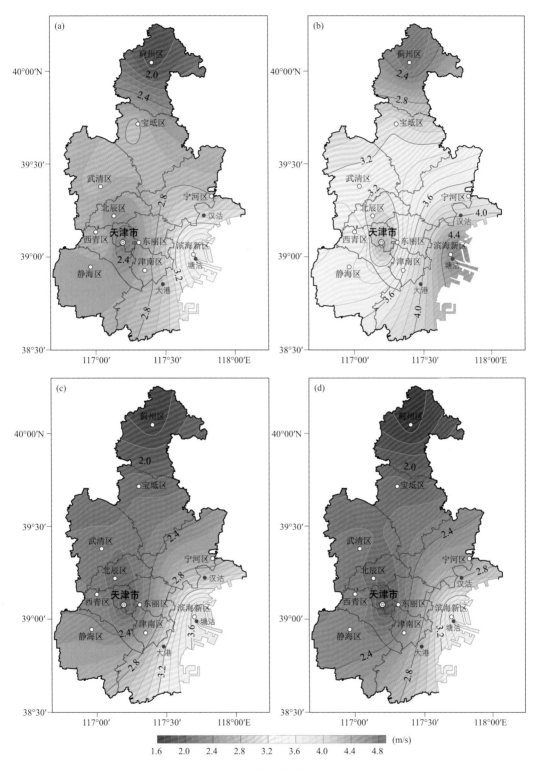

图 3.17　天津市四季平均风速(1961—2017 年)

(a)冬季;(b)春季;(c)夏季;(d)秋季

4.5 m/s,秋季最小,平均为 2.4 m/s。造成这样风速分布特征的原因与天津地理环境和大气环流、天气系统有关。

天津地区的风主要受东亚季风环流的支配及与其相配合的天气系统的影响。冬季的蒙古冷高压在向东南方向扩散时,从西北或东北路径影响天津市,常产生较大偏北风。春季东北低压频繁出现,天津处在低压的东南部,受其影响使得西南风较大;在气压场上,华北平原的地形槽易在春季形成,也对天津的西南风起到一定的增幅作用;春季大陆上的变性冷高压东移入海后,叠加在较冷的海面上,使其再度加强,天津市处在入海高压的西部,往往造成较大的西南风。夏季,西北太平洋副热带高压不断西进北抬,天津处在其西北部边缘,形成南高北低的气压场分布,此时多为弱偏南风;盛夏季节,由于海洋与陆地的温度差较大,东部沿海地区海陆风的特征十分明显,也使得天津的东南风偏多。秋季是从夏到冬的过渡季节,时间短,且多风和日丽的天气,往往在秋末冬初有寒潮爆发时,偏北风较大。

3.3.1.2 平均风速时间变化特征

1961—2017 年天津市年平均风速为 2.8 m/s,呈显著的下降趋势(图 3.18),下降速率为 0.25 m/(s·10 a),近 50 a 来平均风速减小约 1.4 m/s。20 世纪 60—70 年代是风速较大时期,年平均风速可达 3.3 m/s;20 世纪 80 年代初期开始有明显减小突变,到 21 世纪初,这段时间年平均风速为 2.7 m/s;而后又略有下降,2003—2017 年平均风速为 2.2 m/s。

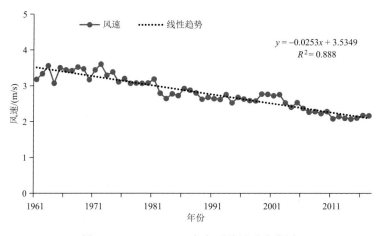

图 3.18   1961—2017 年年平均风速变化图

四季平均风速也呈显著下降趋势(图 3.19),其中冬季、春季下降速率较大,为 0.30 m/(s·10 a)左右,夏季最小,为 0.18 m/(s·10 a)。从时间变化上看,冬季、春季平均风速与年平均风速变化规律较为一致。夏季和秋季平均风速在 20 世纪 70 年代中期开始,呈直线下降趋势,年际变化较小。表 3.4 给出各年代的风速情况,可以看出,20 世纪 60 年代的年和四季平均风速最大,20 世纪 70 年代略小,从 20 世纪 80 年代开始缓慢减小,到了 21 世纪 10 年代减小幅度较大。由于各季平均风速减小幅度不同,各季间平均风速差异也相应减小。特别是冬季与夏、秋季相比,从 20 世纪 60 年代相差 0.7 m/s,到目前的数值相当。

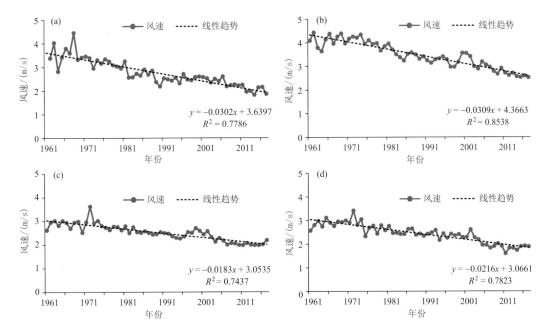

图 3.19　1961—2017 年四季平均风速变化图
(a)冬季;(b)春季;(c)夏季;(d)秋季

表 3.4　各年代年平均和季节平均风速
　　　　　　　　　　　　　　　　　　　　　　　　　　　　　　　　单位:m/s

年代	冬季	春季	夏季	秋季	年
1961—1970 年	3.6	4.1	2.9	2.9	3.4
1971—1980 年	3.2	4.0	2.9	2.8	3.2
1981—1990 年	2.7	3.5	2.6	2.5	2.8
1991—2000 年	2.5	3.2	2.5	2.4	2.7
2001—2010 年	2.4	3.0	2.2	2.1	2.4
2011—2017 年	2.0	2.6	2.0	1.8	2.1

　　1961—2017 年,天津大风日数呈显著减少趋势。大风分布的地区差异显著,沿海多于内陆,平原多于山区。天津的年平均大风日数为 7～48 d,其中塘沽最多,蓟县最少。大风的季节特征明显,春季大风日最多,占全年的 30% 以上,冬季次之,秋季、夏季大风依次减少。

3.3.1.3　年最多风向空间分布特征

　　图 3.20 给出了各站 1961—2017 年年风向玫瑰图。从各站最多、次多风向来看,天津市的主要风向具有明显的季风特征,一个是西北风(或偏北),另一个是西南风。另外,在北部的蓟州区和宝坻区还有一个西北方向的主导风。从季节各站风玫瑰图看,冬季主导风向比较单一,主要是受蒙古冷高压的影响,表现为西北(或偏北)风;而夏季风向就比较分散,沿海地区主要受海陆风的影响,以东风(偏东风)为主,一直延伸到市区,该风向主要影响沿海及天津南部地区;天津北部主要以东北风为主,包括蓟州、宝坻、武清、北辰等地区;还有一个是受副高边缘的影响,呈现西南风,从天津南部的静海和大港开始,到西青、津南,穿过市区到东丽、北辰和武清(图 3.21 中浅蓝色箭头)。

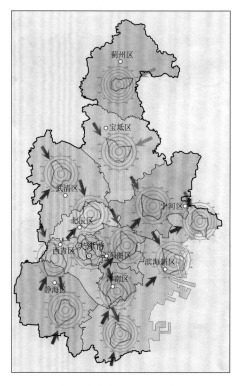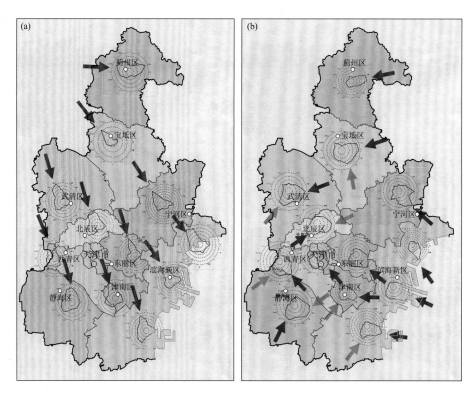

图 3.20　1961—2017 年天津市各区年风向玫瑰图（箭头为主导风向）

图 3.21　1961—2017 年天津市冬季（a）和夏季（b）各区风玫瑰图（箭头为主导风向）

3.3.1.4　年最多风向时间变化特征

图 3.22 给出了天津市各台站 1961—2017 年逐年最多风向,可以看出,1961—2017 年天津市大多数台站年最多风向呈明显的年代际变化。

市区在 20 世纪 60—70 年代的最多风向主要位于 S、SSW,20 世纪 80—90 年代转为 SSW到 SW,2000 年以来最多风向为 WSW 到 W。从四个近郊的最多风向变化来看,20 世纪 60—90 年代最多风向为 SW 到 SSW,四个区比较一致,2000 年以后,东丽没有变化,最多风向还是位于 SW—SSW;北辰稍微往西偏了些,位于 SW—WSW;而西青和津南的最多风向转为偏东,其中西青变为 SSE,津南变为 ESE。

从北部各站的变化来看,蓟州区和宝坻区最多风向变化较小,宝坻区最多风向在各个年代均位于 NW,蓟州 20 世纪 60—90 年代多 ENE,2000 年以来多 E。武清区最多风向 20 世纪

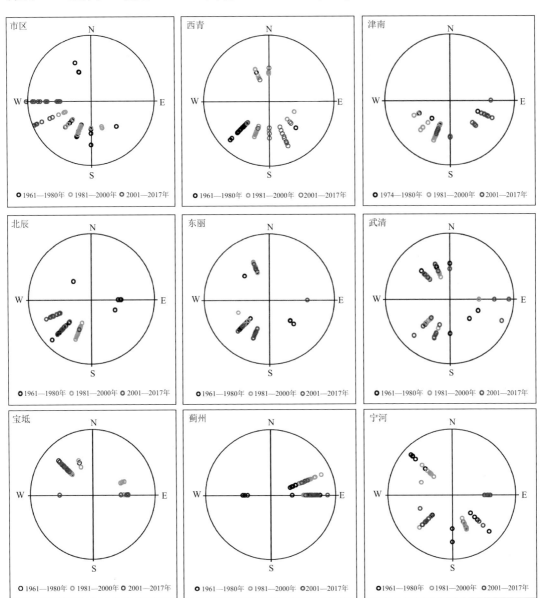

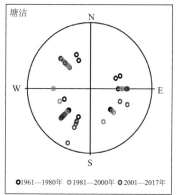
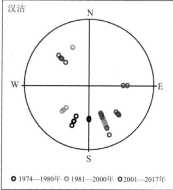
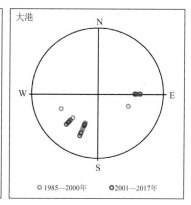
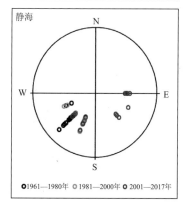

图 3.22　1961—2017 年天津市各区年最多风向逐年变化图

60—70 年代主要以 NW—NNW 为主,20 世纪 80—90 年代变为 SW,而后以 SSW 为主,但是也有一些年份的最多风向仍然在 NW—NNW。宁河 20 世纪 60—70 年代最多风向为 NW 和 SE,20 世纪 80—90 年代变为 NW 和 SSE,2000 年后以 SW 为主。

东部沿海地区各站年最多风向变化也比较大,塘沽在 20 世纪 60—90 年代最多风向比较分散,2000 年后集中到了 SW—SSW;汉沽在 20 世纪 60—70 年代最多风向主要在 SSW—S,20 世纪 80—90 年代转为 SSE 和 SW,2000 年以后集中到 SSE—SE,有少数年份也出现 NW。大港站建站较晚,1985—2017 年最多风向主要是 SSW—SW,变化较小。

综上所述,天津市逐年最多风向虽然大多数台站均有明显的年代际变化,但也有的台站变化较小,如宝坻、蓟州、北辰。市区、西青、津南、武清、宁河、汉沽等年代际变化幅度超过了 3 个方向,即风向变化超过 67.5°。

3.3.1.5　年最多风向频率变化特征

图 3.23 给出了天津市各区年最多风向频率变化情况,东丽、北辰、津南、静海、宝坻、汉沽、大港、宁河等区年最多风向频率没有趋势性变化,只表现逐年间的变化。这些站虽然在各年代最多风向有很大的变化,但是它们出现的频率变化较小。

1961—2003 年市区年最多风向频率逐年变化较小,平均在 10% 左右,2004 年前后最多风向频率突然变大,维持在 16% 上下。2004 年市区站有过一次迁站,可能迁站造成最多风向频率突变。

武清站在 2011 年以前年最多风向频率逐年变化幅度较小,平均为 9.8%。在 2011—2015 年突然变大,变为 15% 左右,而后又变小。通过调查发现,2010 年开始武清站附近开始盖楼,导致最多风向突变,风向频率也出现变化,2015 年底迁站,2016 年以后的年最多风向频率又恢复到以前水平。

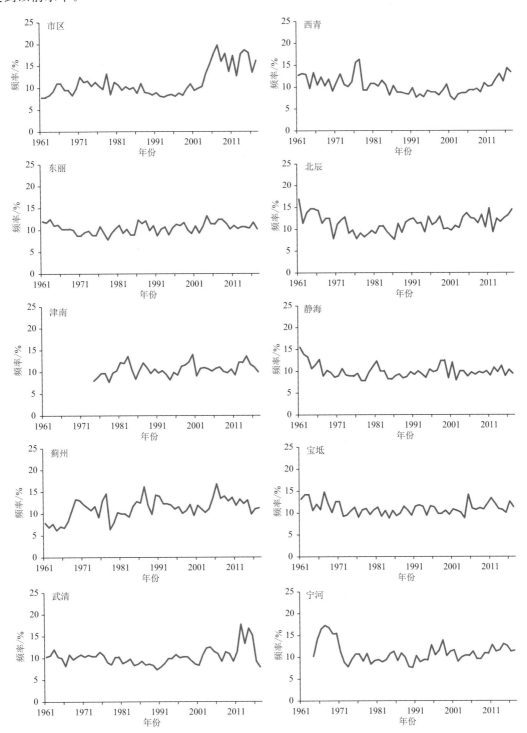

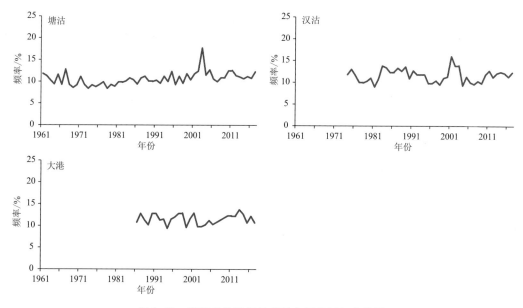

图 3.23　天津市各区年最多风向频率逐年变化图

可见,观测场环境的变化(包括周边建筑物、高大树木等)、迁站导致的环境变化对最多风向频率有较大的影响。

3.3.1.6　主城区风速空间分布特征

图 3.24 是天津市主城区 2013 年 1 月、4 月、7 月、10 月的平均风速分布状况,如图所示,4 个月的平均风速均从城市郊区向城市中心呈同心圆状递减。低值中心都在市内 6 区,特别是 4 月和 7 月,低值中心收缩至和平区,平均风速分别为 1.8 m/s 和 1.2 m/s。

3.3.2　中心城区通风潜力分析

根据前文研究,为改善城市中心区风环境,可以对城市下垫面的粗糙度进行评估,依据粗糙度分布规律找出潜在的城市风通道。为确定下垫面粗糙度(Z_0),通过相关学者多年研究,发展了很多估算 Z_0 和 Z_d(零平面位移高度(d)的粗糙度)的方法,对这些方法进行归类主要分为两大类,即微气象观测法和城市表面形态测量法。其中,微气象观测法是利用城市气象塔观测城市下垫面以上多个不同高度的风速数据,然后利用式(3.11)、(3.12)计算铁塔附近的 Z_0 和 Z_d(Petersen,1997),该方法的优点是不需要详细分析地表面粗糙元的形态参数,缺点是需要建设众多铁塔,费用较高,在城市内实施有较大困难。城市表面形态测量法是利用平均粗糙元高度,粗糙元面积密度(λ_p)及迎风面积密度(λ_f)等形态参数,通过 Macdonald 等(1998)提出的模型可计算 Z_0 和 Z_d。

$$Z_0 = (h - Z_d)\exp\left(-\sqrt{\frac{0.4}{\lambda_f}}\right) \tag{3.11}$$

$$Z_d = h(\lambda_p^{0.6}) \tag{3.12}$$

式中,$\lambda_p = \overline{A}_p / \overline{A}_T$,$\lambda_f = \overline{A}_F / \overline{A}_T$,$h$ 为粗糙元高度。该方法的优点是不需要建设铁塔,而且可以计算不同方向的粗糙度参数,缺点是该方法多利用风洞试验数据得出计算模型,由于试验中

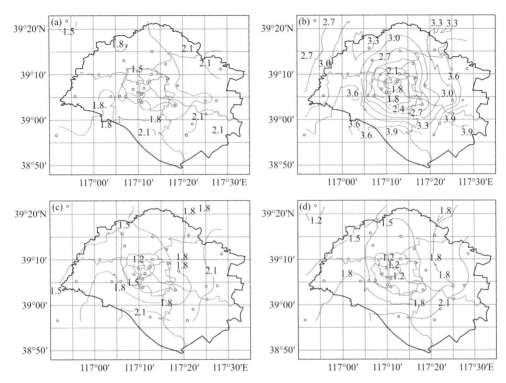

图 3.24　2013 年天津市主城区风速(m/s)分布图

(a)1 月；(b)4 月；(c)7 月；(d)10 月

选择的气流和建筑都比较规则，因此与真实城市状况差别较大。

根据式(3.11)，前立面指数 λ_f 与地表粗糙度具有显著相关性，可以用于评估地表粗糙度(Wong et al.，2010)，因此，首先计算天津中心城区内建筑的前立面指数 λ_f。如式(3.13)所示，θ 方向的前立面指数 $\lambda_f(\theta)$ 计算方法参照 Wong 等(2010)在香港的研究方法。

$$\lambda_f(\theta) = A_{proj} / A_T \tag{3.13}$$

式中，A_{proj} 为评估单元内所有建筑立面沿 θ 方向的投影面积(图 3.25)，A_T 为单元面积(图 3.26)。

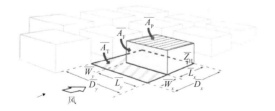

图 3.25　城市空间形态参数示意图

(引自(Grimmond，1999))

(A_p 为粗糙度因子表面积，A_F 为粗糙度因子侧面积，

W_x 为宽度差，D_x 为总宽度，A_T 为总表面积，

L_x 为基准面宽，W_y 为长度差，D_y 为总长度，

Z_H 为基准面高度，L_y 为基准面长)

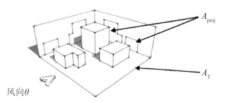

图 3.26　建筑前立面指数计算示意图

(引自(谢俊民 等，2013))

　　基于天津的气候状况,夏季温度较高,热舒适性较差,因此,主要对夏季的通风潜力进行评估,根据相关研究推荐及天津城市的现状,本节以 100 m×100 m 网格为单位计算前立面指数 $\lambda_f(\theta)$,当建筑被网格线分割时,被分割的建筑立面投影计入 A_{proj},由于天津中心城区地势平坦且本节主要关注建筑对通风的影响,因此,未考虑地形、植被等影响因素。

　　图 3.27 是天津中心城区东—西、南—北、西南—东北、东南—西北 4 个方向前立面指数评

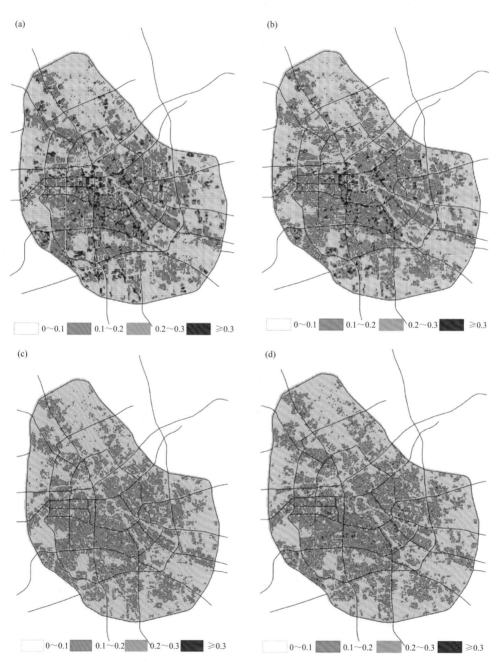

图 3.27　天津中心城区 4 个方向建筑前立面指数分布
(a)东—西;(b)南—北;(c)西南—东北;(d)东南—西北

估图,图 3.28 是对各方向评估指数统计,如图 3.28a 所示,4 个方向的前立面指数均值在 0.09～0.13 之间,其中南—北向最高为 0.122,西南—东北最低为 0.093,东南—西北、东—西方向介于两者之间,分别为 0.100 和 0.105,对标准差分析发现,南—北向和东—西向标准差较高,分别为 0.133 和 0.126,西南—东北向和东南—西北向较低,分别为 0.082 和 0.09。图 3.28b 是前立面指数空间分布统计图。对各方向前立面指数比较发现,前立面指数等于 0 的区域基本相等,都在 19% 左右,对照图 3.27 发现,这些区域主要是公园绿地、广场、大型停车场等无建筑的公共空间,因此,各方向前立面均为 0,这些区域无建筑遮挡,通风潜力最好。前立面指数大于 0 小于 0.1 的空间单元比在 35%～40% 之间,其中东—西向和西南—东北向稍高,分别为 39% 和 39.1%,而南—北向和东南—西北向分别为 35.6% 和 36.6%,这可能是由于天津城市建筑多为南向或东南向,这两个方向的建筑立面面积投影较大所致。对照图 3.27 发现这些区域多对应河流、公园边界及道路等公共空间和低层建筑集聚区,这些区域通风潜力较大,可以作为风通道的选择区域。前立面指数在 0.1～0.2 之间的空间单元比在 23%～30% 之间,与 0～0.1 单元比相似,东—西向和西南—东北向较大,东南—西北向和南—北向较少,对照图 3.27 发现,这些单元对应多层低密度住区,可能是由于建筑朝向导致的不同,这些区域通风能力尚可。前立面指数在 0.2～0.3 之间的空间单元比在 8%～18% 之间,对应多层高密度住区和高层低密度住区。前立面指数大于 0.3 的空间单元占比在 13.3%～21.5% 之间,主要对应高层高密度建筑集聚区,对应图 3.28,这些区域多呈簇状分布在城市的不同区域,如水上公园南侧区域、华苑新城及南京路两侧,这些区域对空气流动的影响较大。

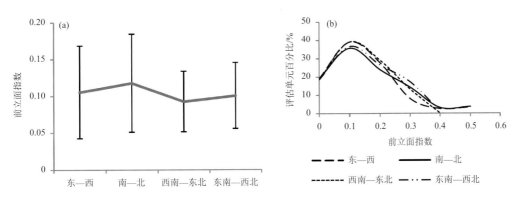

图 3.28 天津中心城区建筑前立面指数统计图
(a)均值标准差;(b)评估单元百分比

对中心城区建筑前立面指数分析发现如下问题:(a)各来风方向低风阻区单元($\lambda_f(\theta) <$ 0.1)占比都在 50% 以上,但这些区域多分布在快速路以外区域。(b)高风阻区单元($\lambda_f(\theta) >$ 0.3)占 20% 以下,但都集中在城市中心,导致该区域通风能力较差。(c)南—北向和东南—西北向前立面指数较大区域占比较高,对夏季通风不利。

3.3.3 城市风通道选择及控制

根据前文研究,随着城市规模不断增加,城市热岛强度呈同心圆状向城市中心区域梯度递增,与热岛分布相反,风速向城市中心区域梯度递减。因此,通过选择和控制风通道下垫面粗糙度,减小空气流动阻力,可有效改善城市中心区域的热舒适状况。

3.3.3.1 风通道选择

广义的风通道由作用空间、补偿空间和空气引导通道构成。其中,作用空间是指存在热污染或空气污染的区域,补偿空间是指为作用空间提供新鲜空气的生态补偿区域,空气引导通道指补偿空间与作用空间之间空气动力学粗糙度较低的区域(张晓钰 等,2014)。根据前文对天津城市温度场、风场的研究,天津城市中心区存在热岛效应,而风速从城市周边向城市中心递减,在城市中心区域形成大面积小风区。因此,科学选择城市风通道,引导空气合理流动,可以有效改善城市中心区的通风和热岛状况。

图 3.29 是天津市域生态用地分布图,如图所示,按照规划天津中心城区外围已经建成西青郊野公园、子牙河郊野公园、北运河郊野公园、北郊生态公园及东丽郊野公园,这些区域可以作为新鲜空气的补偿空间。图 3.30 是天津主城区夏季地表温度和前立面指数插值叠加图,如图所示,天津主城区内的西青郊野公园、子牙河郊野公园、北运河郊野公园、北郊生态公园及东丽郊野公园,地表温度相对较低,以这些低温区域为基础,结合建筑前立面指数分布状况,建议 6 条一级风通道,分别是城市东南侧,沿海河向西北方向;西南侧,从西青郊野公园至水上公园,向市中心方向;西侧,从子牙河郊野公园,沿子牙河向市中心方向;西北侧,从北运河郊野公园沿永定新河支流至市中心方向;东北侧,从北郊生态公园沿新开河向市中心方向;东侧,从东丽郊野公园向市中心。

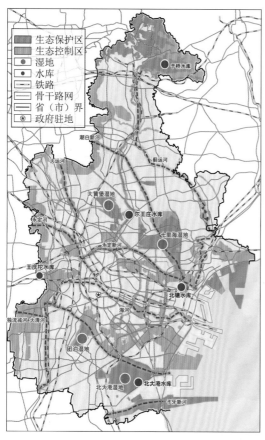

图 3.29 天津市域生态用地分布图
(引自(天津市规划和自然资源局,2022))

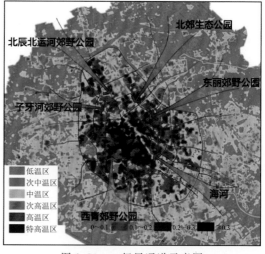

图 3.30 一级风通道示意图
(引自(天津市规划和自然资源局,2022))

除将城市外部的清新空气引向市区外,城市内部的通风状况也是影响风环境的重要因素,通过前文对天津中心城区下垫面状况的评估,快速路以内区域建设密度较高。因此,再对中心城区快速路内部区域的风通道进行分析。图 3.31 是 1981—2010 年天津城市气象站(54527)7月的风玫瑰图,如图所示,天津夏季以偏南向风为主,其中,东南向风频最高,为 11.4%,南向、东东南、南南东、南南西和西南,分别为 8.4%、8.1%、7.6%、7.0% 和 6.9%。对风速分析发现,各方向轻软风(1.5~3.3 m/s)都超过 50%,因此,城市南—北向风通道应该重点考虑。

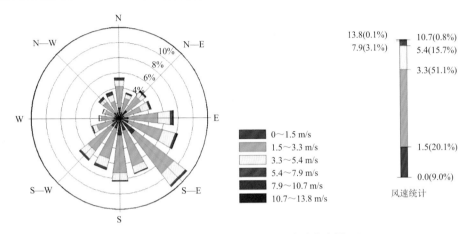

图 3.31 天津气象站(54527)7 月风玫瑰图

图 3.32 是结合南向前立面指数分布的二级风通道规划图,如图所示,在中心城区快速路内部根据前立面指数状况将前立面较大区域用红色线条标记,在红色线条区域外侧,建议 3 条二级风通道,风通道一:从水上公园,经过南开大学、天津大学、长虹公园向北方向;风通道二:从梅江地区,经文化中心、五大道向北方向;风通道三:从东南方向,沿海河向东北方向。为改善中心城区高密度区的通风状况,图 3.33 梳理了高密度区内的通风路径,由于这些区域建筑密度较高且属城市中心区域,拆迁的可能不大,因此,只能在现有基础上,结合城市道路及住区内部的开放空间找寻通风路径。

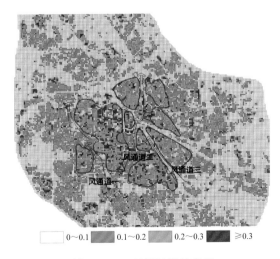

图 3.32 二级风通道示意图

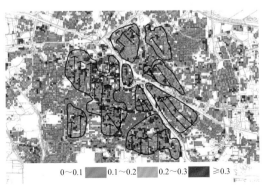

图 3.33 三级风通道示意图

3.3.3.2 风通道下垫面控制

城市风通道的目的是能让城市外部的新鲜空气能顺利进入城市内部,并带走热量和污染物等,以改善城市中心区域的舒适性,因此,应该尽量减小城市风通道区域对空气流动的影响。

(1)下垫面粗糙度长度(Z_0)应小于 0.5 m,且零位移高度的 Z_d 可忽略;

(2)主导风向通道长度应超过 1000 m;

(3)通道宽度至少为两侧障碍物的 2 倍,且不小于 50 m;

(4)通道两侧边界应尽量光滑;

(5)通道内部障碍物长轴应平行与主导风向,宽度应在通道宽度的 10% 以内,且高度不超过 10 m。

除满足以上标准外,吴恩融等(2014)也提出了街道及建筑布局的优化方法,如使长向街道尽量与主导风向平行,在高层建筑集聚区通过减小建筑密度,以增加建筑之间孔隙,改善裙房的形态,以减小裙房对人行高度空气流动的阻力,通过改善建筑形态等方法尽量减小建筑的迎风面积等。

3.4 城市空气质量监测与预报

3.4.1 天津大气环境监测

3.4.1.1 天津空气质量观测网

基于环境空气质量评价技术规范,天津市空气质量监测主要监测内容为 $PM_{2.5}$、PM_{10}、SO_2、NO_2、O_3 和 CO,在全市范围内有空气质量监测站 23 个(图 3.34),通过监测实时获得天津空气质量 6 要素的质量浓度和空气质量指数(AQI)。空气质量站一般包括站房、$PM_{2.5}$、PM_{10}、SO_2、NO_2、O_3 和 CO 监测仪器、臭氧发生器、零气和校准仪器、采样系统、监控系统和数据传输系统。

$PM_{2.5}$ 和 PM_{10} 监测方法有三种,分别为重量法、贝塔(beta)射线法吸收法和微量振荡天平法。重量法指将 $PM_{2.5}$ 直接截留到滤膜上,然后用天平称,是最直接、最可靠的方法,是其他方法的验证,但程序繁琐费事,无法实现自动监测。贝塔射线法吸收法将 $PM_{2.5}$ 收集到滤纸上,然后照射一束贝塔射线,射线穿过滤纸和颗粒物时由于被散射而衰减,衰减的程度和 $PM_{2.5}$ 的重量成正比。根据射线的衰减就可以计算出 $PM_{2.5}$ 的重量,天津地区空气质量国控站和市控站监测采用该方法。微量振荡天平法利用一头粗一头细的空心玻璃管,粗头固定,细头装有滤芯。空气从粗头进,细头出,$PM_{2.5}$ 就被截留在滤芯上。在电场的作用下,细头以一定频率振荡,该频率和细头重量的平方根成反比。于是,根据振荡频率的变化,就可以算出收集到的 $PM_{2.5}$ 的重量。SO_2 的监测方法为脉冲荧光法,SO_2 分子吸收紫外光(UV),在某个波长受到激励,然后衰减至较低的能量状态,在另一个不同的波长发射紫外光(UV),基于此可以实现 SO_2 质量浓度的监测。O_3 的监测方法为紫外光度法,O_3 分子吸收波长为 254 nm 的紫外光(UV),这种单一的紫外光的强度和 O_3 的浓度有直接的关系,基于此可以实现 O_3 质量浓度的监测。CO 监测方法采用气体滤光法,基于 CO 可吸收波长为 4.6 μm 的红外线实现 CO 浓度监测。NO_2 的监测方法为化学发光法,一氧化氮(NO)和臭氧(O_3)发生反应并产生一种特有的发光,

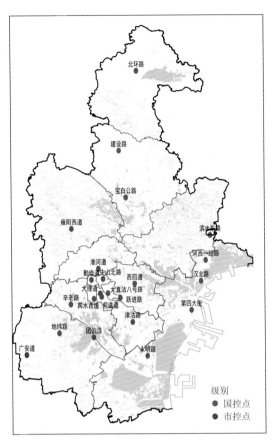

图 3.34　天津空气质量站分布

这种发光的强度与 NO 的浓度成线性比例关系。当受到电子激励的 NO_2 分子衰减至较低的能量状态时便会发出红外光,基于此可以实现 NO、NO_2 质量浓度的监测。

　　除了 $PM_{2.5}$、PM_{10}、SO_2、NO_2、O_3 和 CO 作为常规监测内容,挥发性有机化合物(VOC)、气溶胶组分也是空气质量的监测内容,其中 VOC 可以基于挥发性有机物在线色谱监测系统进行测量,通过自动色谱和 FID 检测器可测量臭氧前体物(C_2—C_6 范围的低沸点物种和 C_4—C_{12} 范围的高沸点物种)。气溶胶组分包括水溶性成分(NH_4^+、Na^+、K^+、Ca^{2+}、Mg^{2+}、Cl^-、NO_3^-、SO_4^{2-}),通过旋转液膜气蚀器和蒸汽喷射气溶胶收集器(螺旋式玻璃管)来分离并制成可溶性的气体和气溶胶样品溶液,基于液相色谱制造的全自动半连续测量气溶胶中可溶性离子成分。有机碳与元素碳,根据有机碳(OC)和元素碳(EC)在不同温度下可选择性氧化,认为当样品暴露在有氢气的低温环境中时,挥发性有机物可以从样品中挥发出来,而元素碳不会被氧化和清除。根据此原理分析检测样品中的 EC/OC 浓度。目前天津空气质量观测网有单颗粒质谱仪 2 个观测点、在线 EC/OC 为 5 个观测点、在线离子色谱 5 个观测点。

3.4.1.2　天津边界层和大气环境观测网

　　天津市气象部门的边界层和大气环境观测网是和生态环境部门互补的,主要观测与空气质量密切相关的气象要素,其中边界层是其核心特色。核心观测站中国气象局天津大气边界层观测站位于天津市河西区友谊路 62 号,与天津市城市气候监测站处于同一场院,共用同一台站编号,2002年获得中国气象局命名中国气象局天津大气边界层观测站(以下简称为:观测站)。观测站内255 m气象塔始建于1982年,1984年建成投入使用,系我国第二座超高专业气象塔,仅次于1977年建设的中国科学院大气物理研究所北京气象铁塔,也是迄今为止我国气象系统仅有的两座超高专业气象塔之一(另外一座为2017年正式投入使用的深圳气象观测梯度塔)。天津气象铁塔自1984年10月开始试运行,主要开展污染气象观测研究,多为不定期观测。1996年起逐步开展连续在线气象和大气环境观测,数十年来观测要素不断补充完善,观测设备历经多次更新,塔上现建有15层梯度气象观测系统,5层开路涡动协方差系统,3层太阳辐射计,以及5层大气成分站。塔上15层观测平台及南北双伸臂均配备有齐备的电力和网络线路,可搭载多台气象和大气环境观测设备,用于在线观测和采样(图3.35)。

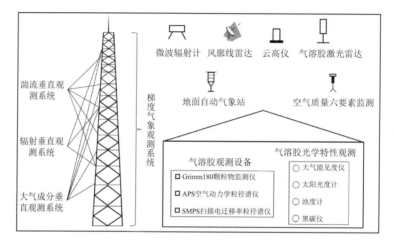

图3.35 天津大气边界层观测站观测项目构成

地面大气环境综合观测站,配备有多套地基遥感设备,开展边界层气象要素和气溶胶的垂直观测,以及多套气溶胶观测设备,用以开展气溶胶物理特性和光学特性观测,还具备多种气溶胶采样器,依托合作实验室开展相应化学分析,并配合地面自动气象站和环境气象站,形成了观测要素齐备、观测设备完善的大气物理与大气环境观测站点。

整体的观测网包括13个国家级自动气象站和278套区域自动气象站在内的全市地面自动气象观测网,在传输通道等重点区域建立了11个环境气象观测站,微波辐射计、风廓线雷达、云高仪和气溶胶激光雷达等地基遥感设备组网形成了边界层气象观测网。其中环境气象观测站网依托《京津冀及周边地区大气成分观测系统建设项目》等建设项目,包括地面9个环境气象观测站,并在天津气象铁塔建有多层垂直方向上的环境气象观测站,重点围绕$PM_{2.5}$和O_3开展空气质量在线观测。地基遥感设备组网目前包括2部微波辐射计、6部固定式风廓线雷达、1部移动式风廓线雷达、1部云高仪、2部气溶胶激光雷达,未来还将增加激光测风仪、臭氧激光雷达,实现海岸陆关键带的观测。

3.4.2 天津重污染天气概念模型

3.4.2.1 $PM_{2.5}$污染天气概念模型

对于$PM_{2.5}$污染,基于2014—2017年发生重污染天气118 d,分析其500 hPa环流、850 hPa

流场和海平面气压场,可归纳为高压型(北部弱高压、入海高压后)、低压型(低压槽、均压场、锋前低压)、海风锋型和雾-霾相伴型四种类型重污染过程的边界层结构概念模型。

(1)基于 500 hPa 环流分析

可以得出三种利于重污染天气发展的天气形势。①平直西风带西风气流:在这种形势下,西风带无明显波动,无明显天气系统影响华北地区,气压场较弱,占所有过程的 34%。②弱西北气流:华北地区受脊前或者槽后弱西北气流影响,地面以高压后、弱高压为主,也有部分前倾槽,地面位于低压后部,占所有过程 34%。③槽前西南气流:华北地区位于高压槽前,地面多为锋前低压区和均压场控制,辐合风场有利于污染物的累积,占所有过程 32%。

(2)基于 850 hPa 流场分析

西南气流是其最重要的影响气流,占 61%,当 850 hPa 为西南气流时,西南气流将携带南部的污染物输送到天津。此外,如果华北地区受明显的暖舌控制,暖舌的影响有利于形成逆温,或者西南气流会带来暖平流,暖平流有利于形成逆温,而西南气流也会将南部的污染物输送至该地区,引起污染物累积。除西南气流以外,850 hPa 呈现偏西气流占 13.5%,其多对应地形槽或者华北小低压天气,南北向太行山与西风下沉,易形成辐合低压污染。850 hPa 呈西北流占 23%,地面多对应锋前低压区,虽然已经转为偏北风影响,但风场较弱,北部输送和锋面逆温导致重污染天气加剧。比较特殊的是前倾槽过程,高空 850 hPa 为西北气流,呈现下沉趋势,地面仍然位于低压槽前,呈现上升气流,下沉气流抑制污染物的垂直扩散,而地面弱上升,意味着仍处于低压辐合区,水平和垂直扩散条件的双重不利,导致污染过程加剧。

(3)基于海平面气压场分析

污染主要出现在五类地面形势中,分别为均压场、弱高压、锋前低压、高压后和低压槽。高压类两类,分别为高压后和弱高压,其中高压后部是华北地区较为常见的一种污染天气形势(占比 27%),由于河北中南部地区气象条件更不利于污染物扩散,污染累积普遍快于天津,且高压后-低压前地面形势出现时,天津地区一般为暖平流控制,易于逆温出现,西南输送和本地垂直扩散条件不利双重叠加有利于重污染天气发生。弱高压(占比 9.9%),主要为北部弱高压,海平面气压场呈现北高南低格局,前期污染积累和冷空气的强度对于弱高压型污染是否出现重污染天气至关重要,大部分的弱高压型污染均是前期冷空气较弱,对区域性污染清除不彻底,当冷空气减弱后,污染回流所致,也有部分是弱高压北部输送引起。低压类有三类,占比最多的为锋前低压(占比 28.8%),该天气一般为污染过程的最后阶段,也是污染过程峰值阶段,未来有冷锋过境,目前处于低压系统或弱气压场内。在此阶段污染受前期积累和上游输送的共同的影响,呈现较高的峰值浓度。其次为均压场(占比 22%),弱风场是此类污染天气的最大特征,第三类为低压槽,是华北地区典型的低压污染(占比 11.7%),其属于辐合风场污染类型。

(4)地形影响

由于我国处于西风带,太行山又呈现南北向,气流过山后,气柱伸长,空气发生辐合,气旋性涡度增加,下沉气流绝热增温,在对流层低层产生暖温度脊,使低层减压,在华北平原形成低槽(华北地形槽)。该地形槽常为地面气压场的暖性低槽,有时在地形槽内出现地形低压,强度弱、不发展。受其影响在华北平原常有低压区辐合区的存在,当低压辐合区闭合时,我们称为华北小低压,当低压辐合区不闭合时,称为地形槽。地形槽与低压系统相互融合,使得华北平原地区风场辐射,污染滞留,有利于重污染天气的出现。

（5）海岸带影响

沿岸地区受海陆热力差异的影响，在春夏季还易于出现沿岸局地重污染天气。其成因如下：受海陆热力差异的影响，冬季海上温度高，混合层厚度高，大气以不稳定为主，沿岸大气扩散条件优于内陆；春夏季，海上温度低，混合层厚度低，海温低于气温，海上大气以稳定层结为主，在每年4月底—6月初，由于海陆温差发生的变化，导致其边界层结构差异转变，此时海陆风环流相对还较弱，海风的增加不足以抵消沿岸混合层厚度下降带来的不利影响。在弱气压场，晴空天气的午后，在沿岸会形成弱的东风，使得海上的稳定气团开始影响沿岸地区，而沿岸陆地本身大气热力湍流加热，会破坏稳定气团的底层，但无法影响气团整体，在沿岸形成0～200 m高度的热力内边界层（离海越近，高度越低），而热力内边界层以上为稳定气团（中性偏稳定，甚至伴有逆温），污染物在沿岸200 m高度内快速累积，无法向上扩散，出现局地重污染天气。进入6—7月，海陆温差加大，白天海洋温度低于内陆，形成海风，当海风与背景风不一致时，会在局地出现海风锋辐合，在海风辐合的锋面，受辐合风场影响，以及锋面逆温的影响，往往在天津沿岸出现线状分布的重污染带，但维持时间一般不长，主要出现在夏季午后到傍晚前后。此外，海上的输送也对沿岸地区大气扩散有一定影响，尤其是春夏季，海上多以稳定气团为主，污染物在海上层流性强，湍流弱，不易混合减弱，可以远距离输送，当远距离输送到达沿岸地区时，水平方向的输送即可以使得大气污染物由稳定层结进入不稳定层结，高空大气污染被在陆地混合层中混合，从而被传输到地面，在沿岸地区出现一些输送型重污染天气。

（6）PM$_{2.5}$重污染边界层结构概念模型

综上所述，可将天津地区重污染天气凝练为高压型、低压型、海风锋型和雾-霾相伴型四种类型重污染过程的边界层结构概念模型。

高压型分为北部弱高压和入海高压后（图3.36），其共同特征为高空受暖脊控制，地面为弱高压，夜间易出现辐射逆温，近地面风场较弱，但逆温层顶部有时会有一层风速大值区，大气污染物沿风速大值区向下游传输，受下沉气流和湍流作用影响地面。其中入海高压后多出现在秋季和初冬，受高空暖平流的影响，其夜间和早晨贴地逆温表现得更为明显，北部弱高压天气主要出现在深冬，下沉气流的影响更为明显。

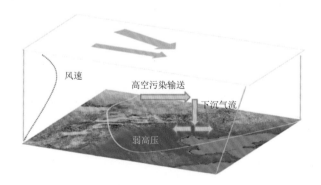

图3.36 高压型（北部弱高压）重污染天气概念模型

低压型天气分为低压槽型、均压场型、锋前低压型（图3.37），低压槽型受华北区域地形影响，一般出现在深冬季节，西风带越过太行山后，气柱伸长，气旋性涡度增加，在华北平原形成低压槽，此时如出现高空槽前倾，高空下沉气流绝热增温，结合地面弱辐合风场，易形成持续性重污染天气,此类天气边界层结构往往有脱地逆温的存在,逆温高度不高,逆温强度较强,污染层浅薄,近地面污染程度较高;均压场型地面高空均为弱风场条件,湍流扩散能力极差;锋前低压型,是大气污染的最后阶段,也是峰值阶段,锋面逆温导致大气垂直扩散能力的下降,该阶段高浓度的 $PM_{2.5}$ 导致到达地面的太阳辐射明显减少,大气趋于稳定。

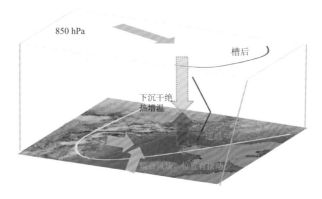

图 3.37　低压型(低压槽)重污染天气概念模型

海风锋型是夏季沿海常出现的一种局地重污染类型(图 3.38),受海陆热力差异影响,午后沿海转为偏东风后,与背景风形成风场辐合,在局地受锋面逆温影响,形成线状污染带。沿海除了海风锋影响外,还受到热力内边界层影响,春夏季海上多稳定气团,当稳定气团移动至沿岸时,午后会形成热力内边界层,其高度由岸向陆逐渐升高,有时天津滨海大部分地区不足200 m,内边界层以上有逆温抑制污染扩散,导致沿海局地出现重污染天气。

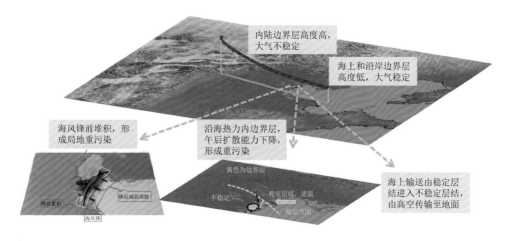

图 3.38　海风锋型重污染天气概念模型

持续性重污染天气时常伴随雾天气出现,可概括为混合型重污染天气(图 3.39),雾发生前,一般为弱气压场,已经出现污染物累积,雾天气成熟后,雾内为中性层结,但雾顶逆温的存在,将导致污染物在近地面 200~400 m 范围堆积,形成重污染天气。雾天气可以分为平流雾和辐射雾,辐射雾一般较为浅薄,伴随太阳升起会消散,但由于雾的存在,会延缓边界层的发展,导致大气垂直扩散能力下降。平流雾天气发展高度较高,一般能到 300~400 m,强的平流雾白天仍能维持,从而破坏原有的边界层日变化规律,导致重污染天气在白天维持加强。当雾发展成熟后,雾顶逆温较强时,即使有一些弱冷空气的活动,但由于高空湍流动能无法传导到地面,使得近地面大气扩散条件的改善明显滞留高空,延长重污染天气时间。

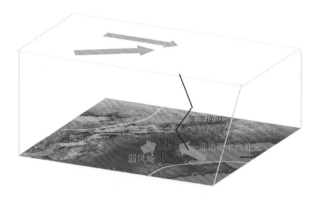

图 3.39　混合型重污染天气概念模型

3.4.2.2　重污染天气单要素指标

利用风廓线雷达、微波辐射计、气溶胶激光雷达、气象塔和地面气象观测进行逐一诊断分析,建立重污染天气的边界层预报指标,具体如表 3.5 所示,当出现一个或多个指标满足易出现重污染天气时,说明大气垂直条件转差,边界层动力和热力结构条件有利于重污染天气形成。在分析中,一般先基于边界层概念模型判断所属类型,通过混合层厚度指标判断大气污染物可以扩散的高度,通过气温递减率、湍流动能、湍流扩散系数、大气稳定度定性判断边界层内湍流混合能力,通过扩散指数 φ、β,或者湍流混合速率(湍流混合作用导致近地面 $PM_{2.5}$ 浓度每小时变化速率),分析湍流对大气污染物垂直扩散的影响;通过逆温持续时间判断后续边界层变化和影响,结合高空风速和混合层高度,分析边界层结构对此时大气环境容量的影响,通过垂直运动使得 CO 和 $PM_{2.5}$ 下降速率,定量考虑边界层特征带来的下沉气流影响。在此基础上基于指标初步掌握大气边界层对大气扩散的影响,并通过通风系数分析此时大气扩散能力,指导重污染天气预报预警工作开展。

表 3.5　重污染天气的边界层预报指标

指标	非常有利	有利	一般	不利	易出现重污染天气
气温递减率	≥0.8 ℃/100 m	0.6～0.8 ℃/100 m	0.5～0.6 ℃/100 m	0.4～0.5 ℃/100 m	<0.4 ℃/100 m
逆温持续时间	—	—	—	—	08:00 以后
混合层厚度	≥800 m	600～800 m	400～600 m	200～400 m	<200 m
80 m 风速	≥6 m/s	4～6 m/s	3～4 m/s	2～3 m/s	<2 m/s
边界层平均风速	—	≥7 m/s	5～7 m/s	<5 m/s	—
1500 m 风速	—	≥10 m/s	8～10 m/s	<8 m/s	—
通风系数	—	≥2000 m²/s	1000～2000 m²/s	500～1000 m²/s	<500 m²/s
大气稳定度	—	—	—	白天 D 及以上 晚上 E 及以上	—
湍流动能	≥2 m²/s²	0.8～2 m²/s²	0.5～0.8 m²/s²	0.3～0.5 m²/s²	0～0.3 m²/s²

指标	非常有利	有利	一般	不利	易出现重污染天气
湍流扩散系数	$\geq 4500\ cm^2/s$	$3500\sim4500\ cm^2/s$	$2500\sim3500\ cm^2/s$	$2000\sim2500\ cm^2/s$	$<2000\ cm^2/s$
扩散指数 β	$\beta\geq0.8$	$\beta\geq0.8$			风速$<1.5\ m/s$ 且 β 为 $0.4\sim0.6$；风速$<1.2\ m/s$ 且 β 为 $0.3\sim0.4$
扩散指数 φ	≥0.65	$0.60\sim0.65$	$0.57\sim0.60$	$0.52\sim0.57$	<0.52
垂直运动使得 CO 质量浓度上升速率	<0	<0	0	$1.4\%/h\sim5\%/h$	$\geq5\%/h$
垂直运动使得 PM$_{2.5}$浓度变化	$<-6\ \mu g/(m^3\cdot h)$	$-6\sim-2\ \mu g/(m^3\cdot h)$	$-2\sim2\ \mu g/(m^3\cdot h)$	$2\sim6\ \mu g/(m^3\cdot h)$	$\geq6\ \mu g/(m^3\cdot h)$
湍流混合使得 PM$_{2.5}$下降速率	$\geq40\%/h$	$30\%/h\sim40\%/h$	$15\%/h\sim30\%/h$	$15\%/h\sim10\%/h$	$<10\%/h$
里查森数	—	—	—	—	>0.25

3.4.2.3　臭氧污染天气概念模型

对于臭氧污染，有两类污染概念模型，一是脊-低压型，地面偏南风，风速 2～3 级，温度大于 30 ℃，这种情况多发生在 4—5 月，偏南风可以带来充足的前提物，利于光化学反应的发生。二是脊-高压型，高空为西南或弱西北气流，这种情况易出现在 5—6 月，温度大于 34 ℃，地面为偏南风或西南风，风力 2～3 级。统计分析 2011—2017 年臭氧发生污染的情况发现，臭氧超标日地面形势多为低压型、弱气压场或者为高压后部，地面气温较高，湿度适中，风速≤3.0 m/s。

分析臭氧浓度的 8 h 滑动平均值和温度、相对湿度的关系，可以看到，臭氧 8 h 滑动均值大于 160 μg/m³（即发生臭氧污染事件）时，温度全部大于 30 ℃，相对湿度则低于 60%。

臭氧浓度与温度的相关性最高，年均值为 0.55，夏季为 0.71，紫外辐射和温度作为太阳辐射强弱的重要指标，一般存在明显的日变化特征，午后高温一般也伴随着强日照，易发生一系列光化学反应而生成臭氧，而且随着温度的升高，生物排放量增大，臭氧前体物浓度增加，也促进了臭氧浓度的增大。午后地面风速增大，垂直动量输送加强，有利于臭氧从浓度较高的高空往下输送，而且随着风速和湍流作用的增强，对光化学反应起加速作用，可能也是造成午后高浓度臭氧的重要原因之一。

相对湿度 60% 左右存在光化学反应强度临界值，在 60% 之前臭氧浓度随相对湿度的增加而增大，而 60% 之后随相对湿度的增加而减小。

风速对臭氧的影响有两个方面。较高的风速抬高了大气边界层高度，上层臭氧向地面处混合，同时较高风速的水平扩散作用又稀释了一定的臭氧，这两种作用同时发生，当风速较低时向下的臭氧混合作用强于扩散作用，从而造成臭氧质量浓度不断累积，但随着风速的增加，扩散作用逐渐增强，两种作用相当，因此在风速不断增加时，不同风速段相应臭氧质量浓度先增加而后减少。臭氧前体物的污染源主要来源于机动车尾气排放，所以随着增加的风速扩散作用，浓度不断下降。因此，当风速在 1.1～3.0 m/s 时，最有利于臭氧的形成。除了风速扩散作用对污染物的影响之外，风向对臭氧质量浓度也有重要影响。当观测点受偏西南气流控制时，臭氧质量浓度相对于其他风向较高，这是由于夏季局地光化学反应是高浓度臭氧的主要来源,西南方向河北等地区排放的大量前体物在偏南气流的作用下,对观测点臭氧质量浓度高值有显著的贡献。

应用天气学方法,统计了发生臭氧污染的天气型,发现发生臭氧污染事件时,850 hPa 为西南气流,地面天气形势多为低压型(34%)、弱气压场(32%)和高压后部(22%)。地面温度全部大于 30 ℃,相对湿度则低于 60%,地面风向主要是为偏南和偏西方向。周边地区尤其是河北、山西等省可能对天津近地层臭氧的远距离输送具有贡献。臭氧低浓度日地面天气形势多为高压控制,占全部低浓度日的 55%,其次为弱气压场和鞍型场,占 27%,低压后部和低压顶部的地面天气形势占 13%。臭氧浓度较低时,96.8%的时刻温度在 30 ℃ 以下,71.7%的时刻相对湿度在 60% 以上,风速情况较为复杂,风向多为偏东气流。

3.4.3 无缝隙智能网格空气质量预报

从空间上说,智能网格是要将预报分布在精细至千米级的格点上,无缝隙基于的是时间,从小时到年尺度,通过不同预报方法和不同产品衔接,提供无缝隙的预报产品。无缝隙智能网格预报的技术主要依赖的是数值模式技术、AI(人工智能)技术和信息技术的集合,由于其预报的精细化,主观作用必须要跟客观产品相互结合。无缝隙智能网格环境要素预报是大气污染防治气象保障服务的核心,通过精准的预报预测,帮助公众避免不利气象条件导致的重污染天气影响,实现污染防治措施的提前调度,在前期的蓝天保卫战中发挥了积极的作用。目前天津市气象部门已经实现了 0~10 d 环境要素(霾、污染气象条件和空气质量指数)的智能网格预报,分辨率 5 km,并联合生态环境部门开展月空气质量预测,每个月形成报告报送市政府,取得了良好的服务效果(图 3.40、图 3.41)。

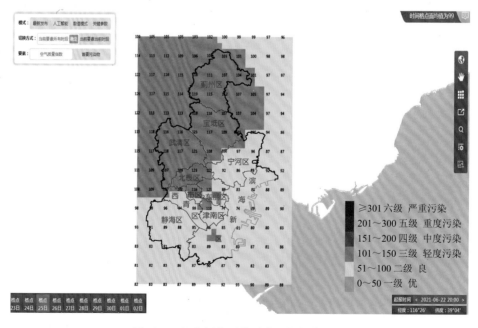

图 3.40　智能网格环境要素预报操作界面

天津环境气象智能网格预报产品制作步骤分为 7 部分:①主观预报制作,0~10 d 主观全市空气质量预报分析输入;②提供数值模式预报客观产品,在空间优化技术发展的基础上,建

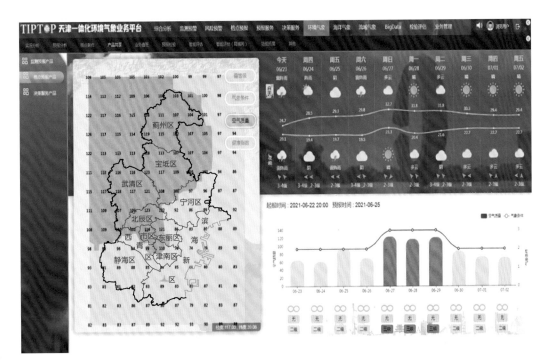

图 3.41　无缝隙智能网格环境要素预报及产品发布

立使用智能网格空气质量预报的数值模式,提供空气质量 6 要素浓度和空气质量指数预报;
③基于 AI 和主观预报,对数值模式格点预报产品进行加工优化,形成智能网格预报底板,目
前天津的智能网格预报底板包括 3 套,分别为人工智能、数值模式和关键参数;④建立软件平
台,调取智能网格预报底板,预报员开始智能网格预报制作,由于格点预报的数据量较大,所以
软件平台必须具备较好的交互性,并且能够快速地订正,以及要素具备协同能力;⑤产品发布,
并提供接口和科学显示;⑥基于一定的算法对智能网格预报产品进行检验;⑦无缝隙预报的制
作,根据一定规则,预报准确性,对不同预报产品进行无缝隙拼接,形成 0~30 d 预报产品。

3.5　本章小结

本章梳理了城市生态气象的研究成果,天津的城市发展对城市气候也产生了很大的影响,
"城市五岛效应"现象明显。近年来,天津市气象部门依托高时空分辨率的自动气象观测站网
和高分辨率卫星遥感资料,研究了城市热岛效应监测评估、城市风环境评估,为大城市气候服
务提供技术支撑,为城市规划提供服务。最后介绍了天津市城市重污染天气的成因、概念模型
以及业务系统。

(1)应用卫星遥感数据反演得到天津全境的不透水地表、水体、耕地、裸地和林地 5 种主要
下垫面的格点分布,然后统计距离自动气象站 2 km 范围内不同类型下垫面的占比,最后将不
透水面积占比小于 20% 的站点认定为乡村站。天津城市热岛在空间上总体呈 1 个强热岛中
心、1 个次强热岛中心和多个弱热岛中心并存的热岛群特征。秋季热岛最强,冬季次之,春夏
较弱。从日变化来看,热岛强度的特征为夜间强,白天弱,中午甚至出现负值。

（2）利用遥感影像，按照不同等级路网数据生成城市地块数据，在城市地块的基础上，重新划分为耕地、林地、草地、水体、城市、农村居民地、其他建设用地和未利用地 8 类，提取城市空间扩展过程。依托等级尺度城市地表结构设置相应等级监测与评价单元，建立城市人居环境相关的城市地表等级结构指标参数。结合城市地表结构监测方法构建城市区域尺度、城市功能区划、土地覆盖功能、土地用途类型、结构的等级尺度结构监测体系。利用 ArcGIS 分析土地利用特征和城市热岛特征。发现近 10 a(2011—2020 年)不透水面积较前 10 a(2001—2010 年)下降了 2.1%，绿地面积增加了 2.3%。从各个行政区乡镇平均地表温度的分布来看，和平区和河东区明显高于其他八个区，其中最高的是和平区，其次是河东区、南开区、河北区和河西区。

（3）详细分析了 1961 年以来 13 个国家气象站平均风速、最多风向时空变化特征，以及年最多风向频率的变化。建立了天津中心城区东—西、南—北、西南—东北、东南—西北 4 个方向前立面指数，对夏季的通风潜力进行评估。根据天津市城市建设和规划提出了 6 条一级风通道和 3 条二级风通道建议。

（4）简单介绍了天津市边界层和大气环境观测及无缝隙智能网格空气质量预报系统。对于 PM$_{2.5}$ 污染，基于 2014—2017 年发生重污染天气 118 d，分析其 500 hPa 环流、850 hPa 流场和海平面气压场，可归纳为高压型(北部弱高压、入海高压后)、低压型(低压槽、均压场、锋前低压)、海风锋型和雾-霾相伴型四种类型重污染过程的边界层结构概念模型。对于臭氧污染，有两类污染概念模型，一是脊-低压型，地面偏南风，风速 2～3 级，温度大于 30 ℃，这种情况多发生在 4—5 月，偏南风可以带来充足的前提物，利于光化学反应的发生。二是脊-高压型，高空为西南或弱西北气流，这种情况易出现在 5—6 月，温度大于 34 ℃，地面为偏南风或西南风，风力 2～3 级。

第4章
水体湿地生态气象

天津市地处华北平原的东北部,海河流域下游,是海河五大支流南运河、子牙河、大清河、永定河、北运河的汇合处和入海口,素有"九河下梢""河海要冲"之称。3000 多年来的渤海海退变迁在天津平原残留下众多湖泊、沼泽湿地,至今天津市共有于桥水库、团泊洼水库、北大港水库、七里海湿地及大黄堡洼等多处湖泊,在保护生物多样性、净化空气、调节河川径流、补给地下水、改善气候和维持区域水分平衡中发挥着重要作用。

4.1 湿地变化简介

4.1.1 历史上的天津湿地

20 世纪初,天津的自然景观是水域连片,河流纵横。据调查,20 世纪 20 年代天津全域湿地面积达 5471 km²,占全市国土面积的 45.9%。若以海河为界可分南北两大部分,北部面积较大的湿地主要有塌河淀、里自沽洼、黄庄洼、大黄堡洼、七里海湿地等,自然景观除散落在较高地势上的村落和勾通村落的简易公路外,其他地域均被水域所覆盖;南部湿地面积大而广阔,天津湿地与河北省著名的水乡白洋淀、胜芳连接成片,呈现出千里泽国的自然景象。

被称为"自然之肾"的湿地不仅是人类最重要的生存环境,也是众多野生动植物重要生存环境之一,生物多样性极为丰富,同时湿地还具有多种生态功能和社会经济价值。温带雨热同季的气候特征使天津湿地植物种类繁多,碱蓬-芦苇群落、水葱群落、扁秆藨草群落是湿地的主要植被类型。丰富的植物资源为各种鱼类、鸟类等野生动物栖息创造了良好的条件,鸭、雁、鹭、鸥、鸊鷉等构成了天津湿地鸟类的主体。据调查,20 世纪中叶每逢春秋季节,成千上万迁徙鸟类汇集天津,数量之多难以统计。历史上的天津湿地不仅具有调节区域气候、保护水体、净化水质、补充地下水的作用,更有防洪排涝保证城市安全度汛、消减泥沙保证河道畅通的功能(中国自然资源丛书编撰委员会,1996)。

4.1.2 天津湿地环境变迁

近一个世纪以来,天津湿地生态环境发生了根本性变化。区域外来水量已由 20 世纪 50 年代的 150 多亿立方米减少到 20 世纪 90 年代的不足 10 亿 m³,人类对地下水的不断开采造成地下水位持续降低,如滨海新区大港、静海区地下水位年平均降幅达 2~3 m,湿地水源补给严重短缺,天津境内河流全部断流成为人工调节河,湿地呈现持续减少趋势。天然湿地面积已由 20 世纪 20 年代占全市土地总面积的 45.9％减少到 2000 年的 3.6％,天津湿地已呈现出明显的人工化、破碎化、盐渍化趋势,湿地的各项生态功能也在不断下降。另外,人为因素的影响也是天津湿地生态环境变迁的主要原因,天津湿地由于天然来水量骤减及人类不合理的开发,湿地数量和质量急剧下降,湿地生态环境遭到了前所未有的破坏。天津湿地环境变迁可分为三个阶段,第一阶段是 20 世纪初—70 年代末,第二阶段是改革开放后到 21 世纪初,第三阶段是党的十八大以来,时间阶段的不同使湿地生态变化呈现出显著的时代特征。

4.1.2.1 第一阶段湿地变迁因素分析

20 世纪初,天津河流纵横,水域面积大,水害严重,此时全市人口较少,居民点稀疏,耕地面积很小。这一阶段湿地环境变迁带有明显的征服自然、减轻洪水灾害、扩大耕种面积的特征。1980 年来的"改天换地",使天津湿地环境发生了根本性变化,对区域生态系统的影响是深远的。一是淤积造田,为了增加耕地、减少水害,人们用淤积造田的方式取得更多的土地,减少洪水泛滥的面积。如 1936 年开始的较大规模的土地改造工程,经过近 20 多年(1936—1950年)的不懈改造,著名的塌河淀湿地到解放后已淤积成农田。二是河流改造,为了根治海河,华北平原曾有过多次大的河流改造工程。天津与周边地区在海河中、下游先后开挖和疏浚了黑龙港河、子牙新河,开挖了永定新河、北京排污河、潮白新河等。据调查,仅 20 世纪 60—70 年代,海河流域先后开挖疏浚骨干河道 31 条,总长达 2800 多千米,修筑大堤 2700 多千米,修大小渠道 12 万多条,兴建桥梁、闸涵等建筑物 5 万多座,动用土方 31 亿 m^3。如此浩大工程在根治海河的同时也使湿地水源补给大为减弱,致使众多洼淀干涸。三是兴修水库,仅 1960—1970 年,在海河上游先后新建扩建了 32 座大、中型水库和 500 多座小型水库,控制了山区流域面积的 83％。使天津平原来水量急剧减少。综上原因,天津大片湿地逐渐干涸,20 世纪中叶塌河淀湿地干涸;1960 年里自沽湿地干涸;1963 年贾口洼湿地干涸;1965 年黄庄洼湿地干涸;1966 年北大港、七里海、团泊洼湿地干涸;1968 年大黄堡洼湿地干涸;1969 年东淀开始干涸,苇塘变成庄稼地。20 世纪 70 年代以后天津开始兴修水利,开始多项水库工程建设,水库、坑塘面积有所回升,水域面积的比例有一定增加。如现在的团泊洼湿地、北大港湿地、七里海湿地得到一定程度的恢复(曹喆 等,2004;周潮洪 等,2004;任建武 等,2012)。

4.1.2.2 第二阶段湿地变迁因素分析

20 世纪 80 年代开始至 21 世纪初,近 20 多年来人类活动对湿地威胁仍较大。改革开放以后,我国经济发展进入一个崭新的历史时期,天津经济开始步入快速发展阶段,城市拓展、房地产开发、工农业建设大量占用湿地是这一时期湿地环境变迁的主要特征。一是城市拓展使湿地面积减少。城市边缘区的扩大,使城市周边区湿地迅速减少。比如天津市南开区城乡接合部 1986 年湿地面积为 19374 hm^2,至 2000 年湿地减少了 45.5％,面积达 8807 hm^2,大片湿地被填埋用作房地产开发,被称为国家模范工程的华苑居民区就是占用湿地而建成的。二是开发区及石油工业建设等对湿地的占用。改革开放后,天津经济迅猛发展,天津经济技术开发区及大港工业区建设占用了大片的河流湿地、湖泊湿地、海岸湿地。开发区于 20 世纪 80 年代中期建立,占用的滩涂湿地和河流湿地总面积达 3300 hm^2。蕴藏丰富石油资源的大港区经过几十年的建设,面积已达 1.56 万 hm^2,而这一区域的大部分是建在海岸滩涂湿地上的。三是农村经济发展对湿地的占用。天津的耕地资源较少,逐年开垦河漫滩并改变天然湿地面貌使原有湿地面积逐年减少。表现较为突出的是人工湿地面积逐年增长,出现了大量养殖坑塘和水田,湿地被填埋用于城郊果园的建设也较多。农村经济增长,农村用地也是日益紧张,乡镇企业的崛起及村办小型经济开发区也占用了大量湿地。

4.1.2.3　第三阶段湿地变迁因素分析

2011 年以来,加强湿地保护修复,湿地生态补水逐年增加,湿地面积不断扩大是这一阶段的主要特征。"十二五"期间天津市提出了重点加强对湿地资源的保护,沿海滩涂河口的生态恢复,以及干流岸线两侧生态缓冲区的建设,建立大黄堡-七里海和团泊洼-北大港重要湿地生态功能区,禁止不合理开发和一切导致生态功能退化的人为活动。提高生态用水比例,建立以人工湿地为核心的再生水净化与调节利用体系。"十三五"期间天津市积极融入京津冀空间布局,落实京津冀区域生态格局保护与修复要求,结合《天津市主体功能区规划》《天津市生态用地保护红线划定方案》,构建市域"三区、两带、三环、多廊"的生态安全格局。其中"三区"中的两区就是湿地建设和保护区,即七里海-大黄堡湿地生态环境建设和保护区、团泊洼水库-北大港水库湿地生态环境建设和保护区,为落实天津市"南北生态"生态空间发展战略提供生态屏障。天津市以习近平生态文明思想为指导,践行"绿水青山就是金山银山"的理念,为提升"京津绿肺"生态功能,2017 年批复《天津市湿地自然保护区规划》《七里海湿地生态保护修复规划》《天津市北大港湿地自然保护区总体规划》《天津市团泊鸟类自然保护区规划》《天津市大黄堡湿地自然保护区规划》。在完善七里海古海岸与湿地国家级自然保护区规划的同时,主动提升北大港湿地自然保护区、团泊鸟类自然保护区、大黄堡湿地自然保护区规划水平,按照国家级自然保护区标准开展建设管理和保护修复工作,打造全市湿地规划建设和保护修复"升级版"。4 个湿地自然保护区总面积 875.35 km²(核心区 211.69 km²,缓冲区 171.12 km²,实验区492.54 km²),其中天津古海岸与湿地国家级自然保护区面积 359.13 km²(核心区 45.15 km²,缓冲区 43.34 km²,实验区 270.64 km²),主要保护对象是贝壳堤、牡蛎礁构成的珍稀古海岸遗迹和湿地自然环境及其生态系统;北大港湿地自然保护区面积 348.87 km²(核心区 115.72 km²,缓冲区 91.96 km²,实验区 141.19 km²),主要保护对象是湿地生态系统及其生物多样性,包括鸟类和其他野生动物资源;大黄堡湿地自然保护区面积 104.65 km²(核心区 40.15 km²,缓冲区 30.32 km²,实验区 34.18 km²),主要保护对象是湿地生态系统和鸟类资源;团泊鸟类自然保护区面积 62.70 km²(核心区 10.67 km²,缓冲区 5.5 km²,实验区 46.53 km²),主要保护对象是湿地生态系统和鸟类资源。四大保护区面积占全市国土面积的 7.4%,保护区物种资源丰富,其中鸟类有 416 种。近年来,天津市相继出台一系列湿地保护修复措施,实施"退耕还湿、退渔还湿、退苇还湿、退企还湿、退居还湿",全面退出保护区生产经营活动。建立多水源补水机制,全面改善湿地水生态环境,实现水资源生态调度常态化。根据天津市水资源公报给出的数据,2017—2020 年每年生态补水都超过 5 亿 m³,图 4.1 给出了 2011 年以来每年生态补水量,可以看出,生态用水快速增长,湿地面积和质量得到有效提高,如北大港湿地自然保护区有水湿地面积已由 2017 年的 140 km² 增长到 2021 年的 240 km²,有水湿地保有率达 69%(孙家兴 等,2021)。

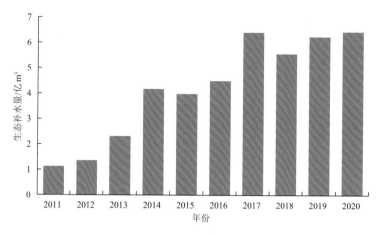

图 4.1 2011—2020 年天津市生态补水量

4.2 主要水体湿地卫星遥感监测

4.2.1 水体湿地现状

根据 2020 年卫星遥感监测(见图 4.2),天津市湿地面积为 2284.87 km²,占天津市土地面

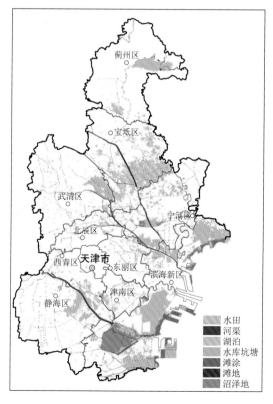

图 4.2 2020 年天津地区水体湿地类型空间分布

积的 19.09%。其中,天然湿地面积为 279.06 km²,占 12.21%;人工湿地面积为 2005.81 km²,占 87.79%。水田、河渠、湖泊、水库坑塘、滩涂、滩地、沼泽地面积分别为 402.40 km²、297.37 km²、33.03 km²、1306.04 km²、20.51 km²、1.96 km²、223.56 km²,分别占天津市湿地面积的 17.61%、13.01%、1.45%、57.16%、0.90%、0.09% 和 9.78%(见表 4.1)。

表 4.1   2020 年天津地区湿地类型面积统计

类型	面积/km²	占比/%
水田	402.40	17.61
河渠	297.37	13.01
湖泊	33.03	1.45
水库坑塘	1306.04	57.16
滩涂	20.51	0.90
滩地	1.96	0.09
沼泽地	223.56	9.78

天津市各区中(见表 4.2),滨海新区、宝坻区和宁河区湿地面积占天津市总湿地面积的比例较大,分别为 39.77%、20.14% 和 10.88%;红桥区、南开区、和平区、河北区、河东区和河西区湿地面积较小。

表 4.2   2020 年天津市各区湿地类型面积统计
单位:km²

区	水田	河渠	湖泊	水库坑塘	滩涂	滩地	沼泽地	合计	占比/%
宝坻区	308.62	47.49	11.17	90.56	0	0	2.28	460.12	20.14
北辰区	1.48	17.38	2.2	19.2	0	0	0.53	40.79	1.79
东丽区	0	9.95	0	37.85	0	0	0.06	47.86	2.09
和平区	0	0.14	0	0	0	0	0	0.14	0.01
河北区	0	0.02	0	0	0	0	0	0.02	0
河东区	0	0.52	0	0	0	0	0	0.52	0.02
河西区	0	0.54	0	0	0	0	0	0.54	0.02
红桥区	0	0	0	0	0	0	0	0	0
津南区	0	10.89	0	39.45	0	0	0	50.34	2.2
南开区	0	0	0	0.56	0	0	0	0.56	0.02
武清区	6.1	24.58	5.07	117.19	0	0	0.12	153.06	6.7
西青区	0	20.44	7.46	58.6	0	0	2.73	89.23	3.91
蓟州区	22.55	15.25	0	103.48	0	1.96	5.24	148.48	6.5
静海区	0	33.25	0	98.47	0	0	4.24	135.96	5.95
宁河区	63.65	47.18	0	114.95	0	0	22.76	248.54	10.88
滨海新区	0	69.74	7.13	625.73	20.51	0	185.6	908.71	39.77

4.2.2 主要湿地变化

4.2.2.1 北大港国家重要湿地

北大港国家重要湿地位于天津市滨海新区的东南部,面积为 348.87 km²,是天津市面积最大的"湿地自然保护区"。这片面积约占滨海新区面积 1/7 的湿地每年都是亚洲东部候鸟南北迁徙中的重要一站。2004 年列入国家重点保护湿地名录。

北大港国家重要湿地土地利用以沼泽地为主(图 4.3)。2020 年,沼泽地面积 175.20 km²,占北大港湿地面积的 74.70%;其次为水库坑塘,面积占比为 15.42%;另分布有少量草地、农村居民点与其他建设用地。

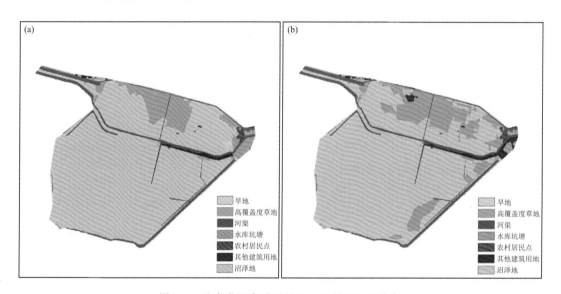

图 4.3 北大港国家重要湿地土地利用空间分布
(a)2001 年;(b)2020 年

2001—2020 年,北大港沼泽地有所萎缩,面积减少了 15.76 km²;水库坑塘面积增加了 14.56 km²;其他建设用地面积增加了 1.95 km²;旱地、高覆盖度草地面积轻微减少;河渠、农村居民点面积保持稳定。

4.2.2.2 团泊洼水库

团泊洼水库位于静海区境内东部地区,地处静海和西青交界处,是一座大型平原水库,总长 33.56 km。团泊洼水库是著名的鸟类自然保护区,水域辽阔,环境清幽,水产资源及水生物蕴含极广,盛产鱼虾,栖息着 40 多种珍禽,其中有国家一类珍禽白鹳、黑鹳、大鸨,二类珍禽海鸬鹚、疣鼻天鹅、灰鹤等。

2020 年,团泊洼土地利用以水库坑塘为主(图 4.4),面积为 29.97 km²,占团泊洼水库面积的 93.13%;水库周边分布有草地,面积 2.18 km²,占比 6.76%;另分布有少量其他建设用地。

2001—2020 年,团泊洼水库坑塘面积减少了 2.20 km²;草地面积增加了 2.17 km²;其他建设用地面积增加了 0.03 km²。

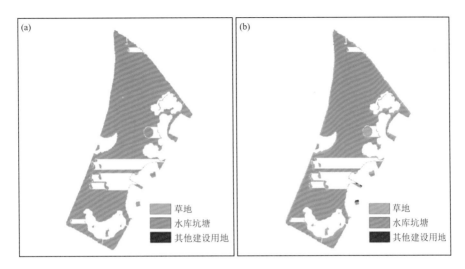

图 4.4 团泊洼水库土地利用空间分布
(a)2001 年；(b)2020 年

4.2.2.3 七里海国家重要湿地

七里海国家重要湿地地处天津市东北部，位于宁河区西南部。七里海是 1992 年经国务院批准的古海岸与湿地国家级自然保护区，保护区在宁河境内，面积 233.49 km²，其中核心区 44.85 km²，缓冲区 42.27 km²，实验区 146.37 km²。七里海是天津最大的天然湿地，也是京津唐三角地带极其难得的一片绿洲。

2020 年，七里海湿地土地利用以水库坑塘、旱地和沼泽地为主（图 4.5），面积分别为 23.03、18.84 和 16.29 km²，分别占七里海湿地面积的 35.82%、29.31% 和 25.34%。河渠面积 5.14 km²，占比 7.99%。另分布有少量草地、有林地、农村居民点与其他建设用地。

2001—2020 年，七里海沼泽地有所萎缩，面积减少了 12.87 km²；水库坑塘面积增加了 12.81 km²；其他建设用地面积增加了 0.13 km²；旱地面积轻微减少；有林地、高覆盖度草地、河渠、农村居民点面积保持稳定。

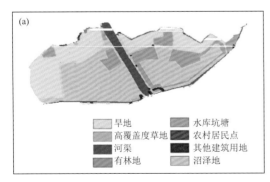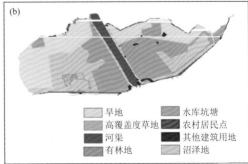

图 4.5 七里海国家重要湿地土地利用空间分布
(a)2001 年；(b)2020 年

4.2.2.4 东丽湖湿地

东丽湖是天津市八大旅游景区和七大自然保护区之一,被市政府确定为滨海新区旅游度假区域。2003年10月被国家水利部确定为国家级水利风景区。旅游区占地面积58.6 km²,其中水域面积8 km²,湖岸周长12 km,总水容量2200万m³,素有"淡水小海洋"之称。

东丽湖湿地土地利用以水库坑塘为主(图4.6)。2020年,水库坑塘面积4.74 km²,占东丽湖湿地面积的83.20%;其次为高覆盖度草地,面积占比为7.27%;另分布有少量林地、农村居民点与其他建设用地。

2001—2020年,东丽湖湿地水库坑塘面积减少了0.72 km²;高覆盖度草地面积增加了0.41 km²;林地和其他建设用地面积分别增加了0.24和0.08 km²;旱地、河渠、农村居民点面积保持稳定。

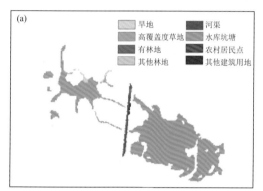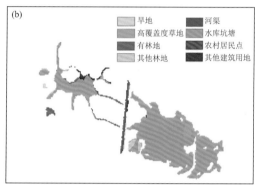

图4.6 东丽湖湿地土地利用空间分布
(a)2001年;(b)2020年

4.2.2.5 大黄堡湿地

大黄堡湿地位于武清区东部,保护区总面积104.65 km²,其中核心区40.15 km²,缓冲区30.32 km²,实验区34.18 km²,是全国北方地区为数不多、保持较为完好的芦苇湿地。

2020年,大黄堡湿地土地利用以水库坑塘为主(图4.7),面积为82.11 km²,占大黄堡湿地面积的79.37%;农村居民点、旱地、高覆盖度草地和河渠面积相当,分别为5.39、4.54、4.97

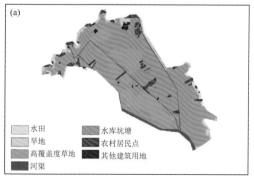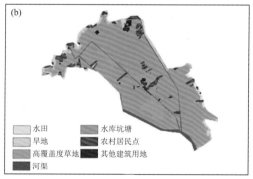

图4.7 大黄堡湿地土地利用空间分布
(a)2001年;(b)2020年

和 4.56 km²,分别占大黄堡湿地面积的 5.21%、4.39%、4.81% 和 4.41%。另分布有少量水田与其他建设用地。

2001—2020 年,大黄堡湿地高覆盖度草地面积减少了 10.93 km²;水库坑塘面积增加了 10.08 km²;农村居民点、其他建设用地面积分别增加了 0.73 和 0.30 km²;旱地面积轻微减少;水田、河渠面积保持稳定。

4.2.2.6 于桥水库

于桥水库位于蓟州区城东 4 km,坐落在州河出山口处,属蓟运河流域州河段。控制流域面积 2060 km²,总库容 15.59 亿 m³。1983 年引滦入津工程建成后,于桥水库正式纳入引滦入津工程管理,成为天津重要的饮用水水源地,其主要功能以防洪、城市供水为主,兼顾灌溉、发电等。

2020 年,于桥土地利用以水库坑塘为主(图 4.8),面积为 82.50 km²,占于桥水库面积的 79.37%;其次为旱地,面积占比为 12.92%;河渠和林地面积分别为 3.69 和 3.26 km²,分别占于桥水库面积的 3.55% 和 3.13%;另分布有少量草地、沼泽地和城乡、工矿、居民用地。

2001—2020 年,于桥水库坑塘面积增加了 2.93 km²;沼泽地面积增加了 0.30 km²;旱地面积减少了 3.22 km²;林地、草地面积轻微变化;河渠和城乡、工矿、居民用地面积保持稳定。

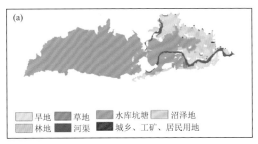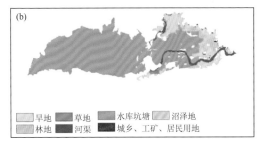

图 4.8　于桥水库土地利用空间分布
(a)2001 年;(b)2020 年

4.3 水体湿地卫星遥感监测

4.3.1 水体卫星遥感监测

水体因对入射太阳光具有强吸收性,所以在大部分遥感传感器的波长范围内总体上呈现较弱的反射率,并具有随着波长的增加而进一步减弱的趋势。通常只能利用可见光波段研究水体,因其在可见光 480～580 nm 波长处反射率为 4%～5%,580 nm 波长处降为 2%～3%。然而,当波长大于 740 nm 时,几乎所有入射纯水体的能量均被吸收,导致了清澈水在这一波长范围几乎无反射率,因此,740～2500 nm 这一波长范围常被用来研究水陆分界、圈定水体范围。

水体指数法是目前遥感监测水体最广泛使用的方法。

(1)归一化差异水体指数(NDWI)模型

水体的反射从可见光到中红外波段逐渐减弱,在近红外和中红外波长范围内吸收性最强,几乎无反射,因此,用可见光波段和近红外波段的反差构成的 NDWI 可以最大程度地抑制植被信息突出水体信息。NDWI 最早被用于提取开阔水域,能够消除土壤和陆地植被等地物对水体信息识别的干扰,通过一般的图像处理软件实现建模,方便快捷。此外,实验表明 NDWI 可以用于水质问题研究,特别是水体混浊度估计。

$$NDWI = \frac{Green - NIR}{Green + NIR} \qquad (4.1)$$

式中,Green 代表绿光波段的反射率,NIR 代表近红外波段的反射率。

当然,用 NDWI 提取的水体信息中仍然夹杂着许多非水体信息,不利于提取城市范围内的水体。

(2)改进归一化差异水体指数(MNDWI)

针对 NDWI 存在的问题,提出 MNDWI,以改进在城市范围内水体提取的不足。该指数修改了构成指数的组合波段,在 NDWI 的基础上用中红外(MIR)波段代替原有的近红外波段(NIR)。该方法不仅适用于湖泊水体、河流水体与海洋水体提取,还能抑制背景噪音。同时,MNDWI 对水体的微细特征(如悬浮沉积物的分布及简单的水质)变化监测也有很好的效果。

$$MNDWI = \frac{Green - MIR}{Green + MIR} \qquad (4.2)$$

式中,Green 代表绿光波段的反射率;MIR 为中红外波段的反射率。

(3)新型水体指数(NWI)

NWI 主要针对 Landsat TM/ETM+,沿用了比值型构建模型,可以消除部分由大气、地形等带来的影响。由于 NWI 的构成同时采用了蓝波段、近红外和中红外波段等,适用于具有这 3 个波段的 Landsat 系列和中巴地球资源卫星(CEBERS)系列影像,对于没有中红外波段的法国地球观测系统(SPOT)系列、日本先进陆地观测卫星(ALOS)、欧洲伊科诺斯卫星(IKONOS)和美国快鸟卫星(Quick Bird)等遥感影像则不适用。

$$NWI = \frac{Band1 - (Band4 + Band5 + Band7)}{Band1 + (Band4 + Band5 + Band7)} \times C \qquad (4.3)$$

式中,Band1、Band4、Band5、Band7 分别代表 Landsat TM/ETM+影像第 1、4、5、7 波段的亮度(DN)值,C 为一常数。

本节水体遥感监测是以 Landsat 8 为主要数据源,采用 NDWI 水体指数模型进行水体的信息提取,当 NDWI 大于 0 时,则为水体(阈值还将继续调整,目前精度超过 70%),具体提取方案见图 4.9。

通过与 2015 年 30 m 土地利用结果中水体类别进行对比显示(图 4.10),土地覆盖变化 2015 数据有 1600.35 km²,本节提取范围内水体面积 1070.67 km²,占 66.90%。进一步分析发现本节和土地覆盖变化 2015 重叠区域 923.22 km²,占 57.69%。

分析其误差原因主要有 3 个方面:①已有土地利用数据为 2015 年,距离本节有 3 a 差距。②本节识别出大面积水体后,难免不能覆盖整块水体,还需人工修正。③本节采用 30 m Landsat 遥感图像,对细沟渠识别能力较差,因为一般沟渠宽度不到 30 m。

4.3.2 湿地卫星遥感监测

主要采用决策树分类方法,以 Landsat 影像光谱特征和经缨帽变换后的数据为基础,结合不同类型湿地的环境特征和空间几何特征信息,按照先分区再分类的思想,构建决策树分类模型,提取天津市湿地信息。

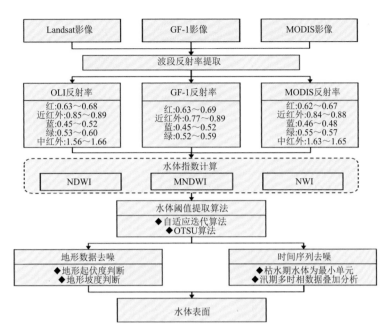

图 4.9　基于水体指数的水体遥感监测方案

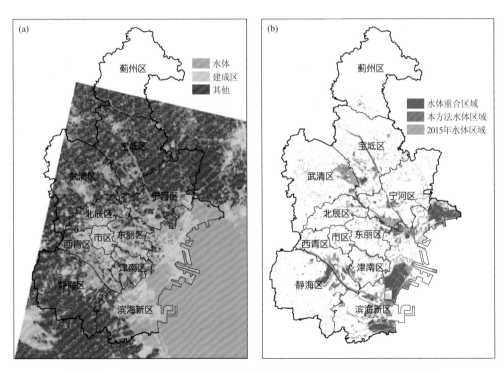

图 4.10　天津市水体遥感监测结果(a)及与 2015 年土地利用数据对比(b)

分类流程如图 4.11 所示。

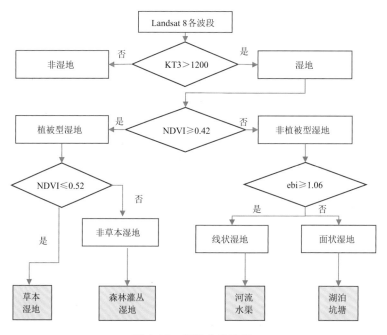

图 4.11　湿地分类流程

缨帽变换又称 K-T 变换,是一种基于多波段图像的线性变换。基于 Landsat MSS 遥感图像,在研究植被的生长状况与变化实验中,统计发现植被的光谱特征点在多波段构建的四维空间中呈规律性的缨帽状分布,因此,他们将该变换命名为缨帽变换。目前,通常基于 Landsat 影像中除热红外波段的 6 个波段数据进行缨帽变换,公式如下:

$$Y = R^{T}X + B \tag{4.4}$$

式中,X 为原始数据的像元矢量,Y 为变换后的像元矢量,R^{T} 为变换矩阵,B 为增益向量矩阵。数据变换后的前 3 个特征分量 KT1、KT2 和 KT3 分别代表亮度、绿度和湿度信息。亮度分量,用于反映地物反射率的整体特征效果,其值随地表反射率的强弱而变化;绿度分量,反映地面植被覆盖、叶面积指数及生物量的特征效果;湿度分量,反映地面湿度特征效果,它对地表水体和植被湿度最为敏感,常被应用于湿地研究中。

在遥感信息提取研究中,不同地物可能拥有不同的形状信息,因此,利用形状特征往往可以对目标地物进行辅助提取。形状指数作为形状特征的表现方式,可以客观地反映地物形状的规则程度。形状指数 I 公式表示为:

$$I = A^{1/2}/P \tag{4.5}$$

式中,I 为形状指数,A 为面积,P 为周长。通常越是规则的图形,其形状指数越大,因此,形状指数常被用于遥感信息识别提取研究中。缨帽变换各分量计算参数如表 4.3 所示。

表 4.3　缨帽变换(TCT)各分量计算参数

TCT 分量参数	Landsat 8					
	蓝光 (Blue) Band 2	绿光 (Green) Band 3	红光 (Red) Band 4	近红外光 (NIR) Band 5	短波红外光 1 (SWIR1) Band 6	短波红外光 2 (SWIR2) Band 7
亮度(Brightness)	0.3029	0.2786	0.4733	0.5599	0.508	0.1872
绿度(Greenness)	0.2941	0.243	0.5424	0.7276	0.0713	0.1608
湿度(Wetness)	0.1511	0.1973	0.3283	0.3407	0.7117	0.4559
TCT4	0.8239	0.084	0.4396	−0.058	0.2013	0.2773
TCT5	0.3294	0.0557	0.1056	0.1855	0.4349	0.8085
TCT6	0.1079	0.9023	0.4119	0.0575	0.0259	0.0252

　　对非植被湿地进行分类时,首先把栅格转换成矢量数据,然后 dissolve 成一个面,然后再分散转换成 80000 多个面。接下来生成 80000 个面的外接矩形,计算每个面的 ebi 指数:

$$\mathrm{ebi} = c / \sqrt{4\pi m} \tag{4.6}$$

式中,ebi 为形状指数,c 为外接矩形周长,m 为外接矩形面积。提取 ebi 小于 1.06 为湖泊坑塘,其余为河流沟渠。

　　图 4.12 和表 4.4 给出了应用决策树方法提取的天津市湿地面积,经对比分析,本节提取湿地面积占 2015 年土地利用的 91.29%,其中草本湿地占 142.95%、湖泊坑塘占 71.88%、河流水渠占 67.38%。进一步分析发现本节提取湿地面积与 2015 年土地利用重合面积 1196.61 km²,占本研究的 58.66%。

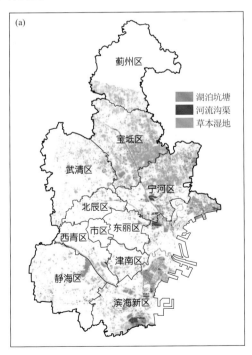
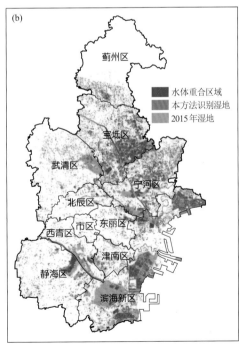

图 4.12　天津市湿地分类结果(a)及与 2015 年土地利用结果对比(b)

表 4.4　本节提取湿地与 2015 年土地利用结果对比

数据源	一级类	面积/km²	二级类	面积/km²
本节	湿地	2039.78	草本湿地	897.14
			湖泊坑塘	956.99
			河流水渠	185.65
2015 年土地利用	湿地	2234.48	草本湿地	627.57
			湖泊坑塘	1331.40
			河流水渠	275.51

分析其误差原因：①已有土地利用数据为 2015 年，距离本节有 3 a 差距。②本节采用 30 m Landsat 遥感图像，对细沟渠识别能力较差，因为一般沟渠宽度不到 30 m。③遥感图像受时间、大气、探测器等影响因素的限制，运用科学提取算法也难以达到理想状况。

4.3.3　天津市主要水体湿地水质分析

叶绿素 a 浓度是水体富营养化的重要指标，水体中叶绿素 a(Chl-a) 的质量浓度及其动态变化可以反映出该水体中藻类生长变化规律。总悬浮物浓度(TSM)是水质评价的重要参数之一，其浓度大小直接影响到水体透明度等光学特性，从而影响到水生生物的生长以及水体的初级生产力。

利用高分 1 号卫星资料，经过辐射定标、大气校正、正射校正等预处理之后，提取出水体指数和植被指数，去除水面水生植物的影响，对水体进行监测。针对天津的五大湿地，选择水面开阔度较高的北大港和团泊洼两个湿地开展叶绿素 a 浓度和悬浮物浓度的监测。利用经验公式计算出 2020 年 5—10 月北大港湿地和团泊洼湿地的水体叶绿素 a 浓度和悬浮物浓度。

（1）北大港湿地

利用高分一号卫星对 2020 年 5—10 月北大港湿地的叶绿素 a 浓度进行监测。从图 4.13 中的叶绿素 a 浓度大小可以看出：5 月份叶绿素 a 浓度较低，随着温度的升高，叶绿素 a 浓度逐月升高，9 月份有所回落，10 月份又重新升高。从浓度的分布区域来看，北大港南侧的叶绿素 a 浓度高于北侧，且北侧水体较少，东南侧水体较为集中。从湿地监测到水体面积可以看出，5 月份的水体面积最小，10 月份的水体面积最大，这主要受水面的水生植物生长影响，夏季水生植物生长茂盛，水体位于水生植物叶面之下，卫星难以识别水体，以北侧最为明显。

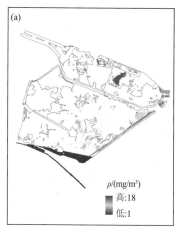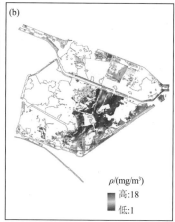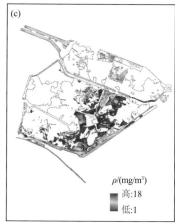

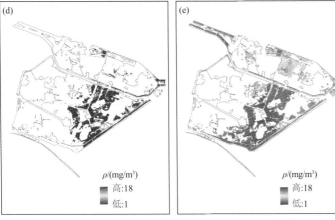
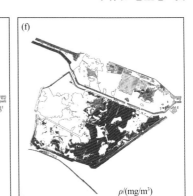

图 4.13 2020 年 5—10 月北大港水体叶绿素 a 浓度(ρ)分布图
(a)5 月;(b)6 月;(c)7 月;(d)8 月;(e)9 月;(f)10 月

利用高分一号卫星对 2020 年 5—10 月北大港湿地的悬浮物浓度进行监测(图 4.14)。从监测结果来看,悬浮物浓度分布较为均匀,5—10 月悬浮物浓度逐月降低,但在 9 月份出现明显的高值。

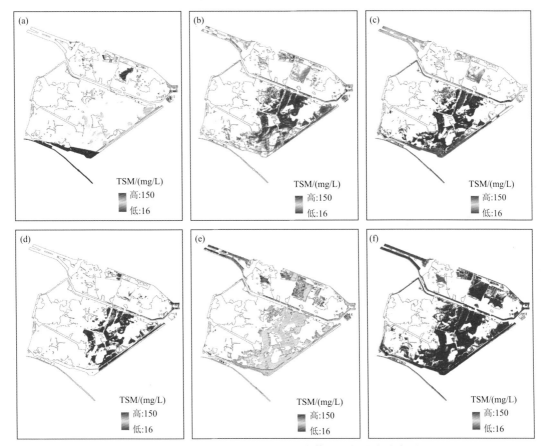

图 4.14 2020 年 5—10 月北大港水体悬浮物浓度分布图
(a)5 月;(b)6 月;(c)7 月;(d)8 月;(e)9 月;(f)10 月

（2）团泊洼水库

利用高分一号卫星对 2020 年 5—10 月团泊洼水库的叶绿素 a 浓度进行监测。从图 4.15 可以看出叶绿素 a 浓度经历了由低—高的变化趋势，随着水温的升高，团泊洼水库的叶绿素 a 浓度逐月升高。从分布的区域上来看，5—7 月分布不均匀，北侧的叶绿素 a 浓度略高于其他区域，8—10 月叶绿素浓度分布较为均匀。从水体面积上来看，8 月份水体面积最小，这与水面的水生植物遮挡有关。

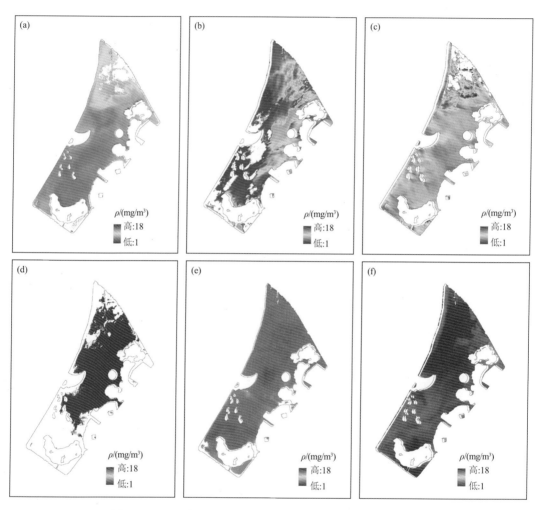

图 4.15　2020 年 5—10 月团泊洼水体叶绿素 a 浓度（ρ）分布图
(a)5 月；(b)6 月；(c)7 月；(d)8 月；(e)9 月；(f)10 月

利用高分一号卫星对 2020 年 5—10 月团泊洼水库的悬浮物浓度进行监测（图 4.16）。从悬浮物浓度的数值分布来看，5 月和 9 月较高，其他月份较低，并在 6 月份团泊洼的西侧出现了较高的数值，东西侧相差较大。从分布的均匀性来看，除了 6 月份分布不均匀以外，其他月份分布较为均匀。

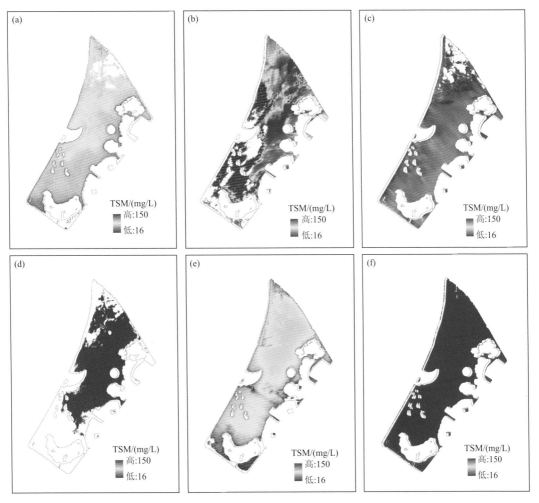

图 4.16　2020 年 5—10 月团泊洼水体悬浮物浓度分布图
(a)5 月；(b)6 月；(c)7 月；(d)8 月；(e)9 月；(f)10 月

4.3.4　天津地区水体湿地生态状况评估

4.3.4.1　水体湿地生态状况指标

利用多时次水体信息，对天津地区 2001 年以来重点湖泊、水域、湿地等，提取水体与湿地的变化图斑，分析水体、湿地面积的变化及其驱动因素。湿地类型的划分按照湿地公约，将水田、水库坑塘、湖泊、河渠、滩涂、滩地、沼泽地 7 种类型纳入湿地范围；并将 7 种类型组合再分为人工湿地与天然湿地。其中，人工湿地包括水田和水库坑塘，天然湿地包括湖泊、河渠、滩涂、滩地、沼泽地。

构建以水体、湿地面积为核心评估指标的水体湿地评估指标体系（表 4.5），开展了 2001—2020 年天津市水体湿地状况变化评估，通过对不同时段水体湿地参数多年平均值和变化速率的对比，评估区域水体湿地生态状况的变化态势。

表 4.5 水体湿地评估指标及其定义

评估内容	评估指标	指标定义
水体湿地现状	水体面积	指水体所占的空间范围面积
	湿地面积	指湿地所占的空间范围面积
	湿地数量	指湿地图斑的数量
水体湿地变化	水体面积变化比例	指评估时段始和结束年份水体面积变化百分比
	水体面积变化率	指评估时段水体面积逐年变化速率
	湿地面积变化比例	指评估时段始和结束年份湿地面积变化百分比
	湿地面积变化率	指评估时段湿地面积逐年变化速率
	湿地数量变化	指评估时段始和结束年份湿地富营养化面积指数变化百分比

4.3.4.2　水体湿地生态状况评估

2001—2010 年与 2011—2020 年相比(图 4.17),2001—2010 年,天津市水体湿地植被覆盖状况表现为轻微好转,明显好转的区域主要分布于北大港国家重要湿地,沿海区域植被覆盖趋势以转差为主;2011—2020 年,植被覆盖状况亦表现为轻微好转,但程度较 2001—2010 年低,转差区域主要分布于北大港、七里海国家重要湿地,于桥水库表现为轻微好转,大黄堡湿地表现为明显好转。

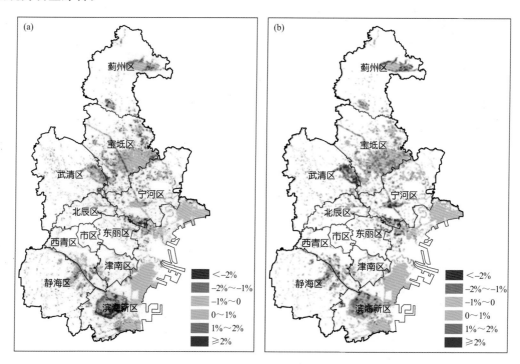

图 4.17　2001—2010 年(a)与 2011—2020 年(b)天津市水体湿地植被覆盖状况变化空间分布

从天津市各区水体湿地植被覆盖状况来讲(表 4.6),2001—2010 年,各区的平均植被覆盖状况均表现为轻度好转,其中,宁河区、北辰区和津南区水体湿地植被覆盖度变化趋势较大。2011—2020 年,除宁河区、滨海新区水体湿地植被覆盖轻度变差以外,其他区域均表现为轻度好转。

表 4.6　2001—2020 年天津市各区水体湿地植被覆盖状况变化统计

区	2001—2010 年		2011—2020 年	
	植被覆盖度 变化趋势/%	植被覆盖状况 变化分类	植被覆盖度 变化趋势/%	植被覆盖状况 变化分类
宝坻区	0.60	轻度好转	0.37	轻度好转
北辰区	0.71	轻度好转	0.97	轻度好转
东丽区	0.53	轻度好转	0.60	轻度好转
津南区	0.64	轻度好转	0.37	轻度好转
武清区	0.51	轻度好转	1.02	中度好转
西青区	0.37	轻度好转	0.61	轻度好转
蓟州区	0.21	轻度好转	0.67	轻度好转
静海区	0.21	轻度好转	0.14	轻度好转
宁河区	0.83	轻度好转	−0.06	轻度变差
滨海新区	0.45	轻度好转	−0.17	轻度变差

　　2001—2010 年与 2011—2020 年相比（图 4.18），2001—2010 年，天津市水体湿地植被叶面积状况表现为轻微好转，明显好转的区域主要分布于北大港国家重要湿地与宝坻区东部，沿海区域植被叶面积状况以转差为主；2011—2020 年，水体湿地植被叶面积状况亦表现为轻微好转，但程度较 2001—2010 年低，转差区域主要分布于北大港国家重要湿地，大黄堡湿地表现为明显好转。

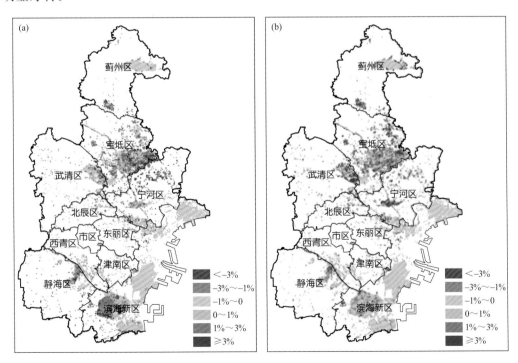

图 4.18　2001—2010 年(a)和 2011—2020 年(b)天津市水体湿地植被叶面积状况变化空间分布

从天津市各区水体湿地植被叶面积状况来讲（表4.7），2001—2010年，除东丽区、西青区和静海区表现为轻度变差外，其他区县均表现为好转态势，宝坻区与宁河区表现为中度好转。2011—2020年，除静海区、宁河区、滨海新区表现为轻度变差外，其他区均表现为好转态势，宝坻区、北辰区、武清区和蓟州区表现为中度好转。

表4.7 2001—2020年天津市各区水体湿地植被叶面积状况变化趋势统计

区	2001—2010年		2011—2020年	
	植被叶面积变化趋势/%	植被叶面积状况变化分类	植被叶面积变化趋势/%	植被叶面积状况变化分类
宝坻区	1.23	中度好转	1.40	中度好转
北辰区	0.36	轻度好转	1.05	中度好转
东丽区	−0.02	轻度变差	0.48	轻度好转
津南区	0.40	轻度好转	0.37	轻度好转
武清区	0.14	轻度好转	1.64	中度好转
西青区	−0.14	轻度变差	0.36	轻度好转
蓟州区	0.40	轻度好转	1.15	中度好转
静海区	−0.23	轻度变差	−0.18	轻度变差
宁河区	1.08	中度好转	−0.04	轻度变差
滨海新区	0.35	轻度好转	−0.04	轻度变差

2001—2010年与2011—2020年相比（图4.19），2001—2010年，天津市水体湿地植被净初级生产力总体表现为轻微好转，明显好转的区域主要分布于北大港国家重要湿地；2011—2020年，水体湿地植被叶面积状况亦表现为轻微好转，但程度较2001—2010年有所降低。

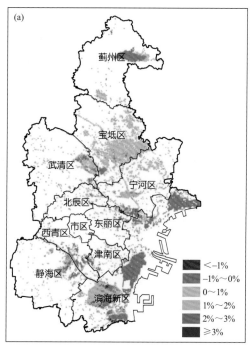
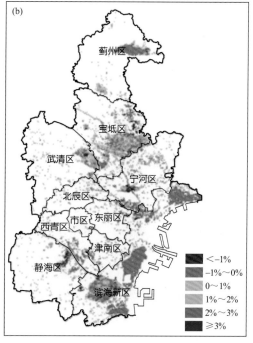

图4.19 2001—2010年(a)与2011—2020年(b)天津市水体湿地植被净初级生产力变化空间分布

从天津市各区水体湿地植被净初级生产力来讲(表4.8),2001—2010年,各区的平均植被净初级生产力均表现为轻度好转,其中宝坻区、武清区和宁河区水体湿地植被净初级生产力变化趋势较大。2011—2020年,各区的平均植被净初级生产力亦均表现为轻度好转,其中北辰区、武清区和东丽区水体湿地植被净初级生产力变化趋势较大。

表 4.8　2001—2020 年天津市各区水体湿地植被净初级生产力变化趋势统计

区	2001—2010 年		2011—2020 年	
	植被净初级生产力变化趋势/%	植被净初级生产力变化分类	植被净初级生产力变化趋势/%	植被净初级生产力变化分类
宝坻区	0.71	轻度好转	0.01	轻度好转
北辰区	0.60	轻度好转	0.51	轻度好转
东丽区	0.35	轻度好转	0.31	轻度好转
津南区	0.50	轻度好转	0.28	轻度好转
武清区	0.65	轻度好转	0.38	轻度好转
西青区	0.31	轻度好转	0.18	轻度好转
蓟州区	0.50	轻度好转	0.20	轻度好转
静海区	0.37	轻度好转	0.02	轻度好转
宁河区	0.63	轻度好转	0.04	轻度好转
滨海新区	0.34	轻度好转	0.01	轻度好转

4.4　水体湿地气候效应评估

4.4.1　湿地小气候效应

大量对湖泊湿地气候特征的实测研究表明,湖泊湿地对周边气候有显著的影响作用,效果受各种因素影响差异较大。湿地对城市局部环境具有明显的降温、增湿作用,且距离水体越近小气候效应越强。温度与距离呈极显著正相关,即距离湿地越近气温越低,表明城市内部湿地对于缓解城市热岛效应具有重要的生态价值;而相对湿度与距离呈极显著负相关,即距湿地越近,空气湿度越大,气候越湿润;距湿地越远,空气湿度越小,气候越干燥。同时发现湖泊湿地对局部环境的降温增湿能力明显高于河流,二者分别相差大约 1 ℃和 5%,整体小气候效应较河流更显著(崔丽娟 等,2015)。彭小芳等(2008)对广州城市 5 处湿地小气候研究发现,位于市郊的湿地较市区内的平均气温可低约 2.7 ℃,相对湿度年平均值可高 10%;而湿地边缘的气温较距水边 200 m 处可低 1.1~1.3 ℃,相对湿度可高 4%。湖泊的气候效应受其面积、形状、位置及环境的影响,城市湿地温度值与面积指数、距离指数呈显著负相关,与景观形状指数呈显著正相关;湿度值与面积指数、距离指数、环境类型指数呈显著正相关,与景观形状指数呈显著负相关,其中面积指数的贡献值最大(朱春阳,2015)。总之,湖泊湿地面积越大、湖水越深、蓄水量越大,对气候调节作用越明显(陆鸿宾 等,1990;苗雅杰,2002)。

大量研究表明,水体面积对周边小气候有显著影响。水上气象要素的变化是随着通过水域路程的增加而变大的,因此,水域面积越大,气候效应越大(傅抱璞,1997)。王浩等(1991)通过数值模拟发现,水体的影响幅度会随面积减小而减弱,宽度 5 km、1 km 的水体影响幅度分别为 10 km 的 90%～95%、50%。也有研究表明,水体的气候效应并不完全随面积增加而增强,水体降温效应的增强与面积的关系可能存在一个阈值。当湖泊面积增加到一定值时其降温增湿作用趋于稳定,不再显著增强,此时适当增加其形状指数可有效提高整体环境效应;同时面积小于 0.25 km² 的单块水体影响不显著(李书严 等,2008)。湿地大小与降温强度之间呈现非线性的正相关关系,且降温效应阈值为 1.47 hm²,即当湿地面积达到 1.47 hm² 时,降温效率最高,表明当今城市土地资源稀缺的情况下,规划和建设小微湿地可在消减城市热岛方面达到较高的"性价比"。回归分析表明,湿地的水文连通性是湿地降温强度的主导因子之一,贡献率达到了 28.2%,增加湿地的水文连通性可以显著增强湿地的降温效应。湿地空间格局(位置和空间配置)也对湿地降温效应有显著影响,在对城市建筑密集区域,湿地的降温效率相对较高;湿地水体周围配置植被能有效增强湿地降温效应的作用范围(Wu et al.,2021)。

研究表明,水体的小气候效应会随距离增大而逐渐减弱。一般在下风岸影响距离要长,城市水体在夏季对环境的影响主要在上风岸 2 km 以内和下风岸 9 km 以内,2.5 km 以内最为明显(王浩 等,1991;李书严 等,2008)。

河流在城市中也是生态环境功能的重要部分。齐静静(2010)通过对松花江及其周边区域观测分析发现:夏季时河流在晴天作为城市冷源,起降温作用,阴雨天则作为城市热源,可一定程度上减缓降温;同时对周边气候的降温增湿作用与主导风向及下垫面类型、建筑区密度、人工排热等密切相关,水域两岸温度分布变化差异明显。纪鹏等(2013)对北京 7 条不同宽度河流的研究发现,河流在春、夏、秋季均有降温增湿作用,并且随着河流宽度增加而增强;冬季同样有降温增湿作用,但是降温幅度随河流宽度而不断减弱直至消失、逆转,而增湿作用随宽度增加而增强,河流宽度对岸旁绿地温湿效应影响显著。当河流 8 m 宽时,绿地有增湿效应,降温效应不明显;14～33 m 时降温增湿效果明显,但不稳定;大于 40 m 时效果显著且稳定。通过实测及数值模拟发现,河道越宽影响范围越大,可达 250 m 左右,河流附近气温根据河道宽度不同可下降 0.6～1.0 ℃;另一方面,由于水面较宽且上方风速低,对于周边高温空气的影响较河道上空小(宋晓程,2011)。

目前对河流、湖泊以外水体的研究主要是城市公共空间的喷泉、水池。喷泉有利于增强绿地水体对小气候的降温增湿作用,喷泉对小气候的调节作用主要与距离及风环境有关,距离越近,地面温度越低,相对湿度越高;周围风速越高,调节作用越明显(杨凯 等,2004;曹丹 等 2008)。夏季时不同水体形式调节程度有差异,水池喷泉对温湿度调节效果最好,冬季时涌泉、人工湖较深的水体保温效果较好,旱喷增湿效果最弱;而涌泉和旱喷在冬夏均对地表温度有较好调节效果。另外,水体与适宜的风场相结合、水体的流动可以通过加快水面蒸发,促进与环境的热传递,从而提高降温能力(陈茗,2015)。

4.4.2 天津典型湿地气候效应评估

利用卫星遥感反演地表温度,分析城市水体公园以及湿地对周边气候的影响,选取天津中心城区规模较大的长虹生态园、水上公园、人民公园、北宁公园、河东公园、西沽公园、天津迎宾馆绿地和二宫公园共计 8 处公园绿地作为实证研究对象(图 4.20),对其降温效果进行分析。

对公园斑块分别基于遥感影像提取各自的植被覆盖度、总面积、水体比例、形状指数和平

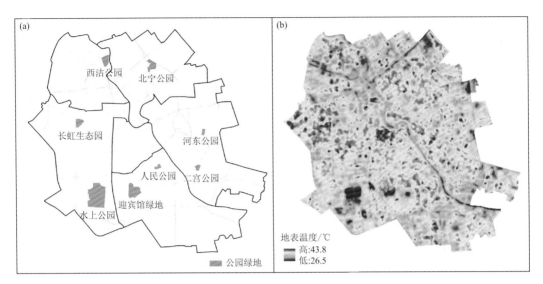

图 4.20　天津市区公园分布(a)及地表温度反演结果(b)

均及最低温度,相关分析结果发现:公园面积、植被覆盖度与地表平均温度的相关系数分别达
到−0.87 和−0.84,而与地表最低温度的相关系数也高达−0.91 和−0.88,表明公园面积与
其植被覆盖度和地表温度呈极强的负相关;水体比例与地表平均温度的相关系数为−0.49,与
地表最低温度相关系数为−0.71,表明水体比例与地表平均温度呈负相关,与最低温度呈较强
负相关;公园形状指数与地表平均和最低温度的相关系数均在 0.2 左右,表明公园形状指数与
地表温度存在较低程度的正相关。总之,公园的面积及植被覆盖度是影响公园地表温度最重
要的因子。另外,公园内水体比例也在很大程度上影响着地表温度,尤其是最低温度。因此,
在进行公园规划设计过程中,基于缓解城市热岛的情况下,不仅应考虑公园自身面积,提高植
被覆盖度,同时还应适当增加公园内水体比例,在形状上尽可能向不规则方向规划设计。

　　图 4.21 给出了公园降温距离的变化特征,可以看出,通过三次多项式拟合曲线可较好地
反映 8 个公园的降温效应。R^2 均高于 0.89,在公园周边一定距离内均存在明显的降温效果,
各公园的降温曲线拐点各有不同,表明其降温强度存在较大差异。其中,北宁公园、河东公园、
长虹生态园、西沽公园和人民公园的温度变化曲线相似,均出现了在较短距离(0~270 m)温
度迅速上升的趋势,且随后渐趋平缓。通过调研发现:以上公园建成历史较早,周边多以高层
居住区为主,通风效果不佳,在峰值(270 m)以外,温度变化则更多地开始受下垫面土地利用
性质所影响;水上公园与其他公园相比较为特殊,其平均地表温度为所有公园中最低,且降温
强度最高,但从降温曲线来看,其最大降温距离最低,仅有 209 m。这归因于周边的建筑密度
较低且紧邻南翠屏公园、天塔湖景区和天津奥体中心,故在峰值以外温度多受以上公园景区影
响,温度出现了较大幅度的波动;天津迎宾馆绿地和二宫公园的温度变化曲线较类似,总体随
距离增加温度缓慢上升的趋势,最大降温距离分别为 296 m 和 404 m,归因于两者均位于中心
城区外围地带,通风效果好且周边多为多层和低层建筑。

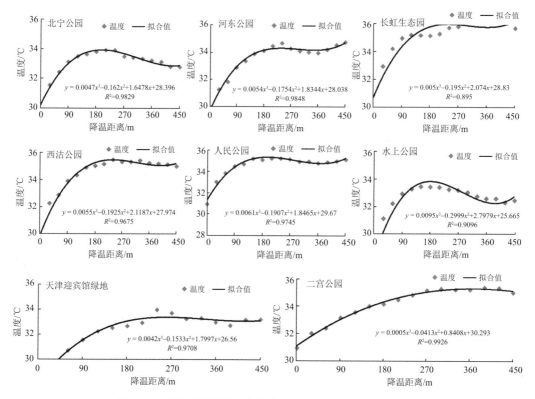

图 4.21　温度随距公园距离长度变化(引自(贾琦 等,2016))

4.5　气候变化对水体湿地的影响及预估

湿地是发育于水陆过渡带的独特生态系统,具有重要的环境调节功能和生态效益。气候变化通过改变全球水文循环的现状而引起水资源在时空上的重新分布,导致大气降水的形式和量发生变化,对湿地生态系统的水文过程产生重要影响。在气候变化影响下,我国大面积湿地水资源系统的结构发生改变,引起湿地水资源数量减少和质量降低,导致湿地生态功能退化,已影响和危及到区域生态安全和社会经济可持续发展(董李勤 等,2011)。

湿地水文状况与降雨、气温等气候要素之间是一种非线性的关系,相对较小的降雨和气温变化也会导致水文状况的较大变化(傅国斌 等,2001)。湿地蒸散发作为湿地水文过程的重要组成要素,是联系植被与水文过程的重要纽带,对气候变化的响应极为显著。气候变化影响下芦苇沼泽湿地蒸散耗水的变化主要取决于最高气温、最低气温二者升温速度的差异,根据大气环流模式(GCMs)预测的未来气候情景,在扎龙湿地最高气温上升 1.1～3.5 ℃、最低气温上升 1.2～3.9 ℃的情况下,芦苇沼泽蒸散耗水量将增加 159%～229%,湿地生态需水将进一步增加,湿地水资源供应面临严峻的挑战(王昊 等,2006)。黄河源区湿地退化的主要原因是 20 世纪 90 年代以来气温升高、降水量减少、蒸发量增大造成黄河源区湖泥湿地水位下降、河流径流量减少(李林 等,2009)。郭洁等(2007)研究发现,近 30 a(1971—2000 年)来若尔盖高原湿地也呈现出暖干化趋势,沼泽湿地蒸散发量增大和水位下降,沼泽湿地的储水量明显减少。气候变化对湖泊湿地水位影响的主要因素是降水量、降水时间以及蒸散发的变化,刘春兰等(2007)发现 20 世纪 60 年代以来白洋淀湿地降水量减少了 13.1%,而蒸发量增加了 27.89%,湿地最高水位下降了 4.76 m,最大水面面积和水量不断减小,干淀频次也越来越高。白洋淀湿地 1960—2000 年气候的显著变化严重影响到当前湿地生态水文过程,而上游水库的截留、水利工程的建设以及水资源的开发利用等自然、人为因素的耦合作用,加速了白洋淀生态系统退化的过程。

水是湿地的"血液",是导致湿地的形成、发展、演替、消亡与再生的关键,是湿地生态系统中潜育化土壤形成的关键,是维持给养湿生生物物种的关键。湿地离不开水,水资源和水质情况影响着自然环境的变化。为了保护修复湿地,必须给予湿地适量的水资源。21 世纪以来,湿地生态系统的退化日益加重,严重影响了大自然的生态平衡。因此,湿地的恢复与重建已成为世界各国科学家普遍关注的热点。根据湿地生态特征的变化可以判断出湿地的生态恢复的情况,具体包括湿地水质改变、湿地水文条件改变、湿地资源的非持续利用、湿地面积变化及外来物种的侵入等,上述变化都可能导致湿地从退化走向消失。在全球湿地退化的大趋势下,世界各国都在积极采取措施,对湿地的生态系统进行保护(张永泽 等,2001)。因此,各国科学家都很关注湿地生态需水量的研究。1998 年 Gleick 首次明确提出了基本生态需水的概念,即一定数量、一定质量的水给天然湿地生态环境,以最大程度改变天然湿地生态系统,保护湿地物种多样性和生态整合性,对修复退化湿地研究具有重要的推动作用(Gleick,1998)。

4.5.1 湿地生态环境需水量

生态环境需水量指为基本遏制生态环境恶化趋势,并逐步改善生态环境质量所需要的水量。按照生态环境需水量的基本特征和表现,将其分为生态需水量和环境需水量两部分。生态需水量是为解决生态问题(如保护水生生物、生态防护林等)所需要的水量。环境需水量是专门为解决环境问题(如污染、保护水环境景观等)所需要的水量(崔保山 等,2002)。湿地生态环境需水量也分为湿地生态需水量和湿地环境需水量两部分。广义的湿地生态需水量就是指湿地为维持自身发展过程和保护生物多样性所需要的水量,狭义湿地生态需水量是指湿地每年用于生态消耗而需要补充的水量,主要是补充湿地生态系统蒸散需要的水量;广义的湿地环境需水量是指湿地支持和保护自然生态系统与生态过程、支持和保护人类活动与生命财产以及改善环境而需要的水量,狭义湿地环境需水量是指湿地每年用于环境消耗而需要补充的水量,即补充湿地每年渗漏、防止盐水入侵及补给地下水漏斗、防止岸线侵蚀及河口生态环境需要的水量。

湿地生态需水量包括湿地植物需水量、湿地土壤需水量、野生生物栖息地需水量等。湿地环境需水量主要是补给地下水(渗漏)需水量。生态需水等级分为最小、中等、优等、最优、最大五个等级,最小需水量是指生态系统维持自身发展所需的最低水量,低于这一水量,系统便会逐渐萎缩、退化甚至消失;优等需水量是系统存在的最佳水量,此时系统处于最理想状态;最大需水量是系统能够承受的最大水量,超过这一水量系统就会产生突变。位于三者之间的较小需水量和中等需水量属于过渡级需水量,不同的管理方法以及环境条件,会使两种不同类型的需水量向两极发展,生态需水量随季节的变化而变化(张云 等,2011;赵璀,2020)。

4.5.1.1 湿地生态需水量

天津市主要湿地生态区是由芦苇沼泽、鱼塘、湖泊及水渠等构成的复合型湿地类型,湖泊湿地占大部分,保障湿地生态需水是湿地可持续发展的最基本需求。

（1）湿地植物需水量

湿地植物的正常生长所需要的水分就是植物需水量,其中蒸腾耗水和土壤蒸发是最主要耗水,占植物需水量的99%。因而把植物需水量近似理解为植物叶面蒸腾和棵间土壤蒸发的水量之和,称为蒸散发量。在正常生育状况下(水分充分满足),常采用彭曼公式计算植物实际蒸散发量。在估算大区域或流域湿地植物需水量中,常常采用湿地植被面积和蒸散发量的乘积进行植物需水量的计算,公式如下：

$$\frac{\mathrm{d}W_{\mathrm{p}}}{\mathrm{d}t} = A(t)\,\mathrm{ET}_{\mathrm{m}}(t) \tag{4.7}$$

式中, $\mathrm{d}W_{\mathrm{p}}$ 为植物需水量, $A(t)$ 为湿地植被面积, ET_{m} 为蒸散发量, t 为时间。

因此,植物需水量的大小与植物的种类及其特性以及湿地的面积有关(表4.9),根据调查天津湖泊湿地天然植物以芦苇群落为主,其次是香蒲群落、水葱群落和荆三棱群落。其中芦苇是广生种植物,适应环境能力强,芦苇在充足的热量和水分条件组合下,长势良好,植株高大,可达3～4 m,茎秆粗壮,生长茂密,每亩产量可达1500～2000斤[1];如果水量不足,长势受影响,植株低矮,不到1 m,茎秆纤细,苇子少,蒿子多。以优势种群芦苇需水量作为湿地植物生态需水量标准。水深是影响芦苇生长发育的主要限制因子,芦苇适宜生长的水深为0.3～0.6 m,可耐受水深1.0～1.5 m。芦苇春天发芽,冬天收割,不同的生长季节需水量不一样。

表4.9 湿地植物需水量

级别	芦苇高度/m	蒸散量/mm	湿地面积/hm²	需水量/m³
最小	0.5～1.5	800～1000	A	$(0.8\sim1.0)\times10^4A$
中等	1.5～2.5	1000～1200	A	$(1.0\sim1.2)\times10^4A$
优	2.5～3.5	1200～1400	A	$(1.2\sim1.4)\times10^4A$
最优	3.5～4.0	1400～1600	A	$(1.4\sim1.6)\times10^4A$
最大	≥4.0	≥1600	A	$(1.6\sim1.9)\times10^4A$

注:引自(崔保山 等,2003)。

（2）湿地土壤需水量

典型的湿地土壤主要为草甸土、沼泽土和盐土。在计算土壤需水量时,常用到以下2个水分常数。一是田间持水量,是指在地下水位比较深时,土层能保持的最大含水量,对于湿地土壤而言,上部土层的田间持水量与土壤孔隙、结构、有机质、腐殖质含量有关,其体积含水的百分比在31%～36%之间,下部土层通常都少于上部。二是饱和持水量,饱和持水量是土壤孔隙能容纳的最大水量,因此它的体积百分比不能超过总孔隙度。对于沼泽土而言,沼泽土吸水力强,加之有季节性积水或常年积水,土壤水分常处于饱和状态。容重越低,孔隙度越高,持水量则越大。以田间持水量、饱和持水量和土壤蓄水能力为依据,划定沼泽土壤的需水量级别。计算公式如下：

$$Q_{\mathrm{t}} = \propto H_{\mathrm{t}}\,A_{\mathrm{t}} \tag{4.8}$$

式中, Q_{t} 为年土壤需水量(单位:m³); $\propto$ 为田间持水量或饱和持水量体积百分比,根据表4.10

---

① 1斤＝0.5 kg,余同。

取值;H_t 为土壤厚度,取值 1.5 m;A_t 为不同持水量级别的湿地面积(单位:hm²)。

表 4.10 湿地土壤需水量

级别	依据的持水量类别	体积含水百分数/%	土层厚度/cm	湿地面积/hm²	需水量/m³
最小	田间持水量	20~30	150	A	(20~30)×150 A
中等	田间持水量	30~40	150	A	(30~40)×150 A
优	饱和持水量	40~50	150	A	(40~50)×150 A
最优	饱和持水量	50~60	150	A	(50~60)×150 A
最大	饱和蓄水能力	>80	150	A	80×150 A

注:引自(崔保山 等,2003)。

（3）野生生物栖息地需水量

湿地是多种珍稀物种的繁殖地和迁徙驿站,也是许多水禽涉禽及鱼类的优越栖息地。在对天津湿地中出现的水禽种类进行比较发现:农作区的稻田和水浇地水禽种类分布率为 5.07%,池塘沼泽地分布率为 33.73%,河道漫滩水库区分布率为 28.21%,滨海滩涂湖泊区分布率为 32.99%。在天津池塘分布广、数量多,但池塘面积小,一般栖息的水禽种类多、数量少。而河道漫滩、水库、沼泽湖泊和滨海滩涂分布广、面积大,为候鸟提供了良好的栖息场地。因此,天津为野生生物栖息提供场所的湿地主要是水面和沼泽植被共同组成的湿地系统,水面和沼泽植被面积的相对比率是决定物种丰富性的重要因素。以此依据通过水面面积百分比和水深要素划定需水量级别(表 4.11)。计算公式如下:

$$\frac{dW_q}{dt} = A(t)BH(t) \tag{4.9}$$

式中,dW_q 为野生生物栖息地需水量(水体水量)(单位:m³),$A(t)$ 为湿地面积(单位:hm²),B 为水面面积百分比,$H(t)$ 为水深(单位:m),t 为时间。

表 4.11 野生生物栖息地需水量

级别	湿地面积/hm²	水面面积百分比/%	水深/m	需水量/m³
最小	A	10~15	0.3~0.5	(0.1~0.15)×(0.3~0.5)×10⁴A
中等	A	15~25	0.5~0.7	(0.15~0.25)×(0.5~0.7)×10⁴A
优	A	25~45	0.7~1.0	(0.25~0.45)×(0.7~1.0)×10⁴A
最优	A	45~65	1.0~1.5	(0.45~0.65)×(1.0~1.5)×10⁴A
最大	A	90~100	2.0	(0.9~1.0)×2.0×10⁴A

注:引自(崔保山 等,2003)。

4.5.1.2 湿地环境需水量

天津湿地主要是水体沼泽湿地,环境需水量不考虑防止岸线侵蚀、河口生态蓄水以及溶盐、洗盐需水,仅考虑补给地下(渗漏)需水。

湿地生态系统水分渗透对于地下水补给具有重要意义,水分在土壤中的渗透运动,是指土壤层充分饱和时,在重力作用下而自由运动的水。这种渗透运动的大小决定于水位差、渗透距离、土壤层孔隙度及断面大小。水在土壤中垂直运动特征用渗透系数表示。土壤的渗透系数与土壤类型、剖面组成等有关。计算公式如下:

$$W_b = kIAT \tag{4.10}$$

式中，W_b 为湿地通过自然渗漏补给地下水量（单位：m³），k 为渗透系数，I 为水力坡度，A 为渗漏剖面面积（单位：m²），T 为计算时段长度，一般取 180 d。根据《北大港水库志》和《天津水利志》中，天津湿地的实际渗透量来确定补给地下水需水量。

4.5.1.3 各湿地生态需水量

湿地生态需水量为植物需水量、土壤需水量、生物需水量和地下水需水量之和，表 4.12 给出了天津市典型湿地各等级需水量。

表 4.12 天津市主要湿地生态需水量估计值 单位：亿 m³

湿地	最小	中等	优等	最优	最大
七里海湿地	0.8	1.0	1.3	1.8	2.5
大黄堡湿地	1.1	1.4	1.9	2.6	3.7
北大港湿地	2.3	3.0	4.0	5.3	7.3
团泊洼湿地	0.8	1.0	1.3	1.8	2.5
总计	5.0	6.4	8.5	11.5	16.0

4.5.2 生态干旱

随着全球气候变化，湿地生态系统遭受干旱的频率在增加。湿地是显著受水分驱动的生态系统，干旱对其影响尤为严重。干旱作为极端气象水文事件，在自然营力驱动下，有其固有的重现期，并成为湿地生态演变的关键驱动因子。然而，在气候变化、人为下垫面条件变化和水资源开发等综合影响下，干旱发生的频度、范围和强度也发生了显著变化，改变了湿地的水文生态特征，并危及到湿地生态系统的健康，导致湿地退化更为严重（Nicholas et al.，2008）。

王青等（2012）研究了流域干旱对湖泊湿地生态系统的影响，按不同水源类型，将湿地分为降水补给型湿地、径流补给型湿地、地下水补给型湿地和综合补给型湿地等，反映了湿地的主要来水类型。干旱导致流域降水量、径流量和地下水量减少，改变了流域水循环，湿地作为流域中的一个单元，其来水受到很大影响。对于上述 4 种类型湿地，干旱对其主要来水的影响表现为：湿地区的降水量减少（降水补给型湿地），上游径流减少引起入流径流量的减少（径流补给型湿地），地下水位下降（地下水补给型湿地），湿地区降水量减少、入流径流量减少和地下水位下降（综合补给型湿地）。天津湿地主要是径流补给型，海河流域上游用水量增大、来水减少，使得天津的湖泊洼淀的蓄水面积和蓄水量无法维持，没有外来水源补充，只靠当地降水量尚不抵蒸发量，使得湖泊湿地逐渐萎缩，甚至消失。20 世纪 90 年代七里海、北大港、团泊洼均已干涸，湿地萎缩造成湿地鸟类数量大量减少，野生鱼、虾、蟹几乎灭绝。水资源短缺是造成湖泊湿地生态环境遭到破坏的主要原因。

4.5.2.1 湿地生态干旱定义

干旱是一种极为复杂的自然灾害，各行业的干旱定义差异很大，如气象干旱、水文干旱、农业干旱和社会经济干旱等。生态干旱涉及植被、水文、土壤、地理、社会经济等各个方面，各地情况差异很大，国内外尚没有一个明确的生态干旱定义（粟晓玲 等，2021）。湿地生态干旱是指由于供水受限、蒸散大，导致的地下水位下降、物种丰富度下降、群落生物量下降以及严重时湿地面积萎缩的现象。与生态区的气候、土壤、地质以及地表、地下水文条件及水质、生态区的生物群体结构、人类对资源利用等多方面因素有关,是各类干旱中最复杂的一种。湿地生态干旱可能由大气干旱或水文干旱造成的,也可能因社会经济干旱引起的,湖泊湿地生态干旱的后果将导致生态服务功能价值的降低。

天津市湖泊湿地生态干旱的具体表现有以下几种情况。

(1)河道断流。河道断流是生态环境恶化的一个重要标志。20 世纪 80 年代以来,天津市 19 条一级河道每年河道断流天数在逐年增加,2000 年所有主要河流断流,2002 年除南运河、子牙河引黄济津输水期间有过水外,其他河均处于断流状态,其中北运河、永定河、大清河、独流减河、潮白新河全年河干,永定新河、蓟运河部分河段有蓄水,只有海河全年有蓄水。

(2)水库干库。由于蓄水水源的短缺,北大港水库曾在 1985、1986、1987、1991、1999 年出现干库现象,致使水库杂草丛生,成为蝗虫的滋生地,水库的水生态环境遭到了严重的破坏。2000—2005 年为引黄济津调水,2006—2009 年几乎处于干涸状态,水库实际蓄水保证率较低。

(3)水质恶化。天津市境内各级河道都受到了不同程度的污染,只有引滦入津输水工程作为天津市的饮用水源地,水质得到了较好的保护。其他一、二级河道受到了重度污染,严重影响了周围的工业、农业和生态用水,水体自净能力降低,使河水水体长久维持在严重污染状态。

(4)湿地萎缩。20 世纪 20 年代,天津湿地面积占国土面积的 45.9%,到 20 世纪末下降为 11.2%,其蓄水调洪能力亦不断下降,连续干旱时常发生。

(5)生物多样性严重减少。湿地鸟类数量大量减少,降海性鱼类消失,野生蟹类几乎消亡。

(6)水土流失加剧,耕地土壤沙化,山地土层变薄,风沙加剧。

(7)河口萎缩,淤积严重,泄流能力下降。径流量的减少是海河闸下淤积的主要原因,海河口建闸前年均入海径流量 95.6 亿 m^3。丰富的径流为泥沙的下移提供了充足动力。建闸后,除个别年份外由于上游来水量较少和天津市水资源紧缺,海河闸很少有径流下泄,河口基本被潮汐动力所控制,淤积在河口的泥沙基本失去了搬移的动力。对于很少有径流下泄的河口,产生淤积也在所难免。

(8)地下水位持续下降,大面积地面沉降。为了生存,天津市曾经严重超采地下水,仅天津市南部地区 1971—1997 年累计超采深层地下水 56 亿 m^3,地下水的严重超采,形成了大面积的地下水开采漏斗,地下水水位下降的最大深度已达 90 m,并形成了 8000 km^2 的地面沉降区,最大沉降量达到 3 m 多,给天津市的可持续发展带来重大影响。

4.5.2.2 湿地生态干旱指标

建立湿地生态干旱判别指标的目的在于识别和评价湿地生态干旱程度,以便采取适当的对策应对湿地生态干旱,最大限度地降低干旱影响。目前国内外尚未见明确的湿地生态干旱判别指标体系。周潮洪等(2007)根据湿地变动的生态学规律,提出 3 个指标。

(1)湿地面积比指标:即当前湿地面积与多年湿地平均面积之比。<1 为干旱;>1 为正常。

(2)生物量波动指标:即单位面积生物量的年内和年际变化。生物量的变异系数 $C_v = S_d/\bar{x}$,S_d 为标准差,$\bar{x}$ 为平均值。$C_v > 25\%$ 为干旱;$\leqslant 25\%$ 为正常。以 2 a 或 3 a 为一个时间段,通过累积监测数据,就可逐渐计算出后续变异系数,通过比较变异系数,判断湿地是否处于干旱状态。

（3）物种丰富度指数:指某一植物群落中单位面积内拥有的物种数。物种丰富度指数 $D=(S-1)/\ln N$，S 为群落中的物种总数目，N 为个体总数。与往年相比，<1 为干旱;>1 为正常。

上述三个指标是从生态学的角度提出的,概念明确,容易理解。但是在实际操作中,后面两个指标的监测难度大,并且需要通过较长系列的监测资料才能算出指标的值。通过湿地生态需水量研究发现,水资源是湿地生态系统正常运行的重要保障,不同的水资源量决定了湿地面积、生物量和物种的丰富性。对于湖泊湿地,蓄水量和湿地面积、水位有良好的相关关系。因此,在上述三个判别指标的基础上,提出以湖泊湿地蓄水量作为最重要的湖泊湿地生态干旱判别指标。并且可以应用卫星遥感反演湿地水体面积,方便快捷地计算湿地面积比指标。

4.5.2.3 湖泊湿地生态干旱等级划分

以湖泊湿地的蓄水量为指标,根据湿地蓄水量是否满足湿地生态需水量要求,将湖泊湿地生态干旱划分为三个等级:轻度干旱、中度干旱、严重干旱。湿地生态保护水资源保障的最低目标是维持湿地现有功能不再萎缩,因此,以湿地蓄水量与湿地最小生态需水量比值为标准来划分生态干旱等级(表 4.13)。

表 4.13　生态干旱等级划分

干旱等级	标准	干旱等级指数
轻度干旱	需水量为最小生态需水量的 100%～70%	1
中度干旱	需水量为最小生态需水量的 70%～40%	2
严重干旱	需水量为最小生态需水量的 40% 以下	3

4.5.3　气候变化对天津湿地需水量的影响预估

湿地对外来水资源的需求同湿地的面积、物种、季节、生态保护目标及自身水源情况有关。陈颖等(2022)利用区域气候模式(RegCM4)在中等排放情景(RCP4.5)和高排放情景(RCP8.5)两种排放路径下的模式输出的基础上,利用动力降尺度对华北区域 21 世纪气候变化预估分析,结果表明:未来两种情景下华北区域气温、降水、持续干期和强降水量变化逐渐增大,但变化幅度在高排放的 RCP8.5 情景下更为显著,其中近期(2021—2025 年)、中期(2046—2065 年)、远期(2080—2098 年)RCP8.5 情景下年平均气温分别升高 1.77 ℃、3.44 ℃、5.82 ℃,年平均降水量分别增加 8.1%、14.0%、19.3%,持续干期分别减少 3 d、3 d、12 d,强降水量分别增加 30.8%、41.9%、69.8%。吴婕等(2018)指出虽然未来降水量有所增加,但气温升高所引起潜在蒸发量的更大增幅,可导致水资源不足的情况有所加重,到 21 世纪中期华北中部水资源供应量将减少 6%,到 21 世纪末水资源不足情况将进一步加剧,减少14%左右。

湿地补水量＝生态需水量－湿地实际需水量－湿地降水量(气候变化预估)。周潮洪等(2007)根据不同干旱等级及预期不同降水保证率对天津市湿地补水量做了分析,给出了天津市四大湿地的生态补水量(表 4.14)。

表 4.14　天津市重点湿地抗旱补水量

项目			西七里海	东七里海	大黄堡湿地	北大港西库	北大港东库	团泊洼湿地	全年合计/万 m³
补水后水位/m		春季	1.47	1.58	2.23	1.62	1.32	1.62	—
		夏季	2.07	2.10	2.81	2.22	2.00	2.22	—
补水后面积/km²		春季	31.28	16.78	51.27	37.93	28.34	37.93	—
		夏季	32.07	16.78	77.06	47.21	36.87	47.21	—
补水量/万 m³	轻度干旱	95% 春季	435	179	873	1371	499	596	4810
		95% 夏季	138	0	104	451	164	0	
		75% 春季	402	162	801	1261	459	536	3621
		75% 夏季	0	0	0	0	0	0	
		50% 春季	377	148	744	1173	427	488	3357
		50% 夏季	0	0	0	0	0	0	
	中度干旱	95% 春季	976	413	1984	3072	1117	1372	19820
		95% 夏季	1237	450	2361	3904	1420	1514	
		75% 春季	944	396	1913	2962	1077	1312	16442
		75% 夏季	940	295	1697	2892	1052	962	
		50% 春季	918	382	1855	2874	1045	1264	13729
		50% 夏季	708	175	1177	2067	752	512	
	严重干旱	95% 春季	1698	725	3467	5340	1942	2407	39951
		95% 夏季	2702	1083	5369	8509	3094	3615	
		75% 春季	1665	708	3395	5230	1902	2347	36572
		75% 夏季	2405	929	4705	7497	2726	3063	
		50% 春季	1639	694	3337	5142	1870	2299	33858
		50% 夏季	2173	808	4185	6672	2426	2613	

注：引自（刘红艳，2010）。

4.6　本章小结

本章介绍了天津湿地生态气象监测评估、湿地对局地气候的影响以及气候变化对湿地保护修复的影响评估成果。对认识天津湿地演变特征、了解湿地的现状提供了详细的监测评估成果，对湿地在天津发挥的作用做了量化评估，也详细分析了湿地的需水量，量化分析气候变化对湿地的影响，为湿地保护修复提供气象保障服务。

（1）根据 2020 年卫星遥感监测，天津市湿地面积为 2284.87 km²，占天津市土地面积的19.09%，其中，天然湿地面积为 279.06 km²，占 12.21%。天津市各区中，滨海新区、宝坻区和宁河区湿地面积占天津市总湿地面积的比例较大。天津市主要湿地北大港湿地、团泊洼水库、七里海湿地、东丽湖湿地、大黄堡湿地等湿地面积 2001—2002 年来都在不同程度上有所减少，只有于桥水库水体面积有所增加。

（2）介绍了水体、湿地卫星遥感监测方法，并应用高分 1 号卫星经过辐射定标、大气校正、正射校正等预处理之后，提取出水体指数和植被指数，去除水面水生植物的影响，对水体进行监测，对北大港和团泊洼两个湿地开展叶绿素 a 浓度和悬浮物浓度的监测。

（3）构建以水体、湿地面积为核心评估指标的水体湿地评估指标体系，开展了 2001—2020 年天津市水体湿地状况变化评估，通过对不同时段水体湿地参数多年平均值和变化速率的对比，评估区域水体湿地生态状况的变化态势。对比分析 2001—2010 年与 2011—2020 年水体湿地指标覆盖状况、植被叶面积状况、植被生产力状况等变化情况，以便了解天津湿地水体的保护修复效果。

（4）利用卫星遥感反演地表温度，分析城市水体公园以及湿地对周边气候的影响，选取天津中心城区规模较大的 8 处公园绿地作为实证研究对象，对其降温效果进行分析。发现公园内水体比例在很大程度上影响着地表温度，尤其是最低温度。建议公园规划建设时应适当增加公园内水体比例，在形状上尽可能向不规则方向规划设计。

（5）针对湿地生态需水量的 3 个指标，分别计算了湿地植物需水量、湿地土壤需水量、野生生物栖息地需水量，估计了天津主要湿地的生态需水量，结合生态干旱指标，分析了气候变化对天津湿地需水量的影响。

第 5 章
林地生态气象

5.1 植树造林进展

2015 年 4 月 30 日,中共中央政治局审议通过了《京津冀协同发展规划纲要》(简称《纲要》),在《纲要》中提出,推动京津冀协同发展是一个重大国家战略,核心是疏解北京非首都功能,要在京津冀交通一体化、生态环境保护、产业升级转移等重点领域率先取得突破。

天津作为京津冀系统发展的重要一环、京津冀协同发展的主要引擎之一,肩负疏解北京非首都功能的任务尤为艰巨。目前京津冀地区森林生态系统十分脆弱,改善京津冀地区生态环境,林业生态建设是重中之重。针对天津市森林资源偏少,森林质量不高的实际情况,京津冀联合编制了《京津冀协同发展林业生态建设三年行动方案(2015—2017)》,并将后两年的任务列入"十三五"造林绿化规划一并实施,天津在林业生态建设方面实施"两带、两环、三网、四区、七园、多组团"的总体布局,基本实现"有路皆绿、有水皆绿、有城皆绿、有村皆绿",实现美丽天津的绿色梦、生态梦,努力推进京津冀区域生态环境建设。

5.1.1 三北防护林建设

1978 年党中央、国务院针对三北(华北、东北、西北)地区日益恶化的生态环境,从促进社会经济可持续发展的高度出发,决定在我国西北、华北、东北西部实施三北防护林体系建设工程。三北工程规划从 1978 年开始到 2050 年结束,历时 73 年,分三个阶段、八期工程进行建设。

1986—1995 年,天津市编制实施了三北防护林体系建设二期工程,工程建设范围为全市所有十二个涉农区县;1996—2000 年,编制实施了三北三期工程,工程建设范围为全市所有涉农区县;2001—2010 年,编制实施了三北四期工程,工程建设规划范围为宝坻、武清、宁河、静海、东丽、津南、西青、北辰八个区县,2006 年开始又将宁河、静海、东丽、津南划入沿海防护林工程区建设范围。三北五期工程(2011—2020 年)于 2011 年正式启动,主要包括宝坻、武清、西青、北辰等 4 个区,规划造林 1 万 hm^2,其中防护林 8064 hm^2,用材林 1736 hm^2,经济林 200 hm^2。防护林中,防风固沙林 2603 hm^2,农田防护林 5461 hm^2。在整个五期工程中,前五年规划造林 6690 hm^2,其中乔木 6432 hm^2、灌木 258 hm^2;2016—2020 年规划造林 3310 hm^2,其中乔木 3213 hm^2、灌木 97 hm^2(刘捷,2016)。

在三北五期工程建设期间,为深入贯彻落实中共天津市委十届三次全会精神,进一步推进美丽天津建设,加快实施一批重点工程,明显改善全市生态环境和人民群众生产生活条件,天津市决定实施美丽天津"一号工程",即"四清一绿",主要包括清新空气行动、清水河道行动、清洁村庄行动、清洁社区行动和绿化美化行动。相关政策的制定出台,有力促进了三北防护林体系建设工程,丰富了三北工程的建设内容,也为三北防护林建设在政策、制度及法律层面提供了有力保障。

5.1.2 外环线绿化带建设

天津外环线是天津市的一条环城公路,全长 71.34 km,环线北至北辰区引河桥,南至津南区郭黄庄,东至东丽区张贵庄,西至西青区姜井村,环线距市中心平均约 10 km,1987 年 10 月 1 日建成竣工。天津市外环线外侧绿化带坐落在外环线道路外侧紧靠外环河,自 1987 年始建,被列为市委市政府改善人民生活新三件事的要求之一。外环线外侧绿化带的建设,是改善市区生态环境质量,提升绿化带防护作用的重要体现。

外环线绿化带建设工程实施范围为自外环线外坡角向外 200 m 的范围,通过清脏治乱、打通和整治外环河,搬迁村庄和企事业单位,植树造林和发展绿色产业等综合治理措施,使规划区 38 km² 范围内绿化和水面达到总面积的 80% 以上。外环线绿化带的建设对于防止风沙侵蚀、吸附空气尘埃、净化空气质量、调节城区气候、改善城市生态环境,发挥着特殊重要作用。目前,外环线外侧绿化带现有人工造林 1300 hm²,其中生态林 800 hm²,各种乔木、灌木计 42 个树种、72.3 万株树木;设施农业 23.5 hm²,特色经济林 222 hm²,重要交通路口景点 40 hm²,景点绿化 20 hm²。花卉基地 6 个 84.7 hm²,种苗基地 5 个近 60 hm²,公园 8 个 83.3 hm²,为今后外环线绿化带的发展奠定了基础(张洁 等,2006)。

5.1.3 绿色生态屏障建设

2017 年 5 月,天津市第十一次党代会提出,大力推进绿色发展,加快建设生态宜居的现代化天津,专门做出"滨海新区与中心城区要严格中间地带规划管控,形成绿色森林屏障"的决策部署。2018 年 3 月,天津《双城中间规划管控和实施方案》编制完成。在规划建设过程中,"绿色森林屏障"的概念进一步提升为"绿色生态屏障",从而将"双城绿色生态屏障"这一概念最终确立。加强滨海新区与中心城区中间地带规划管控、建设绿色生态屏障,是市委市政府坚决落实习近平生态文明思想的实际行动,是对天津城市空间布局的重构重塑,是着眼于保护生态机体、拓展生态空间、孕育生态系统新生命力的重要举措,也是加快建设生态宜居的现代化天津、推动天津高质量发展的实际行动。

天津市双城间绿色生态屏障区指东至滨海新区西外环线高速公路,南至独流减河,西至宁静高速公路,北至永定新河围合的范围。涉及滨海新区、东丽区、津南区、西青区、宁河区五区,面积约 736 km²(图 5.1)。根据规划,到 2021 年,绿色生态屏障区内蓝绿空间占比达 65%,到 2035 年,绿色生态屏障区蓝绿占比将达到 70%,森林覆盖率达到 30%。绿色生态屏障完全建成之后,北连天津七里海和大黄堡生态湿地保护区与盘山和于桥生态保护区,与北京通州生态公园和湿地公园相接;南接天津北大港口和团泊生态湿地保护区,与雄安新区生态公园和湿地公园相连,有机融入京津冀区域生态环境体系,构筑出环首都东南部生态屏障带。

2018—2021 年,绿色生态屏障经过近 4 a 的建设,森林覆盖率从原来的 5% 提升到 20.4%,到 2021 年底,森林覆盖率将达到 29.3%,蓝绿空间占比提升至 63.5%,"大林、大水、大绿"的生态景观初步呈现。

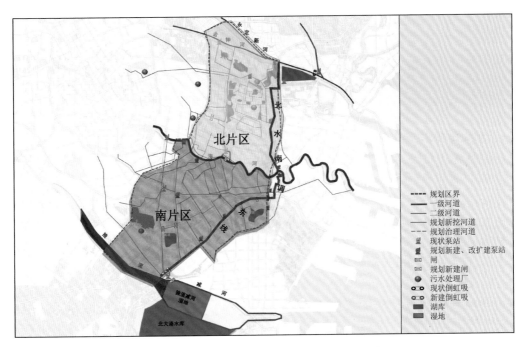

图 5.1　天津市双城间绿色生态屏障区规划图

(引自(杨阳 等,2019))

5.1.4　城市郊野公园建设

天津市于"十二五"期间开始投资规划建设郊野公园,根据国内外建设郊野公园的经验,在本市规划建设 16 个郊野公园,其中东丽区 3 个,津南区 2 个,西青区 2 个,北辰区 3 个,滨海新区 6 个,规划面积总共达到 810 多平方千米。在"十二五"期间将建成 7 个郊野公园,环城四区各 1 个,滨海新区 3 个。

北辰郊野公园西起屈家店闸,东至永定新河北辰与宁河界,东西向长度约 28.5 km,规划占地面积 62 km²。北辰郊野公园依河而建,围绕永定新河、新引河和永金水库、大兴水库的"两河、三堤",以河岸自然缓坡、堤景道路与林带形成自然有序的生态景观。公园以灌木丛、林木等绿色植被为主,一期完成绿化 1.49 万亩,栽植乔木 73 万株、花灌木 117 万株、藤本类 39 万株、地被植物 145 hm²、水生植物类 80 hm²。

东丽郊野公园东起东丽湖丽湖环路,西到规划外环线东部调整线,北到津宁高速公路,南到金钟公路和规划的金丽北道,总面积达 35.4 km²,总体布局为"一轴两带六区"。公园建设以绿为魂,以水为脉,在南堤岸与截流河之间点缀桃花、海棠花、山楂花、梨花等打造特色花堤和四季花林;整理现状水塘,建设野趣生态湿地,形成翠苇荡青的四季景色;在堤岸树下种植各种花草,打造花海之岸。

西青郊野公园位于天津市西南部,东至大沽排河,西至团泊快速路,南至独流减河,北至荣华道,规划总面积 35.8 km²,其中水域面积占 24%。公园规划形成"双核,两带,双环,四区"的独特实地景观风貌格局,利用原有鱼塘开挖湖泊和环形航道,大面积造林绿化,保留苇塘、湿地等原始地貌。一期工程规划造林 1.28 万亩,植树 120 万株,除白蜡林、杨树林、槐树林等传统混交林外,还建成桃树林、枣树林、山楂林、柿子林等。除此之外,公园还建设有农业体验区,整理提升基本农田3600亩,建成设施农业240亩,种植玉米、水稻、莲藕及高质有机农产品等。

5.1.5 城市绿化建设

天津城市绿化作为一项公共惠民服务工作,历史上是于新中国成立之后逐步建设并发展壮大的。1949年新中国成立后,天津市委市政府非常关心城市绿化建设,到20世纪60年代中期,天津城市树木总量为168万株、各类公园27处,全部绿地面积为3.58 km²,人均公园绿地面积扩大至1.36 m²,覆盖率已增至6.41%,城市绿化初见端倪,开始向科学化、制度化发展。进入20世纪70年代后,受三年自然灾害以及唐山大地震等影响,天津城市绿化遭受了严重的冲击,不仅没有得到进一步发展,绿地面积急剧下降,到20世纪70年代末,全市人均公园绿地面积为1.04 m²,绿化覆盖率为6.34%。进入20世纪80年代,天津城市绿化建设迈进了迅速发展时期。在经济社会发展的同时发展城市绿化,在建设中既注重发展速度又同步增大绿化面积,到1990年底,天津绿化总面积为1851.56 hm²,绿化覆盖率11.5%,绿地率4.1%,人均公园绿地2.19 m²,城市绿化面貌明显改观。

1995年,天津市政府颁布《天津市市区三年绿化实施办法》,提出城市绿化要立足于把本市建成现代化国际港口大都市的战略,绿化市区,改变市区裸露地面较多、绿化指标较低的现状,进一步改善生态环境,到1997年底市区绿化覆盖率达到21%,人均公共绿地达到3.3 m²,为创建园林城市奠定基础。与此同时,在市区平房危改、城市整治、道路扩建时,新建广场绿化和公园,增大绿化面积;在滨海新区、环城四区和五县结合开发和新建,加大绿化建设力度,形成了点、线、面连接贯通的城乡一体化大园林格局。至2007年底,天津城区绿化覆盖率为34.1%,绿地率为27.5%,人均公园绿地为6.9 m²。"十三五"期间,天津市瞄准创建国家园林城市目标,通过补点、连线、建园、拓面、植绿等方式,持续大规模实施城市绿化,积极拓展绿化空间,增大绿化面积,全市每年建设提升各类绿地2000万m²,全市建成区绿化覆盖率、绿地率、人均公园绿地面积分别达到40%、35%、12 m²以上,朝着建设"美丽天津"目标进一步迈进。图5.2给出了2000—2020年天津市建成区公共绿地面积的变化,可以看出2020年的公共绿地面积是2000年的4倍以上。

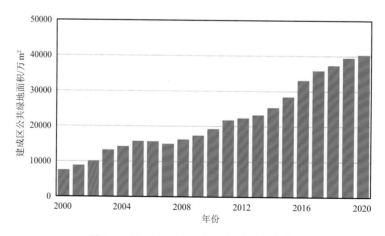

图5.2 天津市建成区公共绿地面积变化

作为天津市唯一的山区行政区,蓟州区实施生态立区、绿色先行,近年来在植树造林、提升绿化方面取得了丰硕的成果。自 1981 年全民义务植树运动开展以来,至 2000 年蓟州区完成了飞播造林 1.8 万 hm²,封山育林 5467 hm²,人工造林 2.3 万 hm²,森林覆盖率达到 38%,其中山区林地面积 4.86 万 hm²,林木覆盖率 68.8%;城区林木覆盖率 22%,人均公共绿地 8.7 m²,同时围绕盘山国家名胜风景区、九龙山国家森林公园、八仙山国家级自然保护区、黄崖关长城风景区等旅游景点,完成景区造林 7867 hm²。"十三五"期间,进一步完成营造林面积 25 万亩,截至 2019 年底,全区林地总面积达到 120.43 万亩,林木绿化率 53.5%,森林覆盖率达到 49.5%;北部山区林地面积达到 96.18 万亩,林木绿化率 81%,有效减少了人畜进山破坏、毁坏林木现象和林地火情、火警发生次数,保护了林草资源,提高了森林质量。

5.2 林地植被生态质量时空变化

5.2.1 林地植被生态质量评价指标

5.2.1.1 植被指数

根据植被的光谱特性,将卫星可见光和近红外波段进行组合,形成了各种植被指数,可以较好地反映绿色植物的生长状况及空间分布,也可以宏观地反映绿色植物的生物量和盖度等生物物理特征。

常用的植被指数包括归一化差分植被指数(NDVI)、比值植被指数(RVI)、差值环境植被指数(DVI)、增强型植被指数(EVI)、植被状态指数(VCI)等。

(1)归一化差分植被指数(NDVI)

由于 NDVI 可以消除大部分与仪器定标、太阳角、地形、云阴影和大气条件有关辐照度的变化,增强了对植被的响应能力,是目前已有的 40 多种植被指数中应用最广的一种。但是,许多研究也表明,由于受到定标和仪器特性、云和云影、大气、双向反射率、土壤及叶冠背景、高生物量区饱和等因素影响,使 NDVI 的应用受到限制。

$$NDVI = \frac{\rho_n - \rho_r}{\rho_n + \rho_r} \tag{5.1}$$

式中,ρ_n 和 ρ_r 分别是近红外波段和红光波段的反射率。

(2)增强型植被指数(EVI)

引入一个反馈项,同时对土壤和大气的影响进行订正,即 EVI。EVI 利用背景调节参数 L 和大气修正参数 C_1、C_2 同时减少土壤背景和大气的影响,在降低土壤和大气噪声方面均优于 NDVI。

$$EVI = \frac{\rho_n - \rho_r}{\rho_n + C_1 \rho_r - C_2 \rho_b + L}(1 + L) \tag{5.2}$$

式中,ρ_b 为蓝光波段的反射率。

5.2.1.2 植被覆盖度

植被覆盖度(FVC)是衡量地表植被状况的一个最重要的指标,指植被在地面的垂直投影面积占区域总面积的百分比。作为水文学与生态学的重要参数,植被覆盖度被用在许多水文模型和气候模型中。

基于遥感数据计算植被覆盖度常用的两种方法是回归模型法或混合像元分解法。

(1)回归模型法

回归模型法是通过对遥感数据的某一波段、波段组合或利用遥感数据计算出的植被指数与植被覆盖度(FVC)进行回归分析,建立经验估算模型。回归模型法因其简单易实现而被广泛应用,对局部区域的FVC估算具有较高的精度。

根据用于FVC回归的变量不同,可以将估算FVC的变量分为光谱波段和植被指数。利用光谱波段建立回归模型的方法是利用实测FVC与单一波段或波段组合进行回归分析。利用植被指数建立FVC回归模型应用最多的植被指数为NDVI。

但是,回归模型都具有局限性,只适用于特定区域与特定植被类型,而且需要大量的地面实测数据,因此,不易推广。区域性经验模型应用于大尺度估算FVC可能会由于地表的复杂性而在局部出现较大问题。

(2)混合像元分解法

混合像元分解法假设每个组分对传感器所观测到的信息都有贡献,混合像元分解模型有线性和非线性2种。目前应用较广的是线性模型,通过求解各组分在混合像元中的比例,植被组分所占的比例即为FVC。

像元二分模型是线性混合像元分解模型中最简单的模型,假设像元由植被与非植被覆盖地表两部分构成,两者在像元中的面积占比即为其权重,其中植被覆盖地表占像元的百分比即为该像元的FVC。

$$f_{\text{veg}} = (\text{NDVI} - \text{NDVI}_{\text{soil}}) / (\text{NDVI}_{\text{veg}} - \text{NDVI}_{\text{soil}}) \qquad (5.3)$$

式中,f_{veg}表示植被覆盖度,NDVI、$\text{NDVI}_{\text{soil}}$和$\text{NDVI}_{\text{veg}}$分别表示任意像元、纯裸土像元和纯植被像元的NDVI。

大量研究将研究区域的NDVI最大值和最小值分别作为纯植被和纯裸土的NDVI值。但是,由于噪声的影响,可能产生过低或过高的NDVI值,因此,在对纯植被和纯裸土NDVI取值时,不是直接取集合中NDVI的最大值与最小值,而是取给定置信度的置信区间内的NDVI最大值与最小值。

5.2.1.3　叶面积指数

叶面积指数(LAI)是陆面过程中的一个十分重要的结构参数,是表征植被冠层结构最基本的参量之一,它控制着植被的许多生物、物理过程,如光合、呼吸、蒸腾、碳循环和降水截获等。LAI既可以定义为单位地面面积上所有叶子表面积的总和(全部表面LAI),也可以定义为单位面积上所有叶子向下投影的面积总和(单面LAI)。

LAI遥感提取方法本质上分为两类:物理模型反演法和经验公式法。尽管近年来发展了查找表法(LUT)和非参数方法,但本质上它们还是物理模型反演,不同的是LUT采用了查找表来提高反演效率,而非参数法实际上还是在物理模型的基础上提取LAI。

(1)物理模型反演法

物理模型反演方法基于植被冠层的光子传输理论模拟冠层中的辐射传输过程,建立地表光谱反射率与叶面积指数等叶片、冠层和背景生物物理参数的模型,采用遥感地表反射率并结合地表已知信息,通过反转模型可以估算LAI。

叶片辐射传输模型可以模拟叶片尺度的光子辐射传输过程,建立叶片光学属性(反射率和透射率)与叶片结构和生物物理参数的关系,常用的叶片辐射传输模型包括阔叶林反射率模型

(PROSPECT)和针叶林反射率模型(LIBERTY)。从叶片扩展到冠层尺度需要采用冠层辐射传输模型或者几何光学模型。

冠层辐射传输模型模拟冠层不同生物物理、结构参数以及背景状况下的冠层光谱反射率，目前常用的是冠层二向反射率模型(SAIL)，假设植被冠层是由方位随机分布的水平、无限扩展的各向同性叶片组成的混合体，单个叶片是理想的朗伯表面，当给定冠层结构参数和环境参数时，可以计算任意入射和观测方向的冠层反射率。

几何光学模型从几何光学的角度模拟光子在冠层中的传输过程，主要考虑植物的宏观几何结构和冠层的二向性反射，代表性模型李小文几何光学遥感模型(Li-Strahler GOMS)和四维几何光学模型(4-scale)。

结合叶片辐射传输模型和冠层辐射传输模型或者几何光学模型，将前者模拟的叶片反射率和透过率输入后者，就可将冠层光谱反射率表示为冠层、叶片和土壤背景特征的函数。

(2)经验公式法

LAI与植被指数之间有很强的正相关关系，经验关系方法认为两者具有某种函数形式的关系，通过建立这种函数关系，可以利用植被指数估算 LAI。

在植被指数选择方面，由于植被在红波段强吸收，而在近红外波段强反射，随着 LAI 的增大，红波段反射率减小，而近红外波段反射率增大，因此，这两个波段组合所构造的植被指数可以增强 LAI 信息，常被用于 LAI 反演，比如 NDVI、RVI 等。LAI 与植被指数之间的函数形式随着植被指数和植被类型不同而存在差异，对于不同区域和植被类型分别拟合选择最佳的函数形式和参数。经验关系方法简化了光子在冠层内复杂的传输过程，方法简单高效，在小区域内可以获得较高的精度。

物理模型法与经验公式法相比，模型法需要参数众多，叶片结构参数、叶绿素含量、干物质量、棕色素浓度、叶片水分含量、叶面积指数、叶倾角等一些参数很难获取，往往需要按照植被类型做一些简化假设，在现实应用中存在较大问题。

5.2.1.4　净初级生产力

植被净初级生产力(net primary productivity，简称 NPP)通常定义为绿色植物在单位时间、单位面积上由光合作用所产生的有机物质总量中扣除自养呼吸后的剩余部分。NPP 是研究陆地生态系统中物质与能量动态和储存的基础，除了供给植物本身外，还为所有有机体生命提供了能量和物质。

基于遥感的 NPP 模型可以分为三类，即统计模型、过程模型和光能利用率模型。

(1)统计模型

气候相关统计模型也被称为气候生产潜力模型，利用大量实测数据建立温度和降水等主要气候因子与 NPP 之间的简单统计回归模型，比如 Miami 模型、Thornthwaite Memoria 模型和 Chikugo 模型。统计模型的特点是输入参数简单，可以估算并预测不同的陆地生态系统NPP。也存在两个不足：一是受取样密度的影响，从有限的点测量外推到面甚至是区域的尺度转换问题会导致模型不能很好地反映出 NPP 空间格局异质性；二是模型忽略了其他环境因子的作用以及异常气候条件对 NPP 的影响，从而影响了模型的估算精度，只能预测潜在 NPP。

(2)过程模型

生态系统过程模型又称机理模型或生物地球化学模型。过程模型中，NPP 是通过对一系列植物生理、生态学过程如光合作用、同化分配、自呼吸作用、蒸腾过程以及生长季候特征的模拟而得到,比如区域水生态模拟系统(RHESSYS)、陆面系统模型(LSM)、集成生物圈模拟器(IBIS)等。由于过程模型往往设计比较复杂,要求输入参数多,导致模型实用性有限。此外,模型时空尺度转化问题,尤其在面积较大、空间分辨率较高的条件下更为突出。

(3)光能利用率模型

光能利用率模型是目前研究和应用最多的一种 NPP 遥感模型。通过光合有效辐射、光合有效辐射吸收率(FPAR)、植被指数、光能利用率等数据来估算总初级生产力(GPP)和 NPP。光能利用率模型基于资源平衡观点,认为植物的生长是资源可利用性的组合体,植物物种通过进化和生理生化、形态过程的驯化,应趋向于使所有资源对植物生长有平等的限制作用。

本文采用光能利用率模型(CASA)进行 NPP 估算,通过光能利用率和吸收光合有效辐射的乘积来求取,其原理是通过植被类型、土壤以及分布规律等驱动因素建立相应关系进行求解,而各参数均可以通过遥感数据获得计算,因此应用极其广泛,具体公式如下:

$$\text{NPP}(x,t) = \text{APAR}(x,t) \times \varepsilon(x,t) \tag{5.4}$$

式中,$\text{NPP}(x,t)$ 为单位像元 x 在时间 t 的净初级生产力,$\varepsilon(x,t)$ 为所求像元点 x 在 t 时间的光能利用率(单位:gC/MJ),$\text{APAR}(x,t)$ 则表示像元 x 在 t 时间的吸收光合有效辐射(单位:MJ/($\text{m}^2 \cdot$ 月))。

植被吸收光合有效辐射的大小是由太阳辐射总量以及植被自身生理生态特征决定,可通过植被对入射光合有效辐射吸收比例以及太阳的总辐射量进行求解。

$$\text{APAR}(x,t) = 0.5 \times \text{SOL}(x,t) \times \text{FPAR}(x,t) \tag{5.5}$$

式中,$\text{APAR}(x,t)$ 为最终所求的吸收光合有效辐射;0.5 为植被可利用的太阳有效辐射与太阳总辐射的比值,一般情况下为常数;$\text{FPAR}(x,t)$ 为植被层对入射光合有效辐射的吸收比例;$\text{SOL}(x,t)$ 代表像元 x 在 t 时间内的太阳总辐射。FPAR 值与植被的类型以及不同的生长阶段以及不同季节变化情况有关,FPAR 主要通过 NDVI 的最大值、最小值以及比值植被指数来进行求解,然后将两者进行平均得到最终结果。

$$\text{FPAR}_{\text{NDVI}}(x,t) = \frac{(\text{FPAR}_{\max} - \text{FPAR}_{\min}) \times [\text{NDVI}(x,t) - \text{NDVI}_{i,\min}]}{(\text{NDVI}_{i,\max} - \text{NDVI}_{i,\min})} + \text{FPAR}_{\min} \tag{5.6}$$

$$\text{FPAR}_{\text{SR}}(x,t) = \frac{(\text{FPAR}_{\max} - \text{FPAR}_{\min}) \times [\text{SR}(x,t) - \text{SR}_{i,\min}]}{(\text{SR}_{i,\max} - \text{SR}_{i,\min})} + \text{FPAR}_{\min} \tag{5.7}$$

$$\text{SR}(x,t) = \frac{[1 + \text{NDVI}(x,t)]}{[1 - \text{NDVI}(x,t)]} \tag{5.8}$$

$$\text{FPAR}(x,t) = \beta \text{FPAR}_{\text{NDVI}} + (1 - \beta) \text{FPAR}_{\text{SR}} \tag{5.9}$$

式中,$\text{FPAR}_{\max}$、$\text{FPAR}_{\min}$、$\text{NDVI}_{i,\max}$、$\text{NDVI}_{i,\min}$、$\text{SR}_{i,\max}$、$\text{SR}_{i,\min}$ 分别对应着最大和最小入射光和有效辐射吸收比例;最大和最小 NDVI 值以及最大最小比值植被指数;β 是比例调节参数,以往研究将其设为固定值。

实际上,光能利用率与土壤水分条件以及温度息息相关。Potter 等(1993)认为,在理想条件下植被存在最大光能利用率,通过实验分析,确定了光能利用率的计算公式如下:

$$\varepsilon(x,t) = T_{\varepsilon 1}(x,t) \times T_{\varepsilon 2}(x,t) \times W_{\varepsilon}(x,t) \times \varepsilon_{\max} \tag{5.10}$$

式中,$T_{\varepsilon 1}(x,t)$、$T_{\varepsilon 2}(x,t)$ 分别为低温以及高温对光能利用率的胁迫作用(无单位);$W_{\varepsilon}(x,t)$ 为水分对光能利用率的胁迫作用(无单位);$\varepsilon_{\max}$ 为理想状态下的最大光能利用率(单位:gC/MJ)。

$T_{\varepsilon 1}(x,t)$ 主要反映高温和低温两个条件下，植被内在生化作用对光合作用起到限制作用，从而降低 NPP，计算公式如下：

$$T_{\varepsilon 1}(x,t) = 0.8 + 0.02 \times T_{opt}(x) - 0.0005 \times \left[T_{opt}(x)\right]^2 \tag{5.11}$$

式中，$T_{opt}(x)$ 代表某地区植被生长的最适温度，一般认为，植被 NDVI 最大值所在月份的平均气温为最适温度（单位：℃），此时植被的生长速度最快。式中，当某一月平均气温低于或等于 -10 ℃时，温度胁迫因子取值为 0；当植被处于低温和高温环境时，呼吸作用会降低光能利用率，因此非最适条件下，植被的光能利用率为下降趋势。$T_{\varepsilon 2}(x,t)$ 代表了环境温度从最适温度向高温和低温变化时植被光能利用率逐渐变小的趋势，其计算公式如下：

$$T_{\varepsilon 2}(x,t) = \frac{1.184}{1 + \exp\{0.2 \times [T_{opt}(x) - 10 - T(x,t)]\}} \times \frac{1}{1 + \exp\{0.3 \times [-T_{opt}(x) - 10 - T(x,t)]\}} \tag{5.12}$$

式中，当某月的平均温度 $T(x,t)$ 比最适温度高 10 ℃或者低 13 ℃时，该月的 $T_{\varepsilon 2}(x,t)$ 值为与平均温度为最适温度 $T_{opt}(x)$ 时的 $T_{\varepsilon 2}(x,t)$ 值之和取平均值。

水分胁迫因子 $W_{\varepsilon}(x,t)$ 反映的是植物所能利用的有效水分条件对光能利用率的影响，随着水分的增加 $W_{\varepsilon}(x,t)$ 逐渐增大，在极端干旱条件下其取最小值 0.5。在非常湿润的条件下取最大值 1，计算公式如下：

$$W_{\varepsilon}(x,t) = 0.5 + 0.5 \times E(x,t) / E_p(x,t) \tag{5.13}$$

式中，$E(x,t)$ 代表区域实际蒸散量（单位：mm），主要由周广胜等（1995）建立的区域实际蒸散模型求得；$E_p(x,t)$ 代表了区域潜在蒸散量（单位：mm），根据 Boucher 提出的互补关系计算得到，即实际蒸散量和局部潜在蒸散量加和取平均，其计算公式如下：

$$E(x,t) = \frac{P(x,t) \times R_n(x,t) \times \left[P(x,t)^2 + R_n(x,t)^2 + P(x,t) \times R_n(x,t)\right]}{\left[P(x,t) + R_n(x,t)\right] \times \left[P(x,t)^2 + R_n(x,t)^2\right]} \tag{5.14}$$

$$E_p(x,t) = \frac{E(x,t) + E_{p0}(x,t)}{2} \tag{5.15}$$

式中，$P(x,t)$ 代表像元 x 在 t 月份的降水量（单位：mm）；$R_n(x,t)$ 代表该像元的地表净辐射量，由于净辐射量需要气象要素很多，因此，利用周广胜等（1995）建立的经验模型计算，计算公式如下：

$$R_n(x,t) = \sqrt{(E_{p0}(x,t) \times P(x,t)) \times \left[0.369 + 0.598 \times \sqrt{E_{p0}(x,t)/P(x,t)}\right]} \tag{5.16}$$

$$E_{p0}(x,t) = 16 \times \left[10 \times T(x,t)/I(x)\right]^{\alpha(x)} \tag{5.17}$$

式中，$E_{p0}(x,t)$ 为局部潜在蒸散量（单位：mm），可由 Thornthwaite 气候关系-植被模型的计算方法求出，其公式为：

$$\alpha(x) = \left[0.65751 \times I^3(x) - 77.1 \times I^2(x) + 17920 \times I(x) + 492390\right] \times 10^{-6} \tag{5.18}$$

$$I(x) = \sum_{t=1}^{12} \left[T(x,t)/5\right]^{1.514} \tag{5.19}$$

式中，$I(x)$ 为 12 个月的总和热量指标；$\alpha(x)$ 为 $I(x)$ 的函数，不同地区这一常数有所不同，但是这一关系只在 0～26.5 ℃有效。Thornthwaite 规定气温低于 0 ℃时可能蒸散为 0；高于 26.5 ℃时计算值还需进行校正，公式如下：

$$APE(x,t) = CF(x,t) \times E_{p0}(x,t) \tag{5.20}$$

式中，$APE(x,t)$ 为校正后的可能蒸散值，$CF(x,t)$ 为每月的日数以及日长时数的系数。

5.2.1.5　植被综合生态质量指数

基于年内任意时段、生长季、全年的植被 NPP 和平均植被覆盖度，计算得到反映该时段的植被综合生态质量指数，计算公式：

$$Q_i = \left(f_1 \times C_i + f_2 \times \frac{\mathrm{NPP}_i}{\mathrm{NPP}_m} \right) \times 100 \tag{5.21}$$

式中，Q_i 为第 i 年某段时间的植被综合生态质量指数；f_1 为植被覆盖度的权重系数（根据区域及其植被类型进行调整，全国取 0.5）；C_i 为第 i 年该时段的平均最高植被覆盖度；f_2 为植被净初级生产力的权重系数（根据区域及其植被类型进行调整，全国取 0.5）；NPP_i 为第 i 年该时段植被累计净初级生产力；NPP_m 为第 1 年至第 m 年同时段陆地植被净初级生产力中的最大值，即当地最好气象条件下该时段的植被净初级生产力。进行植被生态质量的空间对比时，NPP_m 为该空间区域内同时段最好气象条件下的植被净初级生产力。

5.2.1.6　植被 NPP、覆盖度、生态质量指数变化趋势率计算

从起始年到终止年，对于关注时段内的各年同一时段（生长季、全年）的植被 NPP、覆盖度、生态质量指数，分别计算该时段植被 NPP、覆盖度、生态质量指数随年份变化的一元线性方程的斜率，该斜率即为其变化趋势率。其中斜率的正、负号表示植被 NPP、覆盖度、生态质量指数从起始年到终止年的变化方向，斜率的绝对值表示其变化的快慢和程度。

5.2.2　蓟州区林地叶面积指数变化

利用林地的叶面积指数可以很好地反映和评估蓟州区林地的长势状况。叶面积指数（LAI）为单位地表面积上植被单面绿叶面积的总和，是陆面过程中的一个十分重要的结构参数，是表征植被冠层结构最基本的参量之一，可有效反映植物光合叶面积大小、植被冠层结构和健康状况等信息。

第一，提取天津市 MODIS 的 LAI 产品（MOD15A2）与植被指数产品（MOD13A1）。采用最大值合成法，将时间分辨率为 8 d 的 LAI 产品合成得到月、年 LAI 产品，将时间分辨率为 16 d 的 MOD13A1 产品合成得到月、年植被指数产品（NDVI、EVI、RVI、正交植被指数（PVI）、土壤调节植被指数（SAVI）等）。

第二，按照森林、草地、灌丛、荒漠等不同植被类型，对同时相 LAI 产品和植被指数产品进行逐像元的一元、多元线性回归和非线性回归。

第三，对比各类回归分析结果的 R^2、均方根误差（RMSE）等指标，确定天津市最优的 LAI 遥感反演模型。

图 5.3 是 2020 年蓟州区林地最大叶面积指数空间分布图，可以看出最大叶面积指数大值区主要集中在蓟州的最北部。与 2010—2020 年的均值相比，有 59.6% 地区的叶面积指数持平或显著变好。

图 5.4 给出了 2010 以来蓟州区林地年最大叶面积指数变化，指数 2010—2020 年均值为 3.7565，整体呈"M"形变化特征，2010—2013 年稳中有增，受 2012 年极大降水量影响，2013 年蓟州区叶面积指数为历史最大值，数值达到 4.059。2014 年以后蓟州的叶面积指数又呈现逐年增长的趋势，在 2019 年指数为 4.0334，接近 2013 年的历史峰值，2020 年有所下降，但叶面积指数仍在 10 a 均值以上，结果表明，近些年蓟州区林地健康状况保持在较高水平，森林生

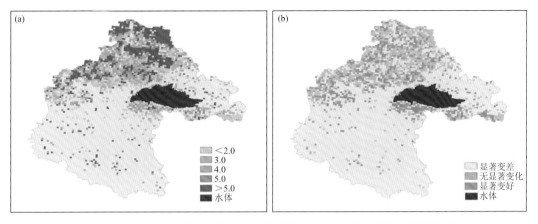

图 5.3　2020 年蓟州区林地年最大叶面积指数分布(a)与变化趋势空间分布图(b)

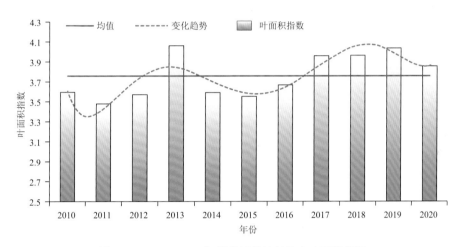

图 5.4　2010—2020 年蓟州区林地年最大叶面积指数

态系统处于稳定向好的发展趋势。

5.2.3　蓟州区林地植被覆盖率变化

植被覆盖率是指某一地区植物垂直投影面积与该地域面积之比,用百分数表示。植被覆盖率不仅是衡量一个城市环境质量的重要指标。从历史监测对比情况来看,2000—2020 年蓟州林区年最大植被覆盖率均值为 83.11%,年际之间变化有较大差异,从 2000—2020 年蓟州林区植被覆盖率向好,2000 年最低,2020 年最高(图 5.5)。

图 5.6 显示 2000—2020 年蓟州区林地年植被覆盖率变化趋势空间分布,从图中可以看出,蓟州林区植被覆盖率空间差异较大,2000—2020 年,蓟州林区植被覆盖率总体呈现增加趋势,年增幅为 0.4%,近 75.24% 区域的植被覆盖率均有所增加,其中蓟州北部山区 2000 年以来植被覆盖率增长明显,植被覆盖率减少的区域大多散布在城区周边区域。

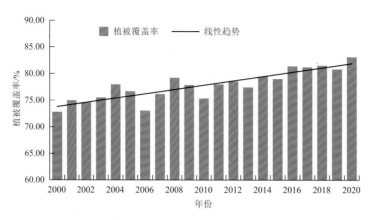

图 5.5　2000—2020 年蓟州区林地年植被覆盖率变化趋势

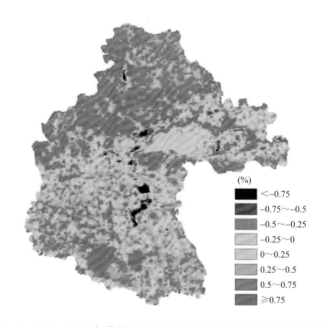

图 5.6　2000—2020 年蓟州区林地年植被覆盖率变化趋势空间分布图

5.2.4　蓟州区林地净初级生产力变化

净初级生产力(NPP)一般用来定量评估植被群落在自然环境条件下的生产能力,表征陆地生态系统的质量状况。图 5.7 给出了蓟州林区 2000—2020 年植被净初级生产力的变化,从NPP 变化率来看,2000—2020 年天津市植被净初级生产力呈现微弱增加趋势,年增幅为5.96 gC/(m² · a)。从图 5.8 蓟州区林地 2000—2020 年 NPP 变化趋势空间分布图中可以看出,其中约 77% 区域植被净初级生产力的年增幅超 5 gC/(m² · a),植被净初级生产力减少的区域散布在城区周边。

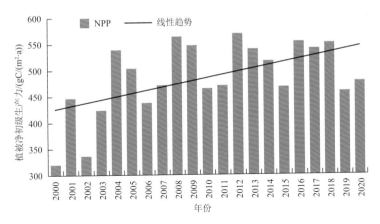

图 5.7　2000—2020 年蓟州区林地年 NPP 变化

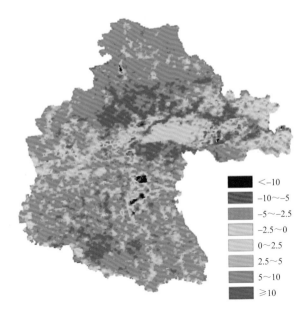

图 5.8　2000—2020 年蓟州区林地年 NPP 变化趋势空间分布图
（单位：gC/(m² · a)）

5.2.5　蓟州区林地植被生态质量变化

2000—2020 年蓟州林区植被生态质量指数呈显著提高趋势，植被生态质量明显改善（图 5.9）。2000—2020 年蓟州林区气象条件对植被生长有利，有 82.8% 的区域植被生态质量指数呈增长趋势，平均每年提高 0.43。从区域分布来看（图 5.10），2000 年以来北部山区增幅明显，平均每年增加 0.5～0.75；中部大部持平略增，仅局部地区呈分散性轻微下降趋势。

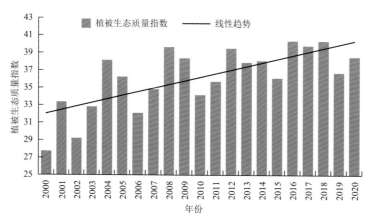

图 5.9　2000—2020 年蓟州区林地年植被生态质量指数变化

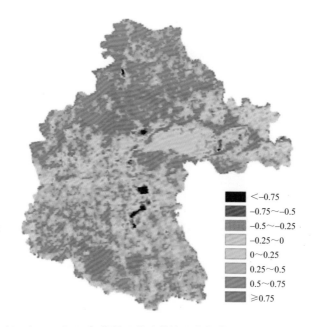

图 5.10　2000—2020 年蓟州区林地植被生态指数变化趋势空间分布图

5.3　津滨绿色生态屏障区气候效应评估

5.3.1　气候背景

图 5.11、图 5.12 以及表 5.1 给出了津滨绿色生态屏障区(简称屏障区)气候和主要气象灾害情况,屏障区年平均气温 13.3 ℃,受全球变暖影响,近 30 a(1990—2019 年)屏障区年平均(最高、最低)气温呈缓慢升高趋势,升温幅度 0.5 ℃/10 a;年平均降水量 481.5 mm,呈明显的年际波动态势。屏障区 6—8 月为湿润期,降水多、气温高;3—5 月和 9—11 月为干旱期,降水少、气温低;12 初—次年 2 月中旬屏障区日平均气温低于 0 ℃;平均初霜日期为 10 月 24

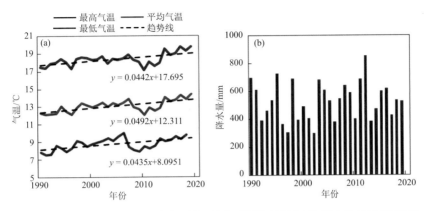

图 5.11 屏障区 1990—2019 年年平均(最高、最低)气温(a)和降水量(b)时间变化

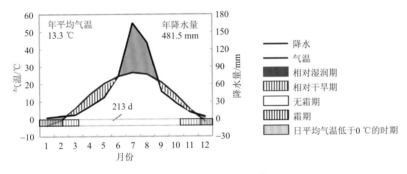

图 5.12 屏障区气候图解

日,终霜日期为 3 月 25 日,无霜期长达 213 d;大于 0 ℃、5 ℃ 和 10 ℃ 的有效积温分别为 4994.6 ℃·d、4889.7 ℃·d 和 4627.2 ℃·d。对照中国植物功能型的环境限制因子可知,屏障区生物气候条件适于种植温带落叶灌木和温带草原草。

表 5.1 屏障区极端天气气候事件统计

项目	干旱 (轻旱/中旱)	高温 (≥35 ℃)	低温 (≤−10 ℃)	暴雨 (≥50 mm/24 h)	大风 (≥17.2 m/s)
年出现日数	152 d (77 d/54 d)	9 d	9 d	2 d	11 d
多发时期	冬季和春季	夏季	冬季	7、8 月	冬季和春季
极端情况	343 d/a	41.3 ℃	−21.7 ℃	255.8 mm	27.0 m/s
发生时间	2002 年	2000 年	1985 年	2012 年	2009 年

屏障区年平均干旱日数 152 d,多发生于冬季和春季,年干旱日数最多 343 d(2002 年);年平均高温日数 9 d,主要出现在夏季,极端最高气温 41.3 ℃(2000 年 7 月 1 日);年平均低温日数 9 d,主要出现在冬季,极端最低气温 −21.7 ℃(1985 年 1 月 19 日);年平均暴雨日数 2 d,主要出现在 7 月、8 月,最大一日降水量 255.8 mm(2012 年 7 月 26 日);屏障区年平均大风日数 11 d,多出现在冬春季节(4 月最多),年极端最大风速达 27.0 m/s(2009 年)。

屏障区整层大气可降水量 724 cm,6—9 月最多(占全年 60% 以上)。地面实际降水仅占整层大气可降水量的 4%~12%,屏障区空中云水资源可开发前景较大。

5.3.2 屏障区生态质量监测评估

5.3.2.1 植被覆盖率变化

2020 年,绿色生态屏障区年均植被覆盖率为 60.70%,植被覆盖率为 50%~70% 的区域面积最大,约占 40%;植被覆盖率较低(0~30%)区域的面积仅占约 3%(表 5.2、图 5.13)。

表 5.2　2020 年绿色生态屏障区植被覆盖率统计

植被覆盖率分级	面积/km²	占比/%
<10%	0.25	0.04
10%~30%	19.94	2.79
30%~50%	158.13	22.15
50%~70%	320.38	44.88
70%~80%	136.69	19.15
80%~90%	68.81	9.64
≥90%	9.25	1.30

2000—2020 年,绿色生态屏障区植被覆盖率总体呈轻微降低趋势(图 5.14、图 5.15),年降幅为 0.05%,47.88% 区域的植被覆盖率有所增加,其中约 17% 的区域植被覆盖率的年增幅超过了 0.70%。植被覆盖率减少的区域面积占 52.12%,其中,年降幅为 -2%~-0.2% 的区域面积约占 40%(图 5.15、表 5.3)。

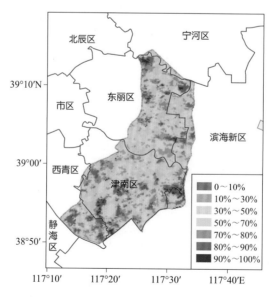

图 5.13　2020 年屏障区植被覆盖率空间分布

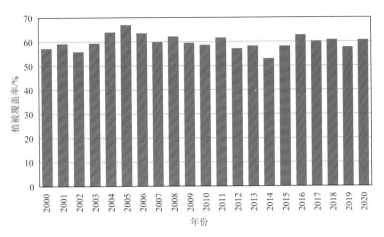

图 5.14　2000—2020 年绿色生态屏障区年平均植被覆盖率统计

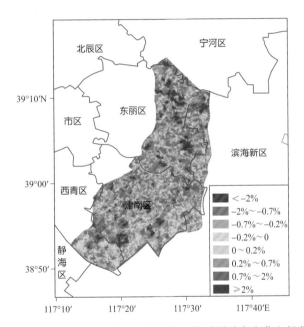

图 5.15　2000—2020 年绿色生态屏障区植被覆盖率变化空间分布

表 5.3　2000—2020 年绿色生态屏障区植被覆盖率变化统计

植被覆盖率变化趋势/（%/a）	面积/km²	占比/%
<−2	20.94	2.93
−2～−0.7	135.88	19.04
−0.7～−0.2	140.63	19.70
−0.2～0	74.63	10.45
0～0.2	76.13	10.66
0.2～0.7	144.13	20.19
0.7～2	100.13	14.03
≥2	21.38	3.00

5.3.2.2 净初级生产力变化

2019 年(2020 年缺数据,因此,截至 2019 年),绿色生态屏障区平均植被净初级生产力为 0.23 kgC/(m² · a),净初级生产力 0.2~0.3 kgC/(m² · a)和 0.3~0.4 kgC/(m² · a)的区域面积占比分别达到 46.04% 和 27.47 %,主要分布在东部及南部;净初级生产力为 0~0.1 kgC/(m² · a)的区域面积占比 14.98 %,主要分布于北部与中部地区(图 5.16、表 5.4)。

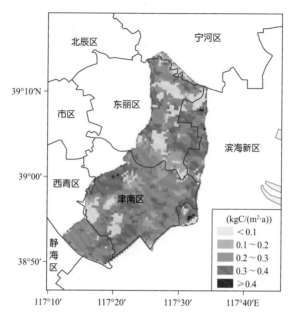

图 5.16　2019 年绿色生态屏障区净初级生产力空间分布

表 5.4　2019 年绿色生态屏障区净初级生产力统计

分级/(kgC/(m² · a))	面积/km²	占比/%
<0.1	26.69	14.98
0.1~0.2	19.94	11.19
0.2~0.3	82.00	46.03
0.3~0.4	48.94	27.47
≥0.4	0.56	0.31

注:表中占比之和不等于1,误差由数据四舍五入造成。

2000—2019 年,绿色生态屏障区植被净初级生产力总体呈现增加趋势(图 5.17),年增幅为 0.30%,近 75% 区域的植被净初级生产力均有所增加,其中约 74% 区域植被净初级生产力的年增幅为 0~1%。植被净初级生产力减少的区域散布在中部与南部区域,面积约占 24%(图 5.18、表 5.5)。近 20 a,绿色生态屏障区植被净初级生产力高值区(>0.4 kgC/(m² · a))的面积呈增长的态势;植被净初级生产力低值区(<0.1 kgC/(m² · a))则变化不大。

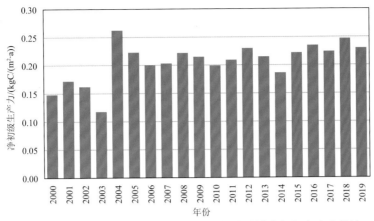

图 5.17　2000—2019 年绿色生态屏障区年均植被净初级生产力统计

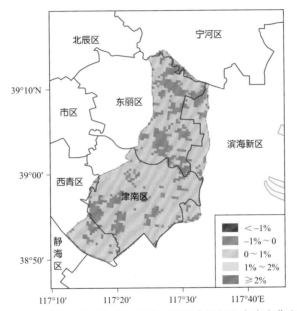

图 5.18　2000—2019 年绿色生态屏障区植被净初级生产力变化空间分布

表 5.5　2000—2019 年绿色生态屏障区植被净初级生产力变化统计

变化趋势/(％/a)	面积/km²	占比/％
−1～0	174.5	23.71
0～1	550.25	74.76
1～2	11.25	1.53

5.3.2.3　生态质量变化

　　2010—2019 年屏障区生态质量水平呈先降后升的变化趋势（表 5.6）。2010 年屏障区生态质量较好，蓝绿（生态质量水平中等以上和水体）空间面积约 450.5 km²，占比 61.21％；2014 年最差，蓝绿空间面积 360.36 km²（占比 48.96％）；2014 年之后，屏障区生态质量持续变好，至 2019 年蓝绿空间面积 486.69 km²(占比 66.13%),优和良两个等级的面积明显增加(约为 2010 年的 9 倍)。此外,生态遥感指数空间分布显示,近 10 a 来屏障区经历"由绿变黄(红)再变绿"的过程,特别是海河南北两侧的广大区域,2017 年后"变绿"明显(图 5.19)。

表 5.6　2010—2019 年屏障区生态质量水平:面积和占比

生态质量水平等级	2010 年		2014 年		2017 年		2019 年	
	面积/km²	占比/%	面积/km²	占比/%	面积/km²	占比/%	面积/km²	占比/%
差	35.47	4.82	24.65	3.35	25.97	3.53	9.29	1.26
较差	227.08	30.85	328.09	44.58	313.52	42.60	217.07	29.49
中	371.23	50.44	294.83	40.06	259.96	35.32	252.95	34.37
良	17.35	2.36	3.54	0.48	35.37	4.81	117.28	15.93
优	2.79	0.38	0.39	0.05	2.20	0.30	62.64	8.51
蓝绿区域	450.50	61.21	360.36	48.96	373.56	50.76	486.69	66.13

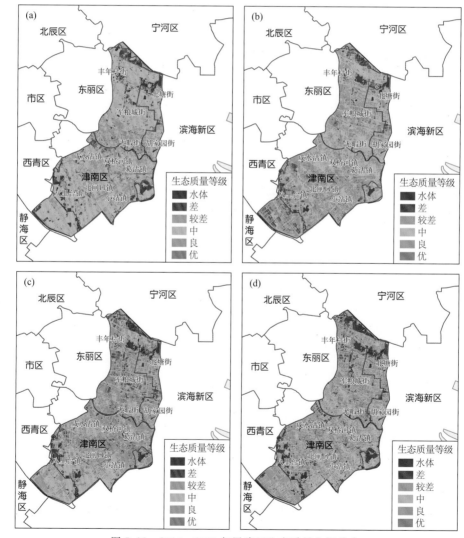

图 5.19　2010—2019 年屏障区生态质量空间分布
(a)2010 年;(b)2014 年;(c)2017 年;(d)2019 年

5.3.3 气候效应评估

选择夏、冬两个代表季节,利用中尺度数值气象模式对屏障区地表现状和"全绿"两种情景下的气候环境进行模拟评估和对比分析(图 5.20、图 5.21)。

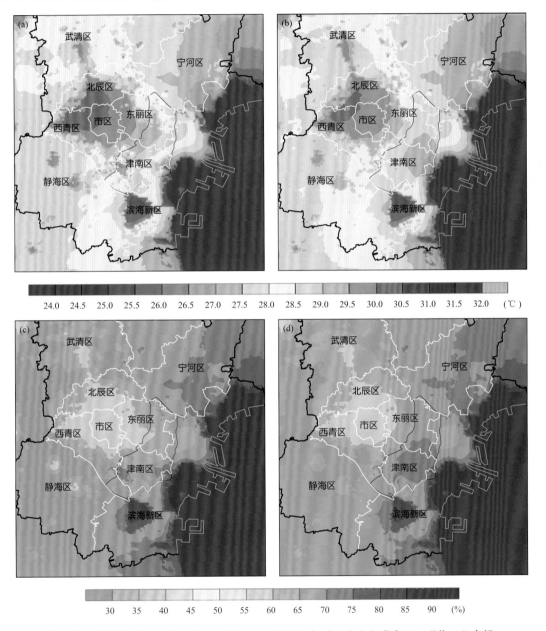

图 5.20　屏障区夏季地面气温((a)现状;(b)全绿)和相对湿度空间分布((c)现状;(d)全绿)

近年来,随着天津市"城市发展主轴""西部城镇发展带"和滨海新区开发开放等城市发展战略的实施,高温区由中心城区不断向西北和东部扩展,逐渐发展成为沿"武清新城-中心城区-滨海新区核心区"一线的城市热岛链,特别是中心城区和滨海新区核心区两个热岛,呈现显

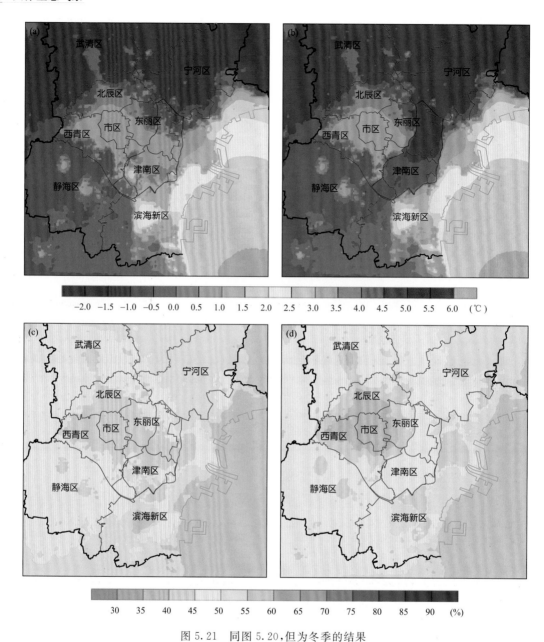

图 5.21　同图 5.20，但为冬季的结果

著联合态势，津滨"超大热岛"现象日趋明显，而与之相伴随的是津滨"超大干岛"。

　　"全绿"后的屏障区对本区域大气有一定的"降温增湿"作用。夏、冬两季平均气温均明显降低，相对湿度明显增大，特别是中部区域，降温幅度可达到 2.0 ℃左右，相对湿度增加 6％～10％。夏季，屏障区与北大港水库、七里海湿地相连，形成贯穿南北的"生态带"，且在东南盛行风背景下，对下风方向的中心城区产生"降温增湿"效应，导致中心城区东南部降温 0.2～0.4 ℃，增湿 2％左右；冬季，屏障区对中心城区"降温增湿"作用较弱。无论是夏季还是冬季，津滨"超大热岛"和"超大干岛"均被屏障区"拦腰隔断"，屏障区"生态屏障"作用明显。

5.4 森林火灾遥感监测与预警

5.4.1 遥感监测森林火灾的原理

5.4.1.1 黑体辐射和斯蒂芬-玻尔兹曼定律

从理论上讲,自然界任何物体温度高于绝对零度(-273.15 ℃)的都能不断地发射电磁波,即向外辐射具有一定能量和波谱分布的电磁波。其辐射能量的强度和波谱分布是物质类型和温度的函数,因此,这种辐射称为"热辐射"。"黑体"是个假设的理想辐射体,一个完全的吸收体和完全的辐射体。实际上,自然界并不存在黑体,人们为了便于描述一般物体的温度与发射能的关系,利用实验室设备模拟表现它的行为。由于热辐射是随着物体的组成物质和条件的不同而变化的,因而引入"黑体"作为理解热辐射过程和热辐射定量研究的基准(孙家柄等,1997)。

斯蒂芬-玻尔兹曼定律是黑体辐射中的重要公式之一,描述了黑体表面的总反射能力和黑体的表面温度、斯-玻(斯蒂芬-玻尔兹曼)常数之间的关系,其表达式为:

$$M(T) = \sigma T^4 \tag{5.22}$$

式中,$M(T)$为黑体表面发射的总能量,即总辐射出射度(W/m^2);T为黑体的表面温度(K),σ为斯-玻常数(W/(m^2 · K^4))。

由斯蒂芬-玻尔兹曼定律可知,黑体温度一旦发生微小的变化,辐射能量就会发生很大的变化,辐射能力与其绝对温度的 4 次方成正比。由此可见,林火、地表火等高温热源目标会导致辐射能力发生急剧变化,这种变化将十分有利于森林火点的识别。

5.4.1.2 普朗克辐射定律

普朗克辐射定律也是黑体辐射中的重要公式之一,它描述了黑体辐射的辐射出射度、温度、波长之间的关系,其表达式为:

$$M_\lambda(T) = \frac{2\pi h c^2}{\lambda^5} \cdot \frac{1}{e^{hc/\lambda kT} - 1} \tag{5.23}$$

式中,h 为普朗克常数,值为 6.626×10^{-34} J · K;k 为玻尔兹曼常数,值为 1.38×10^{-23} J · K;c 为光速,值为 3×10^8 m/s;T 为热力学温度(K);λ 为波长(m)。

维恩将普朗克公式求微分得出了最大辐射值的位置,得到维恩定律,表达式为:

$$T \times \lambda_{\max} = 2897.8 \tag{5.24}$$

由式(5.24)可知,黑体温度和辐射峰值波长的乘积为常数,当温度升高时,辐射峰值波长反而会降低。常温(约 300 K)时,地表辐射峰值波长在 10 μm 左右,而火焰温度一般在 500~700 K 以上,其辐射峰值波长在 3~5 μm。根据普朗克公式,可计算出不同温度的黑体光谱辐射率和波长。物体的温度越高,辐射能力越强,反之亦然,即在卫星图像上,温度越高,表现为颜色越深。

5.4.1.3 比辐射率和亮温

真实物体并非黑体,它的辐射出射度小于同温体下黑体的辐射出射度。因而引入了"比辐射率"的概念,又称发射率,用 $\varepsilon(T, \lambda)$ 表示。比辐射率被定义为物体在温度 T,波长 λ 处的辐

射出射度 $M_t(T,\lambda)$ 与同温度、同波长下的黑体辐射出射度 $M_b(T,\lambda)$ 的比值,即

$$\varepsilon(T,\lambda)=\frac{M_t(T,\lambda)}{M_b(T,\lambda)}\qquad(5.25)$$

式中,比辐射率是一个无量纲的量,ε 的取值在 $0\sim1$ 之间,是波长 λ 的函数。

亮度温度(简称亮温)是指辐射出与被测物体相等的辐射能量的黑体的温度。由比辐射率可以知道,真实物体的亮度温度是低于它真实温度的。由于自然界的物体不是完全的黑体,因而习惯用一个具有比该物体的真实温度低的等效黑体温度——亮度温度来表征物体的温度。

5.4.1.4 遥感监测火点原理

自然界的所有物体,如耕地、林地、草地、水系、建筑物、公路等,其理化性质各异,所具有的温度也不相同,因此它们处于不同的状态,具有不同的波谱特性,会向外界辐射不同波长的电磁波。森林在常态下的辐射称之为背景辐射,森林燃烧时产生的火焰,较高温度的碳化物、水蒸气、烟、CO 等具有自己的辐射带,是主要的辐射源。一般情况下,植被的燃烧温度 800 K 左右,根据遥感学中的维恩定理可以推算出,最大的辐射波长应该在中红外通道,人们能够及时从遥感图像中发现火情并动态监测其演变就是利用燃烧时的辐射和背景辐射之间的差异,通过相关数据建立火灾与不同敏感波段的相关模型来进行的。

但是,研究表明,高温地面(320 K<温度<400 K)和云在中红外通道也可以达到强的辐射,因此,在做火点识别时,主要是去掉这两个干扰,高温地面通常会远红外通道饱和,但火点却不行,因此,可以利用中红外和远红外通道的差值排除高温地面。而对于云,则需要根据其下垫面的类型和云的类型,利用可见光波段和近外波段的反射率组合检测来去除云的干扰。除了高温地面和云之外,还有一些其他的干扰因素,如太阳耀斑等。也可利用可见光波段和近红外波段反射率等信息来进行判断,比如利用可见光波段和近红外波段的反射率组合而成的归一化植被指数来判断地面可燃物的覆盖状况等,以排除无植被覆盖地面的干扰。

5.4.2 森林火灾监测主要方法

在林火监测研究中 NOAA/AVHRR、MODIS 和 Landsat 影像是应用较为广泛的遥感数据。甚高分辨率辐射仪(AVHRR)数据常用在大尺度区域调查中,但由于调查区域范围大,精度分析比较困难,其数据空间分辨率不高,波段数较少,受云、烟雾等影响很大,使用时仅限无云区域。而 MODIS 数据在火灾监测研究上具有很大的优势:与 AVHRR 数据相比空间分辨率大幅提高,这有利于监测火灾和评估火情。地球观测系统(EOS)包括极地轨道环境卫星 Terra 和 Aqua 两颗星,卫星每天过境 2 次,一天共过境 4 次,成像周期短时间分辨率高,数据更新速度快,可长时间作用于监测系统,有很强的实时监测能力;MODIS 数据有三种空间分辨率,分别为 250 m、500 m 和 1000 m,数据的空间分辨率较高,传感器对光谱信息有了更高的灵敏度,拥有 36 个光谱波段,所含波段信息丰富,具有精准的定位能力,可以增强对地的精确观测能力,对于火灾监测来说是非常好的研究数据。

MODIS 影像数据基于其自身特性在林火监测上有极大的优势,MODIS 的数据优点是传输量大、传输速度快、存储和提取方便。因此,在火灾预警、监测和灾后评估方面具有自身的优势:能够大大提高火灾监测和评估的能力;较高的空间分辨率能够较精准地监测火灾的发生和火点信息;灵敏的传感器能够很好地动态监测火情,并实时提供火灾区明火面积、过火面积、火灾区释放的总能量等信息。另外,MODIS 数据可以实现随时免费获取,不仅提供未经任何处

理的原始数据,还提供众多的产品数据,如:地表反射率产品、地表温度产品、植被指数(ND-VI)和 EVI、温度异常/火产品、叶面积指数、土地覆盖、土地利用和植被覆盖变化等常用产品数据(吴月,2019;周永宝,2014)。

基于 MODIS 数据的火点监测代表算法有:三波段合成法、绝对火点识别方法和 MODIS 上下文火点监测算法(Giglio et al.,1999)。

5.4.3 基于 MODIS 森林火险模型

森林火灾的预报预警是对发生火灾的可能性、危险性以及危险程度所进行的预测,主要依靠气象资料、相关历史数据和地形地貌等因素。森林火灾的发生受到天气、温度、湿度、风力、风向、森林可燃物等诸多因素的影响,而这些影响因子在森林火灾发生前总有一些征兆。利用 MODIS 数据可获取地表温度、相对湿度、森林植被绿度等因子,建立森林火灾预测预报模型(覃先林 等,2008;黄宝华 等,2008;周永宝,2014)。

可燃物、氧气、可燃物温度达到着火点是构成燃烧的三要素。一般情况下,植被条件决定了可燃物的情况,其中主要考虑森林可燃物的含水率,准确预测可燃物含水率是做好火险预报的关键。温度是决定林火发生的决定因素,同时空气温度又会直接影响空气湿度的变化,大多数可燃物含水率都会随着空气湿度的变化而变化。植物的蒸腾效应会随着温度的升高明显加强,可燃物含水率迅速降低,着火点随之降低,容易产生火源。温度升高,空气湿度随之降低,就会从死植物可燃物中吸收水分,增加可燃物干燥程度,影响林火的发生和蔓延。对历史资料的研究发现,森林火灾的发生与防火期温度有直接的关系。因此,基于 MODIS 森林火险模式仅考虑气温、相对湿度、可燃物湿度、10 h 时滞死植物可燃物湿度(Fosberg et al.,1971),模型定义如下:

$$FPI = 100 \times (1 - FMC10HR_{FRAC}) \times (1 - V_c) \tag{5.26}$$

式中,$FMC10HR_{FRAC}$ 为死植物可燃物湿度,由 10 h 时滞死植物可燃物湿度(FMC10HR)与水分消失量比得到;V_c 为植物覆盖度,由最大植被覆盖度和相对绿度求得。具体流程见图 5.22。

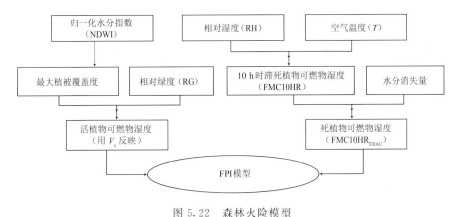

图 5.22 森林火险模型

5.4.3.1 死植物可燃物湿度(FMC10HR_{FRAC})

对于给定的火源,林火发生与传播的概率主要依据细小死植物可燃物的湿度。假定温度和大气湿度保持恒定，从初始到水分的平衡，大气中死植物可燃物在 10 h 内会损失 63% 的水分。研究表明：决定林火蔓延速度的地被物主要是 1～10 h 时滞的地被物，尤其是时滞为 1 h 以内的细小可燃物。因此，选择 10 h 时滞死植物可燃物湿度代表 1～10 h 时滞死植物可燃物湿度，计算公式如下：

$$\text{FMC10HR}_{\text{FRAC}} = 1.28 \times \text{EMC} \tag{5.27}$$

式中，EMC 为平衡点水分含量，不同的相对湿度对应不同的值，计算公式如下：

$$\begin{cases} \text{EMC} = 0.03229 + 0.281073 \times \text{RH} - 0.000578 \times \text{RH} \times T & \text{RH} < 10\% \\ \text{EMC} = 2.22749 + 0.160107 \times \text{RH} - 0.014784 \times T & 10\% \leqslant \text{RH} \leqslant 50\% \\ \text{EMC} = 21.0606 + 0.005565 \times \text{RH}^2 - 0.00035 \times \text{RH} \times T - 0.483199 \times \text{RH} & \text{RH} > 50\% \end{cases} \tag{5.28}$$

5.4.3.2 相对湿度

相对湿度是绝对湿度和饱和绝对湿度的比值，相对湿度越小，表示空气越干燥，森林火险性就越高。相对湿度的变化直接影响可燃物的含水量，相对湿度越大，可燃物的含水率就会随之增大，森林火险等级降低。计算公式为：

$$\text{RH} = e/e_s \tag{5.29}$$

$$e_s = 611\exp\left(\frac{17.2\,T_a}{237.3 + T_a}\right) \times \text{RH} \tag{5.30}$$

$$e = Q \times P_a/0.622 \tag{5.31}$$

式中，e 为绝对湿度，e_s 为饱和绝对湿度，P_a 为大气压，Q 为特定湿度，T_a 为大气温度，计算公式如下：

$$Q = 0.001 \times (-0.0762\,\text{PW}^2 + 1.753\text{PW} + 12.405) \tag{5.32}$$

式中，PW 为大气水汽含量，对于 MODIS 图像中像元的大气水汽含量用下式估算：

$$\text{PW} = [\alpha - \ln \tau_a(19/2)/\beta]^2 \tag{5.33}$$

$$\tau_a(19/2) = \rho_{19}/\rho_2 = \exp(\alpha - \beta\sqrt{\text{PW}}) \tag{5.34}$$

式中，τ_a 为大气透射率，ρ_2 和 ρ_{19} 分别是第 2 和 19 波段的表现反射率（混合地表类型 $\alpha = 0.020$、$\beta = 0.651$；植被覆盖类型 $\alpha = 0.012$、$\beta = 0.651$；裸土 $\alpha = -0.040$、$\beta = 0.651$）。

大气压会随着高程的增加而不断减小，因此，一般用高程来估算气压值，公式如下：

$$P_a = 1013.3 - 0.1038H \tag{5.35}$$

式中，H 为高程，单位为 m。

5.4.3.3 气温反演

在卫星反演温度时，高植被覆盖度较高的地表温度与空气温度相等，而只有植被覆盖度达到一定程度才有可能发生火灾。因此，可以用地面温度代替空气温度。使用 MODIS 数据反演地表温度时，通常用劈窗算法来反演，该方法精度高、可操作性强，只需大气透过率和地表辐射率 2 个参数即可，具体算法参照高懋芳等（2007）。

5.4.3.4 活植被湿度计算

相对绿度（RG）用来表征与历史相比每个像元的绿度比，出自标准化差异植被指标，取值范围为 0～100，相对绿度越小，取值越低。在森林火险模型中，用相对绿度来划分可燃物的等级。相对绿度用位于植被冠层的高反射区 0.86 μm 和 1.24 μm 两个位置的归一化水分指数

（NDWI）估算，在 1.24 μm 波长处有水的弱吸收，散布的冠层增强了水的吸收，从而 NDWI 可以灵敏地反映植被冠层水的含量，计算公式如下：

$$NDWI = \frac{\rho_{0.86\,\mu m} - \rho_{1.24\,\mu m}}{\rho_{0.86\,\mu m} + \rho_{1.24\,\mu m}} \tag{5.36}$$

式中，ρ_λ 为波长 λ 处的反射率。

相对绿度（RG）用来估算活植被覆盖度和实时湿度，计算公式如下：

$$RG_{NDWI} = 100 \left(\frac{NDWI - NDWI_{min}}{NDWI_{max} - NDWI_{min}} \right) \tag{5.37}$$

活植被覆盖度的计算公式为：

$$V_c = V_{cmax} \times RG \tag{5.38}$$

$$V_{cmax} = 0.25 + 0.5 \times \left(\frac{NDWI_{max}}{NDWI_{absolute-max}} \right) \tag{5.39}$$

5.4.4 卫星遥感智慧天眼监测系统

遥感技术是根据电磁波的理论，应用各种传感仪器对远距离目标所辐射和反射的电磁波信息，进行收集、处理，并最后成像，从而对地面各种景物进行探测和识别的一种综合技术。国家卫星气象中心建立了卫星遥感智慧天眼监测系统（图 5.23），利用多源卫星数据实时监测火情。应用气象卫星监测火情覆盖范围宽广，每天可获得数次全国范围的火情信息；可对大面积火场进行宏观监测，反映火场的空间分布；可对大范围地区的大量火点快速扫描，获得所有火点位置；可发现偏远林区、原始林区的小火点；可对过火区面积进行快速评估。除此之外，气象卫星易于判识火点，准确度高；监测的火情信息丰富，包括明火点、过火带、烟雾及未燃区等，监测结果配合森林分布图，可为防火部门提供业务化的日常监测。图 5.24 是天津市 2020 年上半年监测到的火点分布情况。

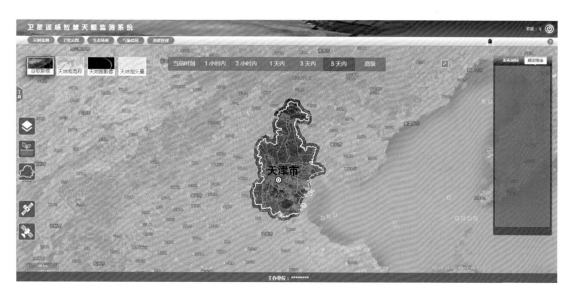

图 5.23　卫星遥感智慧天眼监测系统

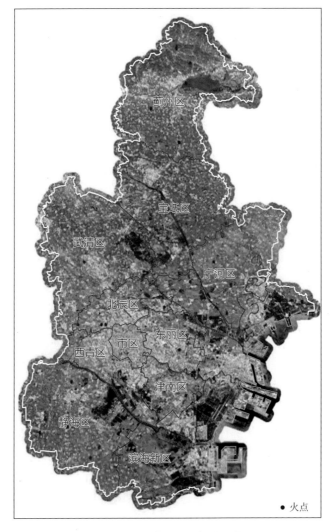

图 5.24　基于遥感技术的天津火情监测

5.5　本章小结

本章介绍了天津市林地建设成果及未来发展前景。为了做好林地生态气象服务,建立了基于卫星遥感的林地植被生态质量评价指标,包括植被指数、植被覆盖度、叶面积指数、植被净初级生产力、植被综合生态质量指数。评估了津滨绿色屏障区建设生态气候效应,为政府生态文明建设提供决策支撑。

(1)应用 2010—2020 年的 MODIS 卫星遥感数据,计算了蓟州林区植被生态质量各项评价指标,分析林地植被生态质量变化情况,结果表明:植被覆盖度逐年增加,植被净初级生产力呈现微弱增加趋势,2020 年的叶面积指数与 2010—2020 年平均值相比有 59.6% 地区的叶面积指数持平或显著变好,近年来气象条件对植被生长有利,蓟州有 82.8% 的区域植被生态质量指数呈增长趋势,说明近些年蓟州区林地健康状况保持在较高水平,森林生态系统处于稳定向好的发展趋势。

（2）天津市绿色生态屏障区规划建设成效显著，从卫星遥感监测结果看，2010—2020 年屏障区经历"由绿变黄（红）再变绿"的过程，特别是海河南北两侧的广大区域，2017 年后"变绿"明显。

（3）利用中尺度数值气象模式对屏障区地表现状和"全绿"两种情景下的夏季、冬季气候环境进行模拟评估和对比分析，发现"全绿"后的屏障区对本区域大气有一定的"降温增湿"作用。夏、冬两季平均气温均明显降低，相对湿度明显增加，特别是中部区域，降温幅度可达到 2.0 ℃左右，相对湿度增加 6%～10%。无论是夏季还是冬季，津滨"超大热岛"和"超大干岛"均被屏障区"拦腰隔断"，屏障区"生态屏障"作用明显。

第6章
农田生态气象

6.1 主要农作物种植区划与种植结构

6.1.1 天津市农业概况

天津市是我国四个直辖市之一,位于华北平原北部,海河流域下游,东临渤海,北依燕山,全域面积 11966.45 km²,耕地面积 48.56 万 hm²,占全市土地总面积的 40.58%,有效灌溉面积占总耕地面积的 70% 以上,农业灌溉条件较好。大部分地区农作物可一年两熟,各区耕作制度差异不大。粮食作物是天津市最主要农作物,全市农作物总播种面积 42.95 万 hm²,粮食播种面积占农作物总播面的 80% 左右,其次为蔬菜,面积占比超过 15%,棉花等经济作物播种面积 4% 左右。近年来,天津市立足于都市型现代农业定位,重点发展种源农业、绿色生态农业、设施农业、加工农业、海洋农业、口岸农业和休闲观光农业等,推动城乡一体化进程,农业结构进一步优化。

天津市大部分为平原,农业生产特点有一定的一致性,但依山傍海、平洼相间、水网密布、城乡交错,不仅自然条件存在一定地域差别,社会经济条件对农业地域差异的形成也起着重要作用,尤其天津市作为我国北方的重要经济中心和对外联系口岸,城市的辐射力和吸引力明显影响着城郊农业的发展。因此,对不同区域特点、优势和潜力,确立相应的发展方向和建设途径,促进农业按照市场需要,向高产、高质、高效、安全低耗的目标发展。图 6.1 给出了天津市农业耕作区。天津市共划分为四个农业耕作区,即近郊都市农业耕作区、滨海农业耕作区、中南部平原综合农业耕作区、北部生态农业耕作区(齐成喜,2005)。

近郊都市农业耕作区地理位置优越,与天津中心区地域上相互交错,随着城市的发展部分地区逐渐成为市区的一部分,其特殊位置决定了其在城乡一体化发展中占有特别重要地位。该区域土壤比较肥沃,是标准菜田主要集聚区,设施蔬菜占全市的 45%。农业结构中以种植业为主。

滨海农业耕作区濒临渤海湾,是海淡水渔业的主要产地,是全市农村城市化水平最高的区域。区内土地质量较差,耕地土壤肥力不高,但后备土地资源较多,为滨海区的农业发展和经济开发创造了有利的空间条件;光照丰富,热量充足,雨热同季的气候资源,有利于农业生产,但旱涝、霜冻、干热风、风暴潮等自然灾害也制约着农业的发展。淡水资源严重短缺,是农业发展的主要限制因素。

中南部平原综合农业耕作区处在天津市中南部地区,是天津市农业的主要产区。

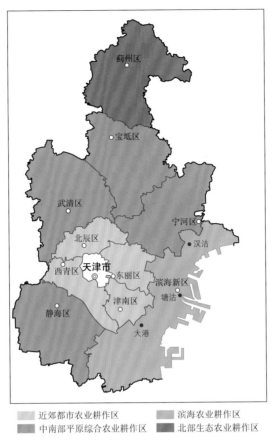

图 6.1　天津市农业耕作区布局

北部生态农业耕作区位于天津市最北端,冬春干旱多风,夏季炎热多雨,雨量集中且多暴雨,区内灾害性天气较多,是农业上一个不利因素。水资源较为丰富,而且水质好、无污染、矿化度低,有利于发展农业生产。全区山地丘陵和平原洼地并存,地形地貌复杂多样,形成了多样性的生态环境,构成了本区独特的优势。丰富的水、土、植被资源为本区发展林果、观光生态农业创造了良好的自然条件。种植业以粮食、蔬菜生产为主。

6.1.2　种植结构

2020 年年底,天津市累计完成 22.4 万 hm² 高标准农田建设,完成 11.3 万 hm² 亩粮食生产功能区划定,粮食产量稳定在 200 万 t 以上。天津市"十四五"种植业发展规划指出:围绕落实乡村振兴战略实现产业兴旺的总体要求,结合全市控沉节水的需要,坚持适水种植、量水生产的原则,突出区域特色和错位发展。计划保持粮食作物占地面积 26.6 万 hm²;经济作物占地面积 6.27 万 hm²,其中菜田面积 3.33 万 hm² 左右;果园面积 2.0 万 hm² 左右。

天津市的粮食作物以玉米、小麦和水稻为主,三者合计占粮食总播种面积的 97% 以上,还有少量的谷子、高粱、豆类(包括大豆、红小豆、绿豆等)和薯类等杂粮种植。

(1)玉米

玉米播种面积和产量居天津市各种作物首位,是最主要的粮食作物,一般年份播种面积

20多万公顷,占粮食总播种面积的60%左右;产量亦占全市粮食总产量的60%左右。玉米分为春玉米和夏玉米两类,春玉米产区主要在宁河、滨海新区南部、静海部分乡镇等区域种植,夏玉米集中在蓟州、宝坻、武清和静海部分乡镇种植(图6.2a)。

（2）小麦

小麦是天津市最主要的夏收粮食作物,一般年份播种面积在10.7万hm²上下,占全市粮食播种面积的30%左右;总产量占全市粮食总产量的30%左右。小麦分为冬小麦和春小麦两类,以冬小麦为主,播种面积和产量占小麦的90%左右。冬小麦-夏玉米轮作,一年两熟,该种植方式在天津市的农业生产中具有重要的地位。冬小麦集中在蓟州、宝坻、武清等北部区域种植,春小麦在各区中均有种植,通常与上年秋季收获较晚的大葱、棉花、甘薯等作物轮作种植(图6.2b)。

（3）水稻

天津市水稻种植历史悠久,是著名的"小站稻"的产地,最高种植年份达到6.4万hm²,后因水源等原因种植面积减小,近几年(2018—2020年)种植面积呈明显增加趋势,播种面积超5.0万hm²,占粮食总播种面积的8%以上;产量占全市粮食总产量的10%以上。以宝坻、宁河两个区最为集中,津南和西青两个区的部分乡镇也有种植(图6.2c)。

（4）杂粮

天津市杂粮主要包括谷子、高粱、豆类和薯类等作物,一般播种面积1万hm²左右,总产量4万t左右,分别占全年粮食的3%和2%左右,各区均有零星种植,所占比重较小。

（5）蔬菜

天津市蔬菜生产是仅次于其粮食生产的第二大作物种类,历史上最多播种面积达到13.3万hm²,近几年(2018—2020年)蔬菜播种面积基本在50万hm²左右,总产450万t左右。天津蔬菜种植分为露地和保护地两大生产类型,"十三五"期间天津市设施蔬菜年产量在140万t左右。

6.1.3 农业气候区划

6.1.3.1 区划指标

（1）热量分区指标

选用≥0℃期间的活动积温和无霜期作指标因子。以日平均气温≥0℃积温4300℃·d作为热量分区的主导指标,以无霜期180d作为辅助指标。蓟州区山区垂直热量带分布明显,以山前坡地100m等高线(走向与4300℃·d活动积温等值线基本一致)与平原地区分界。将天津全市首先划分为平原和山区两个热量类型区,定名为中暖温带区和北暖温带区。

（2）热量亚区指标

日平均气温≥10℃初日是喜温作物生长和春播活动的始期,是一地农事季节早晚的主要标志。天津市因濒临渤海,受海洋水域对气候的调节作用,增温与降温存在地区性差异。距海近,春季回暖慢,秋季降温也慢,农事季节滞后;距海远,春秋气温升降较快,农事季节提早。因此,以≥10℃初日为主要指标,指标值取4月7日;以≥10℃的终日为辅助指标,指标值取10月27日。用这两个指标将中暖温带区二次划分为两个亚热量区,即春暖亚区和春寒亚区。

（3）水分分区指标

年内6—9月是大秋作物旺盛生长,大量需水的时期,也是一年中自然降水最丰沛的时期。

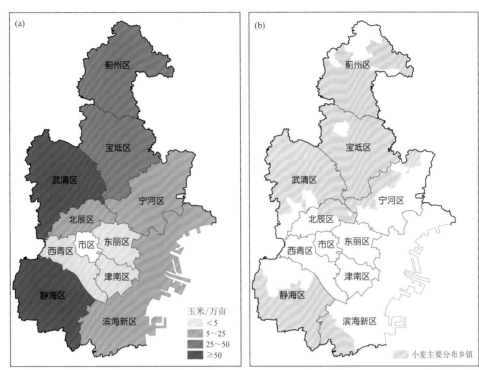

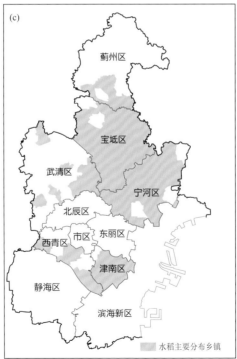

图 6.2 天津市玉米(a)、小麦(b)、水稻(c)播种区域分布图

(引自(天津市农业农村委员会,2022))

此时,降水对农作物需水的满足程度基本反映一地自然降水资源的好坏。以这一时期降水量对同期作物耗水量的保证率作为水分分区的主导指标,指标值定为70%;同时以≥10℃期间蒸发量为辅助指标,指标值取900 mm,依照这两个指标将天津全市划分为生长季半湿区和生长季半干区。

(4)自然分区

根据天津全市总体地形地貌状态,按地理位置和冬季日平均气温低于−10℃日数多于或少于30 d作为指标界限再划分为两个自然区。

6.1.3.2 农业气候区划分析

遵循农业生态气候相似原理,考虑生态气候要素组合特征的异同来研究区域的划分。区划也适当参考反映气候差异的土壤、地形、地貌和自然景观等因素,尽量反映气候生态现状,兼顾行政区和自然区界的完整性,对于孤立站点和局部范围作归类处理使之集中连片。根据热量区、亚热量区、水分分区、自然分区几项指标,在天津市总体地形图上绘制四项图层叠合分界线,将天津全市分为六个农业气候区(图6.3)。

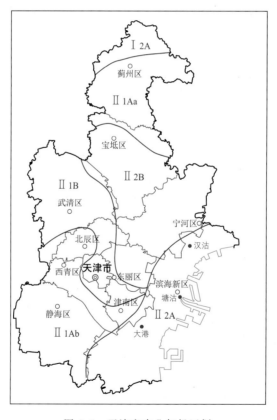

图6.3 天津市农业气候区划

(1)Ⅰ2A区(北暖温带半湿山区)

该区域位于天津市最北端的蓟州山后到长城之间,京山公路以北,与河北省的兴隆县接壤,属燕山山地。地势北高南低,地貌复杂,平均海拔100~500 m,有高700 m以上的中山,100~700 m的低山,100 m以下的丘陵,北缘最高峰(九顶山)海拔1075.5 m,形成了在大的立体农业气候系统中又有很多小气候地带,使得某些地方具有温暖气候特色,扩大了农业种植高度。高山岩石多裸露,植被少,低山谷地土壤以淋溶褐土为主,本区是林果产地,主要有柿子、核桃、板栗、红果、梨等。粮食以玉米、谷子、小杂粮为主。

农业气候资源:年平均气温 8~11 ℃,最热月份(7月)的平均气温低于 26 ℃,最冷月份(1月)的平均气温低于−6 ℃;≥0 ℃积温低于 4300 ℃·d;≥0 ℃生长期始于 3 月上、中旬,终于11 月中、下旬。≥10 ℃积温低于 3900 ℃·d,稳定通过 10 ℃初日在 4 月中旬,终日在 10 月中旬。无霜冻期少于 180 d,初霜冻在 10 月上、中旬,终霜冻在 4 月中、下旬;年太阳总辐射5234~5652 MJ/m²;年日照时数 2700~2800 h;年降水量 700 mm 以上;冬季负积温超过−400 ℃·d。

主要气象灾害:春季"十年九旱",水源短缺;邻近燕山暴雨中心——遵化市马兰峪,夏季暴雨多、强度大,土壤流失严重,为天津市多雹地区。

农业气候特征:本区热量资源较差,降水较丰沛,适宜一年一熟制,夏季湿热多雨,适合玉米、薯类、谷子等大秋作物生长。秋季和冬前气温降低较快,冬季严寒期较长,对小麦越冬不利,但河谷平地仍可种植冬小麦,小麦生长期雨水过少,旱地小麦难以高产。因地势高低悬殊,气候随高度变化明显,地形互为屏障,低山河谷向阳坡地积温较多,水利条件较好的地带仍可种植水稻。

(2)Ⅱ1Aa 区(中暖温带春暖半湿山前区)

该区域包括蓟州山前、宝坻北部平原大洼地区。地势北高南低,平均坡降为 1/300。境内有丘陵、水库、谷地、冲积平原,海拔由 100 m 降至 10 m,蓟州南部冲积平原高程在 10 m 以下。土壤以淋溶褐土为主。山前断裂带及于桥水库周围多有山泉,水源较丰富。作物以冬小麦、玉米为主。

农业气候资源:年平均气温 11.0~11.5 ℃,最热月份(7月)的平均气温 26.0 ℃左右,最冷月份(1月)为−6 ℃左右;≥0 ℃积温 4300~4500 ℃·d;≥0 ℃生长期始于 3 月上旬,终于11 月下旬;≥10 ℃积温为 4100~4150 ℃·d,稳定通过 10 ℃期间为 4 月上、中旬—10 月下旬;无霜冻期 180 d 左右,初霜冻在 10 月中旬,终霜冻在 4 月中旬;全年太阳总辐射 5234 MJ/m²;年日照时数 2750 h 左右;年降水量 650~700 mm;冬季负积温−400~−350 ℃·d。

主要气象灾害:暴雨较多,低洼地区较常发生淹涝;冰雹灾害较重,受灾程度和经济损失居天津全市首位。

农业气候特征:本区水热资源丰富,可麦、杂套种,两年三熟。夏季湿热多雨、水热配合好,适于玉米、薯类谷子等作物生长。尤以春播玉米更能较好地利用夏季三个月的光、水、热资源,于桥水库龙虎峪一带是著名的玉米高产地,亩产曾居天津全市之冠。秋、春季光热条件适宜小麦生长,冬季严寒期较长,不利小麦安全越冬,麦期雨水少,旱麦难高产。

(3)Ⅱ1Ab 区(中暖温带春暖半湿平原区)

该区域位于天津市西南部,包括静海区、西青区大部、津南区大部、北辰区西部等地区。地势低平,境内有大清河、子牙河、黑龙港河和南运河、马厂减河,形成海河流域南部水系交汇之势。海拔 2.4~8 m,海拔 3~5 m 的平缓洼地占比例最大。土壤为浅色草甸土和盐化浅色草甸土,浅水层多为咸水。主要作物有小麦、水稻、玉米、高粱,城郊大部是露地蔬菜和保护地蔬果产区。

农业气候资源:年平均气温 11.5~12 ℃,最热月份(7月)平均气温 25~26 ℃,最冷月份

(1月)平均气温-5～-4 ℃;≥0 ℃积温 4600～4700 ℃·d;≥0 ℃生长期始于 3 月上旬,终于 11 月下旬,间隔 270 d 左右;≥10 ℃积温为 4100～4150 ℃·d,稳定通过 10 ℃的初日在 4月上旬,终日在 10 月下旬;无霜冻期 190 d 左右,初霜冻 10 月下旬,终霜冻 4 月中旬;全年太阳辐射约 5234 MJ/m²;年日照时数 2700 h 左右;年降水量 550～600 mm;冬季负积温-350～-300 ℃·d。

主要气象灾害:冰雹,降雹天数居天津市首位,年平均 2.7 次,受灾程度和经济损失仅次于蓟州。旱和涝是粮食产量不稳定的主要因素,麦收连阴雨较重,尤以西部突出,频率高达 50%以上。霜冻和寒潮影响蔬菜定植和大白菜收获。

农业气候特征:本区热量资源丰富,居天津全市首位,为两年三熟种植区。夏季水热配合较好,适宜水稻等高温作物生长,南郊区是驰名中外的小站稻产地。生长季 3—10 月,气温平均日较差大,有利于作物养分积累。秋季和冬前气温适宜,冬季严寒期较短,利于冬小麦生长,春旱少雨是不利因素。

(4)Ⅱ1B 区(中暖温带春暖半干区)

该区域包括天津市区、武清区大部、北辰区东部、西青区和东丽区局部以及津南区北部,地势平坦,从西北向东南平均坡降 1/5000,海拔 5～10 m。土壤以浅色草甸土为主,作物以小麦、玉米为主。

农业气候资源:年平均气温 11.5～12 ℃,最热月份(7月)平均气温 26.0 ℃,最冷月份(1月)平均气温-5 ℃;≥0 ℃积温 4500～4600 ℃·d,市区达 4700 ℃·d 以上,是天津全市热量资源最丰富的区域;≥0 ℃生长期始于 3 月中、下旬,终于 11 月下旬;≥10 ℃积温 4100～4200 ℃·d,市区达 4300 ℃·d,≥10 ℃初日在 4 月上旬,终于 10 月下旬;无霜冻期 180～190 d,初霜冻日在 10 月中、下旬,终霜冻 4 月中、下旬。霜冻降低了本区热量资源的有效性;年太阳辐射 5234 MJ/m²左右;年日照时数 2650～2750 h;年降水量 550～600 mm;冬季负积温-370～-270 ℃·d。

主要气象灾害:是天津市麦收连阴雨多发区,重型连阴雨频率为 20%。干热风对小麦有很大威胁。本区西部边缘为风口地带,风灾对农业生产有一定危害。

农业气候特征:热量资源丰富,降水量适中,宜两年三熟制,也可套种一年两熟。严寒期短,春季回暖较早,冬小麦越冬条件较好,春旱及麦收季节灾害较多。积温有效性高,利于作物养分积累和灌浆成熟。

(5)Ⅱ2A 区(中暖温带春寒半湿区)

该区域位于天津市东部滨海地带,包括滨海新区和津南区的部分地区,地势平坦,海拔在 2 m 以下。土壤为盐化浅色草甸土、盐土。浅层地下水全咸,境内海涂滩地占相当大的比例,是天津市海涂滩地的集中地。坑塘洼地星罗棋布,农作物以水稻为主,冬小麦和玉米也有种植。

农业气候资源:年平均气温 12 ℃,最热月份(7月)平均气温 26 ℃,最冷月份(1月)平均气温-4 ℃;≥0 ℃积温 4600～4700 ℃·d,≥0 ℃生长期始于 3 月下旬,终于 11 月下旬、12 月上旬;≥10 ℃积温为 4000～4250 ℃·d,≥10 ℃初日在 4 月上、中旬,终于 10 月下旬;无霜冻期在 200 d 以上,居天津全市第一,初霜冻在 10 月下旬—11 月上旬,终霜冻在 4 月上旬;年太阳总辐射 5443～5652 MJ/m²,为天津全市之冠;年日照时数 2850～3100 h;年降水量约 600 mm;冬季负积温为-370～-270 ℃·d。本区风能资源与太阳能资源丰富。

主要气象灾害:滨海新区塘沽全年大风日数达 48.6 d,是著名的多风地带,居中国华北平原之首,对春季蔬菜定植和温室、大棚危害很大。暴雨强度大。风暴潮一般 3～5 a 一遇,是渤海风暴潮危害最严重的区域之一。地势低洼宜积水成涝。

农业气候特征:风能、光能资源丰富,水资源较丰富,宜两年三熟制。受海洋之惠,冬季严寒期短,极端最低气温－20～－18 ℃。春季气温回暖缓慢,寒潮降温较频繁,对早春蔬菜有一定影响。夏季湿热多雨,秋季降温缓慢,利于晚秋农作物后期生长。农作物生长期内昼夜温差较小,较不利于某些作物提高品质和产量。

(6)Ⅱ2B区(中暖温带春寒半干区)

该区域位于天津市中部,包括宝坻区除北部边缘以外地区、宁河区绝大部分、东丽区大部、武清区和北辰区东部边缘地带。为冲积平原和滨海平原交错地,地势低洼,海拔在 2.5 m 以下,境内河流众多,河渠纵横交错达 200 多条,形成河网地区。土壤为浅色草甸土或盐化浅色草甸土。

农业气候资源:年平均气温 10.5～12 ℃,最热月(7月)平均气温 25～26 ℃,最冷月(1月)平均气温－6～－4 ℃;≥0 ℃积温 4400～4600 ℃·d,≥0 ℃生长季始于 3 月上旬,终于 11 月下旬;≥10 ℃积温为 4000～4150 ℃·d,≥10 ℃初日在 4 月中旬,终于 10 月中旬;无霜冻期 180～190 d,初霜冻在 10 月中旬,终霜冻在 4 月中旬;年太阳总辐射约 5234 MJ/m²;年日照时数 2600～2800 h;年降水量 550～650 mm;冬季负积温超过－400 ℃·d,严寒期在 40 d 以上,极端最低气温为－27～－22 ℃,是天津全市最低。

主要气象灾害:因地势低洼,雨涝灾害比其他地区严重。寒潮频率高,冬季严寒,负积温较大,加上大洼和黑土漏风地,为天津市冬麦冻害最严重区域。本区东北部雹灾较重。

农业气候特征:热量资源相对欠缺,是平原的低温带。降水适中,地面水资源较丰富。大田种植宜两年三熟。

6.2 作物遥感监测识别

6.2.1 作物遥感监测识别方法

6.2.1.1 监督分类法

利用已知地物的信息对未知地物进行分类的方法称为监督分类。监督分类的基本过程是:首先根据已知的样本类别和类别的先验知识确定判别准则,计算判别函数,然后将未知类别的样本值代入判别函数,依据判别准则对该样本所属的类别进行判定(韦玉春 等,2007)。一般而言,监督分类的精度比非监督分类的精度要高,但工作量也比非监督分类要大得多。

监督分类的前提是已知遥感图像上样本区内地物的类别,该样本区又称为训练区。但由于在分类过程中容易出现同物异谱或异物同谱的现象,使得分类结果出现错分和漏分,例如,在同一片农田中,不同的灌溉情况和灌溉条件差异很大;在同一种作物类型上,不同的品种、播期和田间管理施肥水平也区别很大,导致作物长势和生物量也会有明显差别;还有处于阴阳坡的同类地物,由于太阳照度不同,图像表现出的灰度也不一样,这些都有可能导致错分。对此应根据灌溉情况、作物品种、播期,长势等导致的光谱差异情况,在同一类地物内先分组采样训练和分类,然后再进行归并。

监督分类中常用的具体分类方法包括以下几种。

（1）最小距离分类法

最小距离分类法是以特征空间中的距离作为像元分类的依据，包括最小距离判别法和最近邻域分类法。最小距离判别法要求对遥感图像中需要分类的每一类都选一个具有代表向量（均值向量），首先计算待分像元与已知类别之间的距离，然后将其归属于距离最小的一类。最近邻域分类法是最小距离判别法在多波段遥感图像分类中的推广。在多波段遥感图像分类中，每一个分类类别都具有多个统计特征量。最近邻域分类法首先计算待分像元到每一类中每一个代表向量间的距离，这样，该像元到每一类都有几个距离值，取其中最小的一个距离作为该像元到该类别的距离，最后比较该待分像元到所有类别间的距离，将其归属于距离最小的一类。最小距离分类法原理简单，是在若干先决条件下的简单分类，分类精度不高，容易产生错误，但计算速度快，实用性强，可以在快速浏览分类概况中使用。

（2）平行六面体分类法

平行六面体分类，是指在三维即三个波段的情况下，每类形成一个平行六面体或多面体，待分个体落入其中的一个，则被归属，否则就被拒绝的一种图像分类方法。平行六面体法要求训练区样本的选择必须覆盖所有的类型，在分类过程中，需要利用待分类像元光谱特征值与各个类别特征子空间在每一维上的值域进行内外判断，检查其落入哪个类别特征子空间中，直到完成各像元的分类。

这种方法优点是分类标准简单，计算速度快。主要问题是按照各个波段的均值和标准差划分的平行多面体与实际地物类的点群形态不一致。因为遥感图像中不同波段之间的相关程度比较高，一般点群在空间直角坐标系统中的分布呈不规则的椭球形，其长轴相当于平行多面体的对角线方向。因而一个多面体和一个类别的点群分布很不一致，容易造成两类互相重叠、混淆不清。一个改进的办法是把一个自然点群分割为几个较小的平行六面体使之更加逼近实际的概率密度分布，从而提高分布的准确性（韦玉春 等，2007）。

（3）光谱角分类法

光谱角分类法是一种光谱匹配技术，它通过估计像元光谱与样本光谱或是混合像元中端元成分光谱的相似性来分类。光谱角分类步骤与其他监督分类方法一样，首先选择训练样本，然后比较训练样本与每一像元之间的光谱向量之间的夹角，夹角较小表明越接近训练样本的类型。因此，分类时还要选取阈值，小于阈值的像元与训练样本属同一地物类型，反之则不属于该类。需要注意的是：任意两个像元，如果其特征空间相差一个很大的常数，光谱角分类会把它们归为一类，但最小距离分类和最大似然法分类则将会把这两个像元归为两类。光谱角法不适用于多光谱遥感。

（4）最大似然法

最大似然法是应用比较广泛、比较成熟的监督分类方法之一，是基于贝叶斯准则的分类错误概率最小的一种非线性分类。它是通过求出每个像元对于各类别的归属概率，把该像元分到归属概率最大类别中去的方法。最大似然法假定遥感影像中地物的光谱特征近似呈正态分布。基于参数化密度分布模型的最大似然法与其他非参数方法（如神经网络）相比较，它具有清晰的参数解释能力、易于与先验知识融合和算法简单而易于实施等优点。但是由于遥感信息的统计分布具有高度的复杂性和随机性，当特征空间中类别的分布比较离散而导致不能服从预先假设的分布，或者样本的选取不具有代表性，往往得到的分类结果会偏离实际情况。

6.2.1.2　非监督分类法

非监督分类的前提是假定遥感影像上同类物体在同样条件下具有相同的光谱特征,从而表现出某种内在的相似性。非监督分类的方法是指人们事先对分类过程不加入任何的先验知识,而仅凭遥感图像中地物的光谱特征,即自然聚类的特征进行分类。分类结果只是区分了存在的差异,但不能确定类别的属性。类别的属性需要通过目视判读或实地调查后确定。

非监督分类有多种方法,其中 K-均值法(K-mean)方法和迭代自组织数据分析算法(ISO-DATA)方法是效果较好,是使用最多的两种方法。在开始图像分类时,用非监督分类方法来探索数据的本来结构及其自然点群的分布情况是很有价值的。

非监督分类主要采用聚类分析的方法,把像元按照相似性归成若干类别。它的目的是使得属于同一类别的像元之间的差异(距离)尽可能地小而不同类别中像元间的差异尽可能地大。考虑到遥感图像的数据量较大,非监督分类使用的是快速聚类方法。与统计学上的系统聚类方法不同,在进行聚类分析时不需要保持矩阵。

由于没有利用地物类别的先验知识,非监督分类只能先假定初始的参数,并通过预分类处理来形成类群,通过迭代使有关参数达到允许的范围为止。在特征变量确定后,非监督分类算法的关键是初始类别参数的选定。

与监督法的先学习后分类不同,非监督法是边学习边分类,通过学习找到相同的类别,然后将该类与其他类区分开,但是非监督法与监督法都是以图像的灰度为基础。通过统计计算一些特征参数,如均值、协方差等进行分类。所以也有一些共性,下面介绍几种常用的非监督分类方法。

(1)K-均值聚类算法

K-均值聚类算法的聚类准则是使每一聚类中,像元点到该类别中心的距离的平方和最小。其基本思想是,通过迭代,逐次移动各类的中心,直到满足收敛条件为止。

收敛条件:对于图像中互不相交的任意一个类,计算该类中的像元值与该类均值差平方和。将图像中所有类的差的平方和相加,并使相加后的值达到最小。K-均值聚类算法框图如图 6.4 所示。

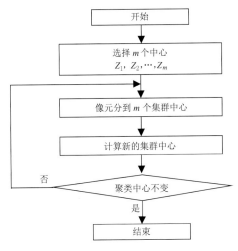

图 6.4　K-均值聚类算法流程

这种算法实现简单，但过分依赖初值，结果受到所选聚类中心的数目和其初始位置以及模式分布的几何性质和读入次序等因素的影响，不同的初始分类产生不同的结果。

（2）ISODATA 方法

ISODATA 是一个最常用的非监督分类算法，在大多数图像处理系统或图像处理软件中都有这一算法。

ISODATA 算法与 K-均值聚类算法有两点不同：第一，它不是每调整一个样本的类别就重新计算一次各类样本的均值，而是在把所有样本都调整完毕之后才重新计算，前者称为逐个样本修正法，后者称为成批样本修正法；第二，ISODATA 算法不仅可以通过调整样本所属类别完成样本的聚类分析，而且可以自动地进行类别"合并"和"分裂"，从而得到类数比较合理的聚类结果。

ISODATA 算法框图如图 6.5 所示。

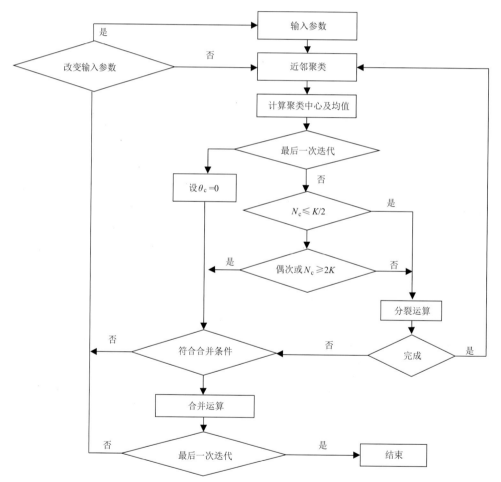

图 6.5　ISODATA 算法流程图

6.2.1.3　监督与非监督分类结合法

监督分类与非监督分类各有其优缺点。在实际工作中，常常将监督法分类与非监督法分类相结合，取长补短，使分类的效率和精度进一步提高。基于最大似然法原理的监督法分类的优势在于如果空间聚类呈正态分布,它会减少分类误差,而且分类速度较快。监督法分类主要缺陷是必须在分类前圈定样本性质单一的训练样区,而这可以通过非监督法来进行。即通过非监督法将这一定区域聚类成不同的单一类别,监督法再利用这些单一类别区域"训练"计算。通过"训练"后再将其他区域分类完成,这样避免了使用比较慢的非监督分类法对整个影像区域进行分类,使分类精度得到保证的前提下,分类速度得到了提高。具体可按以下步骤进行。

第一步:选择一些有代表性的区域进行非监督分类。这些区域尽可能包括所有感兴趣的地物类别。这些区域的选择与监督法分类训练样区的选择要求相反,监督法分类训练样区要求尽可能单一。而这里选择的区域包括类别尽可能多,以便使所有感兴趣的地物类别都能得到聚类。

第二步:获得多个聚类类别的先验知识。这些先验知识的获取可以通过判读和实地调查来得到。聚类的类别作为监督分类的训练样区。

第三步:特征选择。选择最适合的特征图像进行后续分类。

第四步:使用监督法对整个影像进行分类。根据前几步获得的先验知识以及聚类后的样本数据设计分类器,并对整个影像区域进行分类。

第五步:输出标记图像。由于分类结束后影像的类别信息也已确定,所有可以将整幅影像标记为相应类别输出。

6.2.1.4 时间序列法

时间序列法是利用按时间序列顺序获取的遥感影像数据,计算出时间序列的植被指数曲线,根据提取出的研究所需植被指数曲线判断出作物生长的相关阶段,并对其进行分析,结合其他相应分类方法对作物种植面积分布情况进行提取。一般而言,该方法应结合其他方法进行分析。

6.2.1.5 决策树分类法

决策树分类是多阶分类技术的一种,它将分类任务分解为多次完成,以分层分类思想作为指导原则,利用树结构按一定的分割原则把数据分为特征更为均质的子集。基于知识的决策树分类方法是基于遥感影像数据及其他空间数据的分类,通过专家经验总结、简单的数学统计和归纳方法等,获得分类规则并进行遥感分类。分类规则易于理解,分类过程也符合人的认知过程,最大的特点是利用多源数据。

决策树分类的分类规则由多个决策结点组成,每个结点仅完成分类任务中的一部分,经过逐级向下分类,最后完成分类任务。具体步骤大体上可分为四步:知识(规则)定义、规则输入、决策树运行和分类后处理。首先,利用训练样本生成判别函数,其次,根据不同取值建立树的分支,在每个分支子集中重复建立下层结点和分支,最后形成分类树。决策树算法具有计算效率高、无需统计假设、可以处理不同空间尺度数据等优点,在遥感影像分类领域有着广泛的应用。

决策树算法对于输入数据空间特征和分类标识具有很好的弹性和稳健性,但它的算法基础比较复杂,而且需要大量的训练样本来探究各类别属性间的复杂关系,在针对空间数据特征比较简单且样本量不足的情况下,其表现并不一定比传统方法好,甚至可能更差。但当遥感数据特征的空间分布很复杂,或者数据源各维具有不同的统计分布和尺度时,决策树分类法比较合适。

决策树分类法的优点是将一个复杂的分类过程分解成若干步,每一步仅区分一个类别,便于问题的简化;在各个步骤可以利用不同来源的数据、不同的特征集、不同算法(线性、非线性)有针对性地解决问题;分类过程比较透明化,便于理解与掌握;每一步可以有针对地利用数据,减少处理时间,提高分类精度,特别是小类分类的精度。

6.2.1.6 混合像元分解法

地球自然表面几乎不是由均一物质所组成的。当具有不同波谱属性的物质出现在同一个像元内时,就会出现波谱混合现象,即混合像元。混合像元不完全属于某一种地物,为了能让分类更加精确,同时使遥感定量化更加深入,需要将混合像元分解成一种地物占像元的百分含量(丰度),即混合像元分解,也叫亚像元分解。混合像元分解是遥感技术向定量化深入发展的重要技术。

混合像元分解技术假设:在一个给定的地理场景里,地表由少数的几种地物(端元)组成,并且这些地物具有相对稳定的光谱特征,因此,遥感图像的像元反射率可以表示为端元的光谱特征和这个像元面积比例(丰度)的函数。这个函数就是混合像元分解模型。

近年来,研究人员提出了许多有效的分解模型,常见的混合像元分解方法主要有:线性波谱分离(linear spectral unmixing)、匹配滤波(MF)、混合调谐匹配滤波(MTMF)、最小能量约束(CEM)、自适应一致估计(ACE)、正交子空间投影(OSP)、独立成分分析(FASTICA)、模糊监督分类模型、神经网络模型等。

(1)线性波段预测

线性波段预测法(LS-Fit)使用一个最小方框拟合技术来进行线性波段预测,它可以用于在数据集中找出异常波谱响应区。LS-Fit 先计算出输入数据的协方差,用它对所选的波段进行预测模拟,预测值作为预测波段线性组的一个增加值。还计算实际波段和模拟波段之间的残差,并输出为一幅图像,残差大的像元(无论正负)表示出现了不可预测的特征(比如一个吸收波段)。

(2)线性波谱分离

线性波谱分离可以根据物质的波谱特征,获取多光谱或高光谱图像中物质的丰度信息,即混合像元分解过程。假设图像中每个像元的反射率为像元中每种物质的反射率或者端元波谱的线性组合。例如:像元中的 25% 为物质 A,25% 为物质 B,50% 为物质 C,则该像元的波谱就是三种物质波谱的一个加权平均值,等于 0.25A+0.25B+0.5C,线性波谱分离解决了像元中每个端元波谱的权重问题。

线性波谱分离结果是一系列端元波谱的灰度图像(丰度图像),图像的像元值表示端元波谱在这个像元波谱中占的比重。比如端元波谱 A 的丰度图像中一个像元值为 0.45,则表示这个像元中端元波谱 A 占了 45%。丰度图像中也可能出现负值和大于 1 的值,这可能是选择的端元波谱没有明显的特征,或者在分析中缺少一种或者多种端元波谱。

目前的混合像元分解研究中较为常用的为线性波谱分离即线性光谱混合模型。

(3)匹配滤波

使用匹配滤波(MF)工具使用局部分离获取端元波谱的丰度。该方法将已知端元波谱的响应最大化,并抑制了未知背景合成的响应,最后"匹配"已知波谱。该方法无需对图像中所有端元波谱进行了解,就可以快速探测出特定要素。这项技术可以找到一些稀有物质的"假阳性"。

匹配滤波工具的结果是端元波谱比较每个像元的 MF 匹配图像。浮点型结果提供了像元与端元波谱相对匹配程度,近似混合像元的丰度,1.0 表示完全匹配。

(4)混合调谐匹配滤波(MTMF)

使用混合调谐匹配滤波工具运行匹配滤波,同时把不可行性图像添加到结果中。不可行性图像用于减少使用匹配滤波时会出现的"假阳性"像元的数量。不可行性值高的像元即为"假阳性"像元。被准确制图的像元具有一个大于背景分布值的 MF 值和一个较低的不可行性值。不可行性值以 sigma 噪声为单位,它与 MF 值按 DN 值比例变化。

混合调谐匹配滤波法的结果每个端元波谱比较每个像元的 MF 匹配图像,以及相应的不可行性图像。浮点型的 MF 匹配值图像表示像元与端元波谱匹配程度,近似亚像元的丰度,1.0 表示完全匹配;不可行性值以 sigma 噪声为单位,显示了匹配滤波结果的可行性。

具有高的匹配滤波结果和高的不可行性的"假阳性"像元,并不与目标匹配。可以用二维散点图识别具有不可行性低、匹配滤波值高的像元,即正确匹配的像元。

(5)最小能量约束(CEM)

最小能量约束法使用有限脉冲响应线性滤波器和约束条件,最小化平均输出能量,以抑制图像中的噪声和非目标端元波谱信号,即抑制背景光谱,定义目标约束条件以分离目标光谱。

最小能量约束法的结果是每个端元波谱比较每个像元的灰度图像。像元值越大表示越接近目标,可以用交互式拉伸工具对直方图后半部分拉伸。

(6)自适应一致估计(ACE)

自适应一致估计法起源于广义似然比(GLR)。在这个分析过程中,输入波谱的相对缩放比例作为 ACE 的不变量,这个不变量参与检测恒虚警率(CFAR)。

自适应一致估计法结果是每个端元波谱比较每个像元的灰度图像。像元值表示越接近目标,可以用交互式拉伸工具对直方图后半部分拉伸。

(7)正交子空间投影(OSP)

正交子空间投影法首先构建一个正交子空间投影用于估算非目标光谱响应,然后用匹配滤波从数据中匹配目标,当目标波谱很特别时,OSP 效果非常好。OSP 要求至少两个端元波谱。

正交子空间投影法结果是每个端元波谱匹配每个像元的灰度图像。像元值表示越接近目标,可以用交互式拉伸工具对直方图后半部分拉伸。

(8)神经网络模型(ANN)

人工神经网络是由大量处理单元(神经元)相互连接的网络结构,是人脑的某种抽象、简化和模拟。人工神经网络可以模拟人脑神经元活动的过程,其中包括对信息的加工、处理、存储、搜索等过程。现在已经研制出很多的神经元网络模型及表征该模型动态过程的算法,如 BP(反向)传播算法、Hopfield 算法等以及它们的改创。神经元网络分类器工作原理如图 6.6 所示。

(9)模糊监督分类

模糊监督分类认为一个像元还是可分的,即一个像元可以是在某种程度上属于某个类而同时在另一种程度上属于另一类,这种类属关系的程度由像元隶属度表示。应用模糊监督分类的关键是确定像元的隶属度函数。一般在遥感图像模糊分类中采用最大似然准则分类算法来确定像元属于各类的隶属度函数。

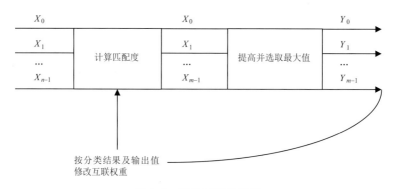

图 6.6　神经网络分类器

　　在模糊监督分类中,训练样本数据可用一个模糊分割矩阵来表示。由模糊分割矩阵即可得到各类地物的模糊均值向量和模糊协方差矩阵。

　　(10)独立成分分析(ICA)

　　如果像元中不同的地物是不同的"源",盲源分解方法就是指在不知道"源"的情况下,针对各种获得的"源"的信号特征,利用数学统计方法进行分离,得出各个独立不相关成分的分析方法,其中一种重要的方法就是独立成分分析,其中 FastICA 是基于负熵的快速不动点算法。它以负熵的近似(近似估计一维负熵)作为目标函数,使用不动点迭代法寻找非高斯性最大值,该算法采用牛顿迭代算法对观测变量 X 的大量采样点进行批处理,每次从观测信号中分离出一个独立分量,是独立成分分析的一种快速算法。

6.2.1.7　支持向量机法(SVM)

　　支持向量机理论研究起始于 20 世纪 60 年代,苏联科学家 Vapnik 等在统计学习的基础上提出了支持向量机理论。20 世纪 90 年代终于从统计学习理论的基础上成功构造了 SVM 算法。SVM 算法的提出,旨在改善传统神经网络学习方法的理论弱点,最早从最优分类面问题提出了支持向量机网络。SVM 根据有限的样本信息在原型的复杂性和学习能力之间寻求最佳折中,以获得最好的泛化能力,且能较好地解决小样本、非线性、高维数据和局部极小等实际问题,因其易用、稳定和具有相对较高的精度而得到广泛的应用。

　　SVM 的机理:寻找一个满足分类要求的最优分类超平面,使得它在保证分类精度的同时,既尽可能多地将两类数据点正确的分开,同时使得该超平面两侧的空白区域最大化,即使分开的两类数据点距离分类面最远。同一个训练样本可以有被不同超平面分类的情况,当超平面的空白区域最大时,超平面就是最优分类超平面。

　　支持向量机核心思想就是通过某种事先选择的非线性映射(核函数)将输入向量映射到一个高维特征空间,在此空间中构造具有低 VC 维最优分类超平面。支持向量机不仅考虑经验风险的大小,还得考虑置信范围的大小,依据结构风险最小化原则求最佳的经验风险,使得风险上界最小。

　　在遥感影像分类过程中,通过对样本的机器学习,可以建立地物类型和影像信息因子之间的支持向量机。常用的 SVM 多类分类方法有一对一(1-a-1)和一对多(1-a-r)两种,遥感图像分类器是基于二叉树的多类 SVM 分类器提出来的。基于二叉树的多类 SVM 对于 K 类的训练样本,训练 $K-1$ 个支持向量机。第一个支持向量机以第一个样本为正样本,将第 2,3,…,

K 类训练样本作为负的训练样本训练 SVM1；第 i 个支持向量机以第 i 个类样本为正的训练样本，将第 $i+1,i+2,\cdots,K$ 类训练样本作为负的训练样本训练 SVMi，直到 $K-1$ 个支持向量机将以第 $K-1$ 类样本作为正样本，第 K 类样本为负样本训练 SVM$(K-1)$。

图 6.7 给出了基于 SVM 的二叉树分类遥感的结构图。二叉树方法可以避免传统方法的不可分情况，并只需构造 $K-1$ 个 SVM 分类器，测试时并不一定需要计算所有的分类器判别函数，从而可节省测试时间。在实际的遥感图像分类过程中，在分类类别比较少并且不强调时间的情况下也可以采取只训练一个支持向量机的方法分别来进行分类，即将需要分类的样本都作为正样本，其他都为负样本，分别进行。

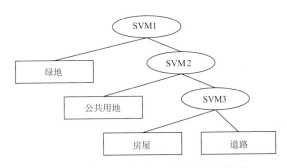

图 6.7　基于 SVM 的二叉树分类遥感图

6.2.2　天津市作物遥感识别与应用

6.2.2.1　基于 GF-1 和 GF-6 的冬小麦面积提取

为做好夏收粮食作物产量气象预报和农业气象灾害评估业务服务，以 2022 年为例，天津高分中心综合采用了 2022 年 3 月底—4 月中旬的 GF-1 和 GF-6 宽幅相机（WFV）数据，经过对数据的辐射定标、大气校正和正射校正等预处理后，通过地面采样点结合遥感影像人工判识选择训练样本的方式，基于最大似然法对影像进行分类，识别检验精度达 0.935（表 6.1）。提取得到了 2022 年天津市冬小麦的种植面积结果为 170.86 万亩（图 6.8），与天津市 2021 年发布的小麦种植面积（170.34 万亩）相比，约增加了 0.52 万亩（表 6.2）。这一结果表明，天津市冬小麦播种面积保持了稳中有增的局面。

表 6.1　基于样本数据的精度检验

项目	冬小麦	其他	合计	用户精度
冬小麦	116	12	128	0.906
其他	8	109	117	0.932
合计	124	121	—	—
生成者精度	0.935	0.901	—	—

注：第一行当类型为冬小麦的样本像元分类过程中被分为冬小麦像元数量（第一列）和被错分为其他类型的像元数量（第二列）；第二行当类型为其他的样本像元分类过程中被错分为冬小麦类型的像元数量（第一列）和被分为其他像元数量（第二列）。

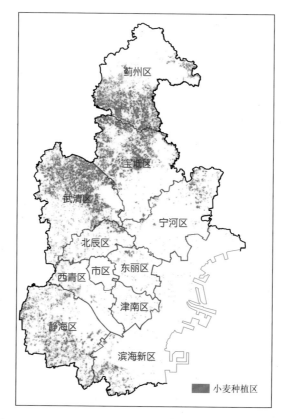

图 6.8 GF-1 号卫星提取 2022 年 4 月天津市冬小麦种植图

表 6.2 遥感监测冬小麦面积年际变化

单位：万亩

区	2022 年遥感统计面积	2021 年统计局公布面积
城区	0	0
东丽区	1.37	1.48
西青区	2.14	1.25
津南区	0.45	0.34
北辰区	3.77	2.82
武清区	50.62	43.04
宝坻区	38.33	39.69
滨海新区	6.22	11.82
宁河区	6.09	8.41
静海区	22.84	28.72
蓟州区	39.02	32.77
合计	170.85	170.34

2022 年国内一些省份发生了"小麦青储事件"，天津地区冬小麦 4 月中旬整体处于拔节期，4 月下旬陆续开始进入孕穗期，5 月上旬天津地区冬小麦处于抽穗扬花期。冬小麦生长至

少要到孕穗、抽穗阶段,并进行部分灌浆后才能累积一定的生物量,从而具备作为青储食料的价值。冬小麦作为青储食料被收获后,绿色植被特征可能显著降低,从而引起两个事实:①植被指数较前期有明显降低;②收割后的冬小麦像元植被指数值发生突变。

天津高分中心利用 2022 年 4 月 16 日和 5 月 13 日的高分卫星数据对市内冬小麦种植情况做异常变化普查(图 6.9),未发现天津市冬小麦种植像元发生异常变化,同时表明,天津市未发生青麦收割现象。

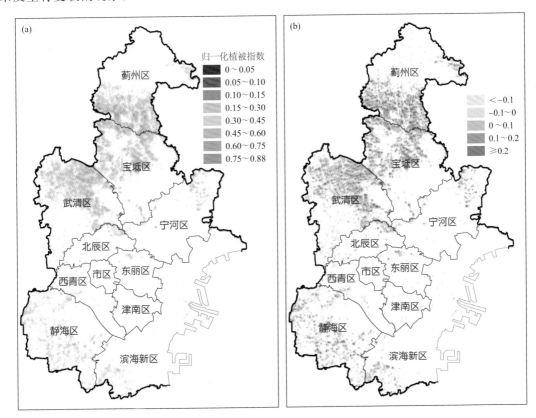

图 6.9　天津市冬小麦植被长势遥感监测图
(a) 2022 年 5 月 13 日冬小麦植被指数;(b) 5 月 13 日减去 4 月 16 日冬小麦植被指数差值图

6.2.2.2　基于 SAR 卫星的水稻面积提取

SAR 数据不受云雾干扰,可以全程跟踪水稻生长周期。综合利用 2022 年 4 月 10 日—9 月 21 日的 GF-3 和哨兵 1 号 SAR 干涉数据和精密轨道,以及 30 m 的 DEM 数据对天津市水稻的生长过程进行监测,利用时序分析的方法提取出天津市水稻后向散射系数变化曲线,并利用随机森林分类方法提取分布区域并统计出种植面积。

将 SAR 数据进行图像配准-多时相滤波-地理编码处理后,得到多时相具有经纬度信息的矢量数据。根据水稻后向散射系数的变化特点,选择对应的时相数据进行波段组合,凸显出水稻分布区域,便于进行样本点选取。

分析水稻在生长周期内的后向散射系数变化曲线(图 6.10),发现在 6 月 23 日这一时相,后向散射最大。而在 5 月 30 日和 8 月 10 日这两个时相,后向散射最小。

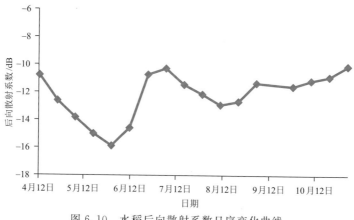

图 6.10 水稻后向散射系数日序变化曲线

选择 0530/0623/0810 时相 SAR 图像进行 RGB 彩色合成,6 月份稻田后向散射系数大, 在图上显示为绿色(图 6.11)。

图 6.11 多时相 SAR 图像 RGB 彩色合成

利用监督分类的方法,结合实际水稻观测点的经纬度,人机交互选择水稻样本,提取出水稻分布面积,共计 89.8 万亩,空间分布情况见图 6.12。

6.2.2.3 基于 GF-1 的玉米灾损评估

2021 年,银保监会发布《关于银行业保险业高质量服务乡村振兴的通知》,要求推动农村数字金融创新,保险行业要积极推动金融科技和数字化技术在涉农金融领域的应用。鼓励保险机构探索利用互联网、卫星遥感、远程视频等科技手段开展线上承保理赔工作,提高农业保险的数字化、智能化经营水平。定量遥感通过数学模型定量地表示地物物理参数,在农业上利用高分卫星,定量获取叶面积指数、土壤含水量以及灾害面积等信息,可为农业灾害监测、保险提供数据支撑。

图 6.12　天津市 2022 年水稻种植区分布图

2021 年夏季，武清区先后发生多次暴雨天气过程，致使玉米因渍涝生长受到严重影响，应中华联合财产保险天津分公司邀请，天津气候中心与中华联合财产保险天津分公司先后赴武清区六道口村和二街村开展玉米灾后查勘定损工作，图 6.13 为应用 GF-1 遥感数据反演的玉米受损情况。

图 6.13　天津市武清区玉米地洪涝灾害保险损失评估

天津市气候中心农业保险气象服务小组通过现场灾情调研、无人机航拍,根据投保项目地块和作物种类选定遥感影像数据源和时间,结合无人机实地采样数据解译目标地块的作物农情,基于村级水平的矢量边界数据,解析出玉米的受灾地块、受灾面积和损失率,利用遥感影像解译的成果与保险定标数据进行比较,对不一致地块进行人工田间数据采集,实现遥感定标、验标和对所有地块的修正。最终将理赔数据表等数据文件发给保险公司,农户与保险公司确认无误后完成整个保险业务流程。高分定量遥感在农业保险项目实施中具有独特的优势,它可以降低工作难度,显著地提高工作效率,采用定量遥感技术、影像智能解译,节省了时间、人力、物力支出。它适应性强、反应迅速,无论是天气原因还是其他农情灾害,定量遥感影像都可以快速发现和跟进灾情的变化。因此,将高分遥感技术应用于农业保险金融行业,可以低成本地解决"承保、定损、理赔"等难题,对我国农业的稳定发展具有重要意义。

6.3 小站稻种植气候适宜性评估

6.3.1 天津小站稻生长期气候条件分析

天津种植水稻的历史相当悠久,到了明代,在现津南区的葛沽、何家圈、双港、白塘口等地就已成为亩产高达200~250 kg的水稻集中产区。到了清代,现蓟州、宝坻、宁河、武清、静海和近郊都开荒种稻,到清光绪年间掌握了低洼盐碱地改良种稻的规律,在小站一带培养出米质好、产量高的驰名中外的"小站稻"。

水稻是一种喜温爱湿的农作物,它的一生从种子发芽到成熟收割,大致可分为两个大的生长发育阶段,即营养生长期和生殖生长期。营养生长期主要是根栗、茎、叶、蘖的时期,这个时期又可以分为幼苗期和分蘖期。

幼苗期是指从种子发芽到移栽这一段时期。这个时期主要是水稻扎根长叶,对热量的要求比较严格,种子发芽需要一定的热量,要求日最高、最低温度变化不大,连续(3~5 d)的晴好天气,候平均气温在10~12 ℃,播种后3~5 d即可正常扎根出苗(种子发芽温度要保持在25 ℃左右)。若候平均气温低于11 ℃,又是连续阴雨天气,播种后可能出现烂秧;候平均气温在15 ℃以上,出苗缓慢,若日最高气温在40 ℃以上,气温过高,种芽易干枯。气温变化过大,骤冷暴热对播种不利,易引起秧苗枯死。天津地区4月上旬开始,候平均气温在10 ℃以上,5~10 cm的地温也达到10 ℃,日平均气温稳定通过10 ℃的开始日期是4月8—12日。天津市以往水稻播种育秧都在清明至谷雨间,即4月5—20日,可见这个时候育秧所需的热量条件是完全得到满足的。

水稻移栽到返青期不需要太高的温度,气温在13 ℃以上,有4~5个晴朗天气,最低气温不低于5 ℃就可以移栽。移栽后遇高温(30 ℃以上)和强光照(日照百分率80%以上)和大风(7级以上),易引起秧苗枯黄、浮秧和倒苗现象。移栽后到返青需要一星期左右。在返青后,增长新根,变成健壮秧苗。水稻移栽后所需要的热量条件,天津地区都能得到满足,唯大风日数较多,需要注意防止蒸发,注意稻田存水量。

分蘖期是指秧苗移栽返青后,表土下面的茎节不断发生分蘖的时期。这时期是营养器官形成的主要时期,需要较强的光照,气温在30 ℃左右,水温达32~34 ℃,能促进有效分蘖,提高成穗率。天津历年5月份日照时数均在300 h以上,日照百分率在70%以上,显然对水稻的有效分蘖是十分有利的。6 月光照强度是全年最大的,直至 7 月上旬以后,随着阴雨天气的增加,光照强度略有减少,但对水稻生长的需要仍可满足,这样就有较多的时间使水稻充分进行有效分蘖,不论气温、水温、地温都能满足水稻分蘖的需要。

水稻生殖生长期主要是长穗长粒时期,包括拔节孕穗期、抽穗开花期、灌浆成熟期。

拔节孕穗期是从幼穗分化到抽穗前的一段时期。这个时期是由水稻生殖生长和营养生长同时进行,而发展到完全生殖生长的时期。它是水稻一生中生长最快,需水需肥最多,光合作用最强的时期,也是决定穗形大小、实粒多少的重要时期。这个时期外部条件是否适宜,对促进杆壮穗大、夺取高产关系极大。这时期需要光照强(日照百分率在 75% 以上)、湿度高(田间相对湿度在 70% 以上),气温在 25~32 ℃,幼穗分化发育最为适宜。天津的 7、8 月候平均气温都在 25 ℃ 以上并正是雨季,对水稻幼穗形成过程中所需要的热量和温度是能够满足的。唯阴天日数增多,多数天气是阴一阵、晴一阵,但对水稻幼穗形成影响不大。

抽穗开花至灌浆成熟期是水稻抽穗后经过开花、授粉、灌浆到成熟的时期。这个时期内水稻同化作用较强,是决定籽粒饱满、提高千粒重的重要时期。水稻灌浆以前需要有较高的气温,日均温在 20 ℃ 以上,25~32 ℃ 最为适宜,空气的相对湿度 70%~80%,晴而有微风的天气,对开花授粉有利。若气温过低(<20 ℃)连续阴雨;或气温过高(>40 ℃)大风在 5 级以上,影响开花授粉,易形成空壳秕粒,结实率显著减少。水稻灌浆前后要求光照充足,昼夜温差大,有利于养分积累。蜡熟期需要晴朗天气,气温过低(<15 ℃),对灌浆不利,成熟期要延迟。9 月上、中旬天津气温均在 20 ℃ 以上,下旬气温也不低于 18 ℃,对水稻开花授粉有利,9 月中旬以后昼夜温差逐渐增大,由 7 ℃ 增至 12 ℃,9 月降雨日数显著减少,晴天日数和光照时数增加,日照百分率增加到 60%~70%,对水稻灌浆有利。10 月的天气晴空万里,有利于水稻蜡熟和收获。

水稻总干物质中有 90%~95% 是通过光合作用得来的,只有 5%~10% 是通过水稻根吸收养分得来。所以太阳能的多少与水稻产量关系极大。天津年总太阳辐射量约为 5100 MJ/m²,比华南、华中要高。从热量条件看,天津地区全年日照时数在 2700~3000 h。水稻是喜温作物,需要有较高的温度和热量。天津市适宜水稻生长的温度以日平均气温 ≥10 ℃ 的时期开始,也称作物生长活跃期。水稻从播种到成熟期间所需要的积温为 3600~3900 ℃·d(生育期为 160~165 d),从热量条件看潜力也很大。

水是水稻生产的最基本条件之一,天津地区要发展水稻种植。除光、热、土条件外,水是关键。水稻需水量和其他作物需水量不同,除计算水稻生长期中茎叶蒸腾量和棵间地面蒸发量的总和(作物田间耗水量)外,还有稻田渗漏量。根据试验测定,水稻每亩需水量一般为 250~600 m³。而天津地区单季节稻每亩需水量为 433~566 m³(相当于降水量 650~850 mm)。水稻各生育期对水的要求也不一样,移栽后的幼苗期水分不宜过多,只要在土壤水分饱和或浅水情况下,可促使幼芽、幼根的正常生长,每亩蓄水量为 40~50 m³。移栽后 10 d,水稻由返青进入有效分蘖期,需要较多的水分,每亩 60~85 m³,为了控制分蘖后期的无效分蘖,则需加深农田积水。拔节至抽穗期是水稻生长最旺盛时期,为使长大穗,必需充分满足水稻在此时对水分的需求,这时期需水量最大,一般约占水稻生长全过程的 1/3,每亩为 130~170 m³。水稻抽穗至乳熟期,即水稻灌浆期,需水量也很多,为了使籽粒饱满,减少不实粒,需要很多水量,每亩为 100~140 m³。其余播种、平整稻田,调节稻田温度等又各需一定水量。水稻乳熟期以后,籽粒已充实,不需要水分,为促使成熟,防止贫青、倒伏,需要排水落干。

天津降水量主要集中在 7—8 月,能够满足水稻拔节、抽穗至乳熟期的需水量,多雨期与水稻最大需水期完全一致,这是有利的。但是其他生育期间的降水量不能满足水稻,需要灌溉。

6.3.2 水稻气候适宜度模型

根据研究(马庆树,1996;魏瑞江 等,2007),气温、降水、日照对农作物生长发育的适宜度可用隶属函数来表示。

(1)温度适宜度

根据温度三区间理论(魏星 等,2015),影响水稻生长发育的温度指标包括下限温度、适宜温度和上限温度,水稻各生长发育期的三基点温度各不相同。适宜温度能够促进作物生长,而极端温度通过对作物组织的破坏作用影响干物质累积,抑制作物生长。根据相关研究,引入温度条件的反映函数,定量分析热量资源对水稻各生育期生长发育的满足程度,建立温度适宜度,公式如下:

$$F(T) = \frac{(T - T_{\min})(T_{\max} - T)^B}{(T_0 - T_{\min})(T_{\max} - T_0)^B} \tag{6.1}$$

其中
$$B = (T_{\max} - T_0)/(T_0 - T_{\min})$$

式中,$F(T)$ 为水稻生育期的温度适宜度;T 为水稻生育期旬平均气温($^{\circ}\!C$);$T_{\max}$、$T_{\min}$、T_0 分别为水稻在某生育期所需的上限温度、下限温度和最适宜温度,其取值见表 6.3。当 $T \leqslant T_{\min}$ 或 $T \geqslant T_{\max}$ 时,$F(T) = 0$;当 $T = T_0$ 时,$F(T) = 1$;当 $T_{\min} \leqslant T \leqslant T_{\max}$ 时,$F(T)$ 按照式(6.1)计算,值在 0~1 之间。

(2)降水适宜度

降水是作物水分与土壤水分的主要来源,作物生长的好坏、产量高低与降水密切相关。为评价降水对水稻生长的影响,建立降水适宜度模型,公式如下:

$$F(R) = \begin{cases} R/R_0 & R < R_0 \\ R_0/R & R \geqslant R_0 \end{cases} \tag{6.2}$$

式中,$F(R)$ 为水稻生育期降水适宜度;R 为水稻生育期旬降水量(mm);R_0 为水稻在某个生育期的生理需水量(mm),取值见表 6.3。分蘖期或拔节孕穗期若降水量超过 400 mm,常出现渍涝或内涝;不足 30 mm,往往遭遇大旱,气候均为最不适宜,即 $F(R) = 0$。而抽穗开花期或灌浆成熟期遭遇 10 d 的连阴雨,气候最不适宜,即 $F(R) = 0$。

(3)日照适宜度

日照适宜度计算公式如下:

$$F(S) = \begin{cases} e^{-[(S-S_0)/b]^2} & S < S_0 \\ 1 & S \geqslant S_0 \end{cases} \tag{6.3}$$

式中,$F(S)$ 为水稻某发育阶段某日日照适宜度;S 为某日日照时数;S_0 为临界日照时数,即日照百分率达 70% 时的日照时数,为经验常数;b 为常数;水稻不同发育阶段 S_0 和 b 的取值参照表 6.3。当实际日照时数大于临界日照时数(最适宜日照时数)时,$F(S)$ 为 1,此时光照对水稻生长发育最为适宜,$F(S)$ 也是在 0~1 取值的隶属函数。

(4)气候适宜度

采用几何评价方法对各气象要素单因子适宜度求取平均值构建小站稻主要生育期气候适宜度的综合评估模型,计算公式如下:

$$F = \sqrt[3]{F(T) \times F(R) \times F(S)} \tag{6.4}$$

当 $0.8 < F \leqslant 1$ 时,气候适宜;当 $0.5 < T \leqslant 0.8$ 时,气候较适宜;当 $F \leqslant 0.5$ 时,气候不适宜。

表 6.3　小站稻主要生育期温度、降水、日照适宜度模型参数

生育期	对应日期	T_{min}/℃	T_0/℃	T_{max}/℃	S_0/h	b	R_0/mm
幼苗期	4 月中旬—5 月中旬	10	20～32	40	9.53	5.14	44.9
分蘖期	5 月下旬—6 月下旬	15	25～30	33	9.05	5.04	63.6
拔节孕穗期	7 月上旬—7 月下旬	17	25～32	40	8.95	4.83	59.3
抽穗开花期	8 月上旬—8 月中旬	20	25～32	35	8.35	4.50	77.3
灌浆成熟期	8 月下旬—9 月下旬	15	23～28	35	7.61	4.10	41.8

注:参数取值来源于(俞芬 等,2008;段斌 等,2017)。

6.3.3　天津小站稻气候适宜性评估

按照气候适宜性模型,根据天津市 13 个气象站 1971—2020 年逐日气象观测数据,计算了小站稻生育期内各旬的气候因子适宜度(图 6.14)。由图(6.14)可知,天津市小站稻气候适宜度在 0.39～0.75,除了在幼苗期初期和成熟期后期气候适宜度在 0.5 以下外,其他生育期的气候适宜度均在 0.6 以上,属于气候较适宜。

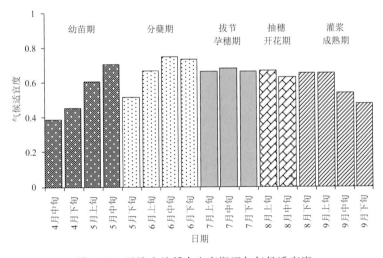

图 6.14　天津小站稻全生育期逐旬气候适宜度

图 6.15 给出了天津小站稻全生育期逐旬温度适宜度、降水适宜度、日照适宜度的情况,可以看出,温度适宜度在 0.44～0.97 之间,呈"两边低,中间高"的分布特征,即幼苗期初期由于气温波动大,温度适宜性较差,幼苗期的后期温度适宜度达 0.75 以上,适合小站稻生长。分蘖期初期即 5 月下旬温度适宜度略微低外,6 月气温很适合小站稻分蘖,温度适宜度基本上在 0.7 以上。拔节孕穗期、抽穗开花期的气温都满足水稻生长,温度适宜度在 0.8 以上。灌浆成熟期前期温度适宜度从 0.9 逐步减小到 0.8、0.7,最后到 0.6。总体来说,天津市的气温很适合小站稻的种植,能够满足小站稻生长所需的热量。

小站稻全生育期降水适宜度为 0.17～0.64 之间,总体来说是偏低的,除了 6 月中、下旬略

高外,其他时段均在0.4以下。幼苗期的4月中、下旬降水明显偏少,适宜度仅为0.2左右,而后降水逐渐增多,降水适宜度也达到了5月0.5左右。分蘖期需水量增多,但前期的降水还不能满足水稻生长,降水适宜度仅为0.23,随着进入夏季,降水增多,适宜度也随之增大到0.6以上。拔节孕穗期和抽穗开花期是水稻生长需水量最多的生长季,也正是天津市降水集中的季节,但自然降水量还是不能满足水稻的生长,适宜度也在0.4～0.5之间。进入灌浆成熟期,也正是天津雨季结束,降水偏少,降水适宜度也降至0.4以下。总之,自然降水是不能满足小站稻生长所需的水量,但是天津降水的分布规律,也符合小站稻需水规律,在需水量多的生长期,与天津雨季正好匹配,对小站稻的生长有很重要影响。

日照在小站稻全生育期的适宜度在0.61～0.83之间,在幼苗期、分蘖期和灌浆成熟期的日照适宜度在0.8左右,适宜水稻生长。在拔节孕穗期、抽穗开花期正处于天津市降水季节,所以日照时数略小,其适宜度均在0.7左右。总之,日照比较丰富,适合小站稻全生育期的生长。

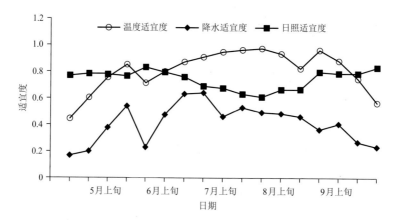

图6.15 天津小站稻全生育期逐旬温度、降水和日照适宜度

总之,天津市气候条件比较适合小站稻的生长,在幼苗期初期的4月中旬、下旬,应注意低温对水稻幼苗的影响,同时这两个旬降水偏少,因此幼苗期初期的气候适宜度偏低。分蘖期初期,6月上旬由于降水少,干旱对水稻有一定的影响。其他生育期的气候均适宜水稻生长。由于水稻水分来源不仅仅是自然降水,即使降水不足,也可通过人工灌溉补充水分。天津市目前小站稻主要种植区宁河、宝坻两个区灌溉条件较好。天津市降水主要是对流性降水,连续几天的降水情况较少,因此不会造成降水多而出现降水适宜度不适宜的情况。如果在计算气候适宜度时,默认水分适宜度较适宜,取值为0.7,那么天津市小站稻全生育期气候适宜度除4月中旬低于0.6以外,其他生育期的气候适宜度均在0.7以上,说明天津的温度、日照条件适合水稻的生长。

6.3.4 气象条件对小站稻营养品质评估

农产品营养品质气候评价是从气象角度出发,就年际间气候条件变化引起的农产品营养品质波动进行气候条件评定,以反映年际间农产品营养品质的动态特性。具体到稻谷营养品质的气候评价,即评价水稻生长发育全生育时期内气候条件对稻谷品质的影响结果,侧重于分析评价气候条件对稻谷品质形成的适宜程度。

本节利用天津小站稻营养品质要素与同期气象因子的长期定位观测资料,在确定小站稻营养品质综合表征参量的基础上筛选影响小站稻稻谷营养品质的关键气象因子,采用逐步回归法建立稻谷营养品质气候评价模型,为小站稻种植区域优势气候资源开发利用和品牌效益的提升提供气象科技支撑(Chen et al. ,2021)。

6.3.4.1 小站稻营养品质综合表征参量

农作物品质是诸多品质构成因素的综合反映,稻谷的综合品质主要由感官品质与营养品质构成,一般采用主成分分析法、灰色关联度法、层次分析法以及经验模型等方法,将诸多品质因素综合为一个参量或指标来表达。考虑到基于气象条件的小站稻营养品质评价主要是评价鲜食为主的水稻初级农产品(初级农产品指未经过加工储运、生理生化指标未发生改变的产品,本节所出现的营养品质均指小站稻初级农产品即收割后的稻谷的营养品质)。依据专家知识和作者多年气象为农业生产服务的经验,结合营养品质数据的易取性以及消费者最易判定的品质因素,最终选取与气象条件关系密切相关的 5 个营养品质要素,分别为蛋白质、直链淀粉、胶稠度、氨基酸及垩白度。采用主成分分析法,对选取的品质因素进行降维简化,消除各品质因素之间的相关性,得到小站稻营养品质的综合表征参量及营养品质气象评价指数 $M=F$(蛋白质、直链淀粉、胶稠度、氨基酸、垩白度)。

主成分分析时,确定主分量个数的原则为:当第一主分量的方差贡献率≥85%时,即可用第一个主成分代表原来 5 个营养品质因素标准化(标准化后的值 $y_{ij} = \dfrac{y'_{ij}}{y'_{\max j}}$,其中 y'_{ij}、$y'_{\max j}$ 分别为第 j 个品质因素第 i 年测定的实际值和其所有样本中的最大值)后的综合影响,即:

$$M_i = a_{11} y_{i1} + a_{21} y_{i2} + a_{31} y_{i3} + a_{41} y_{i4} + a_{51} y_{i5} \tag{6.5}$$

式中,a_{11}、a_{21}、a_{31}、a_{41}、a_{51} 分别为主成分分析得到的第一主分量的第一特征值所对应的向量元素。本节 $i = 1, 2, 3, \cdots, 11$,即 2010—2020 年;$j = 1, \cdots, 5$,代表 5 个营养品质因素。

当取前 L 个主分量方能满足累计方差贡献率≥85%时,则 M 取每个主分量所对应的特征值占变量方差的比例为权重进行累加计算,以此作为原来 5 个品质因素的综合气候品质指数(M),即有:

$$M = \lambda_1 / \sum_{j=1}^{L} \lambda_j M_1 + \cdots + \lambda_L / \sum_{j=1}^{L} \lambda_j M_L \tag{6.6}$$

式中,λ_j 为第 j 个主分量所对应的特征值;$j = 1, \cdots, L$,L 为主分量累计方差贡献率≥85%的特征值个数。

6.3.4.2 小站稻营养品质等级划分

小站稻气象品质等级划分是按照一定阈值对稻谷品质综合表征参量(如营养品质气象评价指数 M),并赋予不同阈值为不同的级别。本节采用有序样本最优聚类法,将通过式(6.5)或式(6.6)计算得到的小站稻营养品质气象评价指数(M)进行 4 分类,分别对应"特优""优""良""一般"4 个等级,并依次赋值为 1、2、3、4。然后将逐年分级结果与当地小站稻栽培方面的专家进行会商,对最优聚类结果进行适当修约,并结合数据近"5"取"5"和近"0"取"0"的数值划分习惯,综合得到小站稻气象品质等级阈值。

6.3.4.3 气象条件对小站稻营养品质影响评价模型构建

参考小站稻种植大户多年的实际生产经验,采取相关分析法,调查小站稻生长发育期间的光、温、水等气象因子与小站稻营养品质气象评价指数(M)之间的相关程度。以相关程度高且通过显著性检验的因子作为候选气象因子,采用逐步回归法建立气象因子与小站稻营养品质气象评价指数(M)之间的回归方程,即基于气象条件的小站稻营养品质评价模型。由小站稻生长全生育期的气象条件驱动评价模型,可对当年由气象条件决定的小站稻营养品质进行量化评定。

(1)小站稻营养品质综合表征参量

基于小站稻5个品质因素标准化后的数据,采用主成分分析法(PCA)得到5个营养品质因素相应特征值及其方差与累计方差贡献率如表6.4所示。

表6.4　小站稻各营养品质因素特征值及其方差与累计方差贡献率

成分	特征值	方差贡献率/%	累计方差贡献率/%
1	2.768	55.354	55.354
2	1.031	20.629	75.983
3	0.606	12.129	88.112
4	0.441	8.814	96.926
5	0.154	3.074	100.000

由表6.4可见,前3个主分量的累计方差贡献率为88.112%($\geqslant$85%),已满足设定标准,因此,选择前3个主分量对应的特征值向量分别作为各自的权重系数。利用式(6.5)得到3个新的表征小站稻稻谷营养品质因素的参量,即:

$$\begin{cases} M_{i1} = -0.291y_{i1} + 0.206y_{i2} + 0.339y_{i3} - 0.213y_{i4} + 0.272y_{i5} \\ M_{i2} = -0.165y_{i1} + 0.712y_{i3} - 0.004y_{i3} + 0.620y_{i4} - 0.226y_{i5} \\ M_{i3} = 0.005y_{i1} - 0.373y_{i2} - 0.042y_{i3} + 0.777y_{i5} + 0.951y_{i5} \end{cases} \quad (6.7)$$

再根据式(6.6),取$L=3$,则得到每年的M,即:

$$M = 0.628M_{i1} + 0.234M_{i2} + 0.138M_{i3} \quad (6.8)$$

(2)小站稻营养品质等级划分

由式(6.8)计算得到2010—2020年小站稻逐年营养品质气象评价指数(M),并按由小到大的顺序排列,采用有序样本最优聚类法,选取4分类,将各类界限值作为天津小站稻营养品质等级的划分阈值,这一计算过程通过数据处理系统(DPS)软件完成(表6.5),然后根据等级阈值指标,研判2010—2020年小站稻营养品质气象评价指数(M),得到各年小站稻营养品质等级的分布情况见表6.5,其中,$M \geqslant 0.7$的年份有2 a;$0.45 \leqslant M < 0.7$的年份有7 a,$0.3 \leqslant M < 0.45$的年份有2 a,近10 a不存在$M < 0.3$的情况。可见,天津作为小站稻主产区,其气候条件适宜小站稻的生长及品质形成。

表6.5　天津小站稻营养品质气象评价指数(M)等级阈值

等级	赋值	阈值	年份	年数
特优	1	$M \geqslant 0.7$	2019,2020	2
优	2	$0.45 \leqslant M < 0.7$	2010,2011,2013,2015,2016,2017,2018	7
良	3	$0.3 \leqslant M < 0.45$	2012,2014	2
一般	4	$M < 0.3$	—	0

（3）影响小站稻营养品质的主要气象因子

采用相关系数法对 5—9 月的逐月气温（包括平均气温、最低气温、最高气温）、日照、降水、空气湿度、日较差等气象因子进行评估，分别与小站稻 5 个营养品质要素及营养品质气象评价指数（M）进行相关性分析，结果见表 6.6—表 6.9，提取相关系数 $R \geqslant 0.7$ 且显著性＜0.1 的气象因子（表 6.10），初步选定 14 个气象因子供逐步回归使用。

表 6.6　影响天津小站稻营养品质——"直链淀粉（X_a）"的气象因子

序号	因子编号	因子说明	相关系数	P
1	X_{a1}	9 月平均气温	0.870	＜0.05
2	X_{a2}	9 月最低气温	0.890	＜0.05
3	X_{a3}	9 月最高气温	0.943	＜0.01
4	X_{a4}	5 月日照时数	0.886	＜0.05
5	X_{a5}	8 月日照时数	−0.862	＜0.05
6	X_{a6}	5 月空气湿度	−0.824	＜0.05
7	X_{a7}	6 月日较差	−0.804	＜0.05

表 6.7　影响天津小站稻营养品质——"胶稠度（X_g）"的气象因子

序号	因子编号	因子说明	相关系数	P
1	X_{g1}	9 月平均气温	−0.779	＜0.1
2	X_{g2}	9 月最高气温	−0.875	＜0.05
3	X_{g3}	7 月降水量	0.861	＜0.05
4	X_{g4}	7 月日照时数	−0.764	＜0.1
5	X_{g5}	5 月空气湿度	0.741	＜0.1

表 6.8　影响天津小站稻营养品质——"蛋白质（X_p）"的气象因子

序号	因子编号	因子说明	相关系数	P
1	X_{p1}	6 月平均气温	0.724	＜0.1
2	X_{p2}	8 月平均气温	0.767	＜0.1
3	X_{p3}	9 月平均气温	−0.913	＜0.05
4	X_{p4}	8 月最低气温	0.881	＜0.05
5	X_{p5}	9 月最低气温	−0.844	＜0.05
6	X_{p6}	6 月最高气温	0.920	＜0.05
7	X_{p7}	8 月最高气温	0.928	＜0.05
8	X_{p8}	9 月最高气温	−0.759	＜0.1
9	X_{p9}	5 月降水量	−0.835	＜0.05
10	X_{p10}	5 月日照时数	−0.907	＜0.05
11	X_{p11}	6 月日照时数	0.895	＜0.05
12	X_{p12}	7 月日照时数	−0.965	＜0.01
13	X_{p13}	5 月空气湿度	0.799	＜0.1
14	X_{p14}	6 月日较差	0.994	＜0.01

表 6.9　影响天津小站稻营养品质——"垩白度(X_c)"的气象因子

序号	因子编号	因子说明	相关系数	P
1	X_{c1}	9 月平均气温	0.703	<0.1
2	X_{c2}	9 月最低气温	0.700	<0.1
3	X_{c3}	9 月降水量	0.745	<0.1
4	X_{c4}	5 月日照时数	0.752	<0.1
5	X_{c5}	6 月日较差	-0.716	<0.1

表 6.10　影响天津小站稻营养品质气象评价指数(M)的气象因子

序号	因子编号	因子说明	相关系数	P
1	X_{M1}	6 月平均气温	0.908	<0.05
2	X_{M2}	8 月平均气温	0.933	<0.05
3	X_{M3}	9 月平均气温	0.776	<0.05
4	X_{M4}	7 月最低气温	0.889	<0.05
5	X_{M5}	8 月最低气温	0.975	<0.01
6	X_{M6}	6 月最高气温	0.982	<0.01
7	X_{M7}	7 月最高气温	0.876	<0.05
8	X_{M8}	8 月最高气温	0.975	<0.01
9	X_{M9}	5 月降水量	-0.980	<0.01
10	X_{M10}	8 月降水量	0.866	<0.05
11	X_{M11}	5 月日照时数	-0.839	<0.05
12	X_{M12}	6 月日照时数	0.966	<0.05
13	X_{M13}	7 月日照时数	-0.855	<0.05
14	X_{M14}	6 月日较差	0.938	<0.01

　　由分析结果可见,9 月份的温度条件是影响小站稻各个营养品质要素直链淀粉(X_a)、胶稠度(X_g)、蛋白质(X_p)、垩白度(X_c)及营养品质气象评价指数(M)的关键指标,9 月正值天津市小站稻灌浆乳熟至成熟收获期,即这一时期的温度条件对小站稻最终的品质形成影响非常显著。对于小站稻综合营养品质气象评价指数,入选的 14 个因子与气候品质指数的相关性均较高,均通过 $P<0.05$ 的显著性检验,相关系数最低的为 5 月日照时数($R=-0.839$),相关系数最高的为 6 月最高气温($R=0.982$);14 个因子中与温度有关的因子有 9 个(含 6 月日较差)且均与气候品质指数呈正相关,与日照时数有关的因子有 3 个,与降水量有关的因子有 2 个,说明小站稻全生育期的温度条件是决定其营养品质形成的最重要的气候因子。

　　(4)气象条件对小站稻营养品质影响评价模型

　　利用表 6.10 初选的气象因子值(各因子均采取标准化后的值,标准化方法同品质因素)和式(6.8)建立的小站稻营养品质气象评价指数方程,利用逐步回归,最终得到基于气象条件的小站稻营养品质评价模型(式(6.9)):

$$S = -0.471 + 0.278X_3 + 0.424X_4 + 0.141X_6 + 0.123X_9 + 0.396X_{13} \quad\quad (6.9)$$

式中,S 为小站稻营养品质气象评价指数模拟值,X_3 为 9 月平均气温,X_4 为 7 月最低气温,X_6

为 6 月最高气温,X_9 为 5 月降水量,X_{13} 为 7 月日照时数。

(5)气象条件对小站稻营养品质影响评价模型检验与应用

将 2010—2020 年逐年的气象因子分别代入式(6.9)计算得到逐年的 M 值,并与利用式(6.8)计算得到的逐年 M 值点绘二维平面图(图 6.16)。可见小站稻营养品质气象评价指数模拟值曲线与实际值曲线较吻合,经计算基于气象条件的小站稻营养品质评价模型模拟结果的均方根误差为 0.0236,可见其模拟精度较高,表明所建立的基于气象条件的小站稻营养品质评价模型(式(6.9))可以用于天津小站稻气候品质评价。

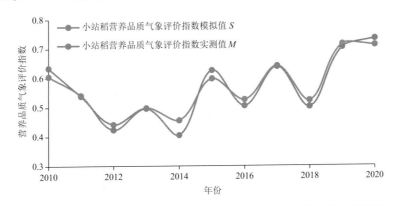

图 6.16 2010—2020 年天津小站稻营养品质气象评价指数实测和模拟值

将 2020 年实测气象数据带入式(6.9),得到 2020 年品种为"金稻 919"的小站稻的气候品质评价指数为 0.71,与表 6.5 的小站稻营养品质气象评价指数等级阈值进行对比,小站稻的营养品质可评定为"特优"。需要说明的是,2019—2020 年无论是小站稻营养品质气象评价指数模拟值 S,还是营养品质气象评价指数实测值 M 都达到 0.7 以上,说明 2019、2020 年小站稻气候品质均在"特优"以上,造成这一结果的原因主要有两个:①2019、2020 年小站稻全生育期整体气候条件非常适宜其种植及生产;②天津市自 2019 年起实施"小站稻振兴规划",从环境条件(含水源条件)、育种、管理措施、科技支撑等方面都较以前有明显的提升,因此,保障了小站稻优质高效的生产。将 2020 年小站稻营养品质评定结果与由天津市农业气象中心组织召开的基于气象条件的小站稻营养品质评价专家论证会的结论,即 2020 年天津小站稻收获期的营养品质综合评定等级为"优"比较;同时,也咨询了天津水稻种植专家及种植"金稻 919"的稻农,普遍认为 2020 年天津小站稻无论从外观、口感等方面均可达优质稻等级。可见,本节所建立的基于气象条件的小站稻营养品质评价模型能较好地评价气象条件对小站稻营养品质形成的影响,可以作为基于气象条件评价小站稻营养品质的技术方法推广使用。

6.4 特色农作物气候适宜性评估

6.4.1 蓟州山区葡萄气候适宜性评估

蓟州山区是全国酒用葡萄优势种植区,蓟州丘陵山地是重要的葡萄酒优质原料生产基地,分布在于桥水库周边的向阳缓坡,已成为山区农业的支柱产业。但受气候和栽培管理技术影响,造成不同气候年型葡萄色泽、糖分不稳定。

葡萄酒界有句行话为"七分原料,三分酿造",换句话说,好葡萄酒是种出来的。所以对于葡萄种植,选择优良品种固然重要,但是这些品种必须选择在适宜的气候、土壤条件下,才能充分显示出其优异品质。一般认为,气候因素其有决定生产方向(酒型、酒质)的主导作用,土壤对于葡萄的某些特异品质也起不可忽视的作用,但通常居于从属地位。

6.4.1.1 葡萄生育期的气候生态条件

气候:葡萄是落叶果树,当春季地温达到 7 ℃时,根系开始活动。而秋季地温降到 12 ℃以下时,新梢停止生长,叶片开始凋落,根系停止活动进入休眠期。

土壤:葡萄对土壤的要求不太严格,除了重盐碱地、沼泽地、地下水位不足 1 m、土壤黏重、通气不良的地方外,在其他各类土壤上均能栽培。但葡萄最适宜的是土质疏松、通气良好的砾质壤土和沙质壤土,尤其是一些酿酒葡萄的品种对土地的质地、结构都有严格的要求。葡萄对土壤酸碱度适应幅度较大,一般 pH 在 5.2～8.2 之间均能栽培,其中以土壤 pH 为 6.5～7.5 时葡萄生长最适宜。

在天津的气候条件下,葡萄系开始活动时间是在 4 月初,5 月下旬根系进入旺盛生长阶段。新梢旺盛生长和花芽分化盛期在 4 月 20 日左右。葡萄开花一般在 5 月底或 6 月初,花期 7～14 d,每天上午 06—11 时为开花盛期。浆果成熟期依品种不同而有所异,一般在 9 月下旬—10 月上旬。

天津市北部山区海拔在 50～1000 m,高度差较大,且地形复杂,考虑到土壤性质、排水性和可操作性,葡萄种植应选择海拔在 50～300 m 的山坡地,山前小平地和阳坡台田,坡度小于 15°,土层厚度 1 m 以上,以偏酸性为适。7 月平均气温小于 25 ℃,考虑到葡萄采收前一个月的雨量与葡萄酒的品质呈负相关,蓟州酿酒葡萄品种大都在 9 月或 10 月成熟,所以采用 8—9 月水热系数比采用 7—9 月更切合实际。

6.4.1.2 蓟州山区种植葡萄的气候优势

蓟州地处北纬 39°45′～40°15′之间,北部山区纬度大于 40°,地势北高南低,北依群山,南接平原,分为平原、丘陵和山区三个层次。海拔差异从 15 m 到 1078 m,山区气温明显偏低,葡萄晚熟及极晚熟品种成熟期可较平原推迟 10 d 左右,光照充足,土壤多为富含砾石、钙质、透气良好的山地淋溶褐土,由此形成的独特气候特征,与天津其他地区相比,在种植酿酒葡萄方面具有明显的气候优势。

蓟州山区与山南平原(以蓟州站 54428 为例)、其他平原地区(以西青站 54527 为例)相比,在种植酿酒葡萄上具有明显气候和土壤优势。从三地气候特征来看(表 6.11),平原年平均气温为 13.1 ℃,明显高于山区的 9.1～12.4 ℃,最热月 7 月平均气温为 27.1 ℃,比山区高 1.7～4.6 ℃,而夏季高温常造成葡萄浆果含酸量低,细腻性差,影响浆果成分的平衡,尤其是糖酸比例平衡;病害较重;葡萄浆果着色差,酿制出的葡萄酒酒质要低些。因此蓟州山区更适合酒酿葡萄的栽培生产。

在降低病虫害发病方面,蓟州山区也其有气候优势。1 月平均气温山区 −7.1～−4.0 ℃,明显较平原地区(−3.5～−3.2 ℃)寒冷,而病虫害发生流行的程度与冬季寒冷程度呈明显负相关关系,因此,在越冬气候条件上,山区具有降低病虫害越冬基数的优势。在最热的 7 月,平原气温均在 26 ℃以上,而山区气温偏低 1～4 ℃,可有效避免高温高湿引起的病害发生。而且,山区土壤主要为石砾性淋溶褐土,排水良好,能及时排除葡萄园土壤中的水分,减小田间湿度,不利于病害发生；而平原地区土壤以黏土为主,雨后水分渗入到土壤中,因土壤黏重,渗透性差,行间泥泞,湿度大,农药喷洒比山区较难进行,不利于病虫害防治。此外,黏土中含水量过高,透气性差,不利于根系夏季的生长发育。

表 6.11　北部山区与天津平原地区气候特征比较

站点	海拔/m	1月平均气温/℃	7月平均气温/℃	年平均气温/℃	年降水量/mm
蓟州山区	50~1078	−7.1~−4.0	22.4~25.3	9.1~12.4	630~740
蓟州站(54428)	32.0	−3.5	27.0	13.0	611.2
西青站(54527)	3.5	−3.2	27.1	13.1	521.3

6.4.1.3　蓟州山区葡萄气候适宜性评估

分析确定葡萄各主要生育期所需气象指标,结合实际山地种植葡萄的可能性,选取全生育期≥10 ℃活动积温、7月平均气温、年平均气温、8—9月水热系数、坡向和坡度等作为山区葡萄气候适宜性评价指标,利用GIS进行区划,指标见表6.12。

水热系数计算公式如下:

$$K = \frac{10 \sum P}{\sum (t \geqslant 10 \text{ ℃})} \tag{6.10}$$

式中,K 为水热系数,$\sum P$ 为某一时段的累计降水量,$\sum (t \geqslant 10 \text{ ℃})$ 为某一时段≥10 ℃活动积温。

表 6.12　蓟州山区葡萄气候适宜度指标

适宜度	海拔/m	坡度/°	坡向/°	生长期≥10 ℃ 活动积温/(℃·d)	7月平均气温/℃	年平均气温/℃	8—9月水热系数
适宜	5~300	<15	0~45 271~360	3900~4200	22~25	9~12.5	1.5~1.7
基本适宜	—	—	—	3600~3900	—	—	1.7~1.9
不适宜	≥300	>20	≥90且≤270	—	>27	>13.5	≥1.91

以气候适宜度指标为依据,利用GIS(地理信息系统)的分析和叠加功能,确定酿酒葡萄的适宜、次适宜、不适宜区的空间分布。并根据以上指标制作蓟州山区酿酒葡萄农业气候适宜区分布图,结果见图6.17。

适宜区:

(1)沿于桥水库南岸的低山丘陵区,东起西龙虎峪、五百户、别山镇北部等区域;

(2)北部沟河河谷的区域;

(3)盘山南麓的马蹄形地形的白涧镇、许家台、官庄等乡镇;九龙山南麓的渔阳镇北部;八仙山山脚的孙各庄、穿芳峪镇北部等区域。

以上区域处于低山丘陵的阳面缓坡,最热月和最冷月气温都较低,土壤属于淋溶褐土,排水良好,这些利于病虫害的防治,8—9月气温昼夜温差大,利于葡萄果实糖分积累,提高葡萄品质。

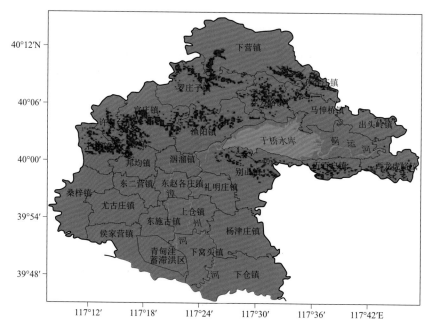

图 6.17　蓟州山区酿酒葡萄气候适宜区分布(图中红色区域为适宜区)

6.4.2　天津板栗气候适宜性评估

天津北部山区的气候生态适宜板栗生长,天津板栗栽培区域主要集中在蓟州长城沿线、盘山山区。蓟州是京津冀重要板栗产区之一,更是重要的生态屏障,全区林木绿化率达到53%,山区林木覆盖率达到74%,位居京津冀区域前列,北部与承德相邻,其中红油栗、天津甘栗、天津板栗是蓟州古老的栽培树种。蓟州板栗也叫天津板栗,天津板栗被列为中国地理标志产品,主要产于北部燕山山区,品质一流,具有独特风味。蓟州是天津板栗的主产地之一,栽培历史悠久,享有东方"黑珍珠"美誉。天津板栗是蓟州区特产,保护范围为天津市蓟州下营镇、罗庄子镇、孙各庄乡3个乡镇现辖行政区域。蓟州特殊的地理位置、气候条件孕育了天津板栗的优异品质,板栗栽培面积超过2000 hm²。近年来,天津市地理标志农产品发展较快,规模优势较明显,蓟州区北部山区现有2万hm²林果,其中优质林果面积1.2万hm²,已成为优质农产品生产基地,其中板栗扮演着重要的作用(刘晓书 等,2022)。历史上天津、河北、北京生产的板栗都从天津口岸出口日本,故同属燕山山脉的天津蓟州、北京、河北生产的板栗统一称作天津甘栗,天津甘栗只是一个代号,代指整个京津冀地区的板栗。

6.4.2.1　天津板栗气候适宜度

板栗为喜光的阳性树种,生长发育需充足的光照条件。在年平均气温8.0~15.0 ℃,最高气温39.1 ℃,最低气温−24.5 ℃,年降水量500~2000 mm,海拔50~2800 m的气候条件下都能生长。土壤相对湿度30%~40%为宜。过分的干旱影响树体发育而导致减产,特别是在速长阶段,如水分供应不足,对板栗树的生长和结果都有不良影响。板栗产区有"旱枣涝栗"和"雨栗旱柿"之说,说明雨多才能丰收。但板栗并不耐涝,常因土壤排水不良,根群长期受水浸渍而导致落叶,甚至全株枯死。秋季成熟前的适当降雨,可促进果实生长,有利增产。如秋雨过多,也会发生裂果现象,影响产量与质量。板栗是一种喜光树种,忌荫蔽。在每日光照不足6 h 的沟谷,树冠生长直立,叶薄枝细,产量低。在开花结果期间,光照不足,会引起生理落果。如长期的过度遮阴,会使内膛枝叶黄瘦,甚至枯死。因此,栽植栗树以选择日照充足阳坡,或开阔的沟谷地为宜。为了增强光照,树冠骨干枝应以稀疏为主,以利内膛结果。

6.4.2.2 天津板栗生态条件

板栗对土壤条件要求较严,忌黏重、板结的土质。最理想的是沙石山地的褐色轻壤土,最适宜 pH 为 5～6 的微酸性土壤,碱性土壤使树叶发黄,土壤含盐量不超过 0.2%,否则生长不良,超过 0.3%,则板栗不能生长。

板栗多分布在山地、坡地,对坡度的要求不太严格。板栗管理较水果类省工,便于水土保持,坡度在 45° 以内的山坡都可利用。由于山坡地的下坡和沟谷的冲积扇地土层较厚,因此,在山区栽培板栗,一般多选择在下坡的冲积扇或沟谷地。在坡地种植栗树,下坡土层虽较厚,但易积水,应注意排水。上坡土层虽薄,但深土层中混有碎石的崩积土,栗树根系能沿石缝隙向土层中扩展,栗树也能正常生长。如能对薄土层实行改造,即在栽前挖大坑,施好土,或在生长期间加强栗园土壤改良与管理,则效果更好。关于坡向的选择与利用,以南坡和偏南坡为宜。东北坡和西坡,冬春季节受寒冷东北风和西北风影响,树干易受害;北坡日照不足,枝条易徒长,结果不良。

6.4.2.3 天津板栗气候适宜性评估与区划

根据影响气温的物理机制,选用样本站点的海拔高度、经度、纬度、辐射、坡向、坡度等因子用逐步回归法进行因子筛选,建立逐月平均气温、平均最高气温、平均最低气温的回归方程,进而推算出网格的气温值,并求出每个网格点上的年平均气温、积温、负积温等与农业生产有关的气候特征值。

通过土壤类型与酸碱度的关系蓟州山区的土壤酸碱度,并网格化。

同时考虑气候因子和土壤因子进行板栗适宜性评估。气候指标:以 ≥10 ℃ 积温反映生长季和当地总体热量基本情况;以 9 月气温平均日较差反映果实成熟期的利弊情况;以年平均气温反映生长环境的温度情况,具体指标见表 6.13。蓟州山区的日照及降水均在板栗适宜种植区范围内,故不加考虑。板栗喜酸性土壤,故以土壤的 pH 作为适宜度的土壤指标。

表 6.13 蓟州山区优质板栗种植区划指标

适宜度	年平均气温/℃	年降水量/mm	土壤 pH	8—9月日较差/℃	海拔高度/m	坡度/°
最适宜	9～11	550～700	5.5～6.5	≥11.5	200～300	1～10
基本适宜	8～9	400～550	6.5～7.0	8.5～11.5	300～500	10～20
不适宜	<8	<400	≥7.0	<8.5	≥500	≥20

利用 GIS 制作出蓟州山区优质板栗种植适宜区分布图(图 6.18)。其中适宜区主要分布在北部下营镇中部 200～300 m 的平缓坡地;九龙山南麓的罗庄子镇以及许家台镇的北部。这些区域都是低山丘陵,肥沃湿润的向阳缓坡,土壤微酸,排水良好。

6.4.3 蓟州富士苹果气候适宜性评估

富士苹果是日本栽培的优良品种,是以国光苹果为母本,元帅苹果为父本,杂交而成的品

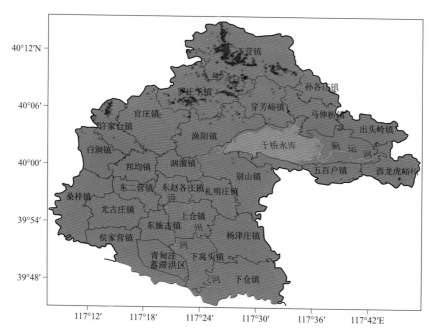

图 6.18 蓟州山区优质板栗气候适宜区分布(图中红色区域为适宜区)

种,是近年来推广种植面积较大的新优品种。因为其个大、色艳、质脆、味酸甜优良品质和极耐储藏运输等优点,深受广大果农的欢迎,也受到果商的青睐,誉满果品市场。种植区域已遍及全国 20 多个省市。天津市富士苹果栽培面积逐年扩大,产量也逐年提高。

适宜的生态条件是充分发挥品质优良性状的基础,也是苹果高产、优质、高效益的保障。根据栽培情况来看,富士苹果是一个需要较好自然条件与较高管理水平的品种,其抗寒性较国光苹果差。在生产实际中,只注重富士苹果的优点,忽略其生产条件,盲目引种、扩种,将会受到严重损失。因此,分析富士苹果气象条件及适宜指标和栽培适宜区,对确保高产、优质、高效具有重要意义。

6.4.3.1 富士苹果适宜环境条件分析

热量条件:冬季气温和夏季气温高低对果树影响较大,冬季温度过低或偏暖,容易使树体遭受冻害,或休眠不充分,开花不整齐;夏季温度过高或偏冻,会使树体生长失调,不易形成花芽。富士苹果生长发育所要求的气温,以年平均气温 8～14 ℃为宜,4—10 月平均气温为 16～20 ℃,冬季 12 月—次年 2 月间,月平均气温在－10 ℃以上,7—8 月最高气温在 30 ℃以下。富士苹果是一个比较喜温的品种,比一般品种需要的温度稍高一些,富士苹果的抗寒性比国光苹果差,在北方易出现冻害和抽条现象。在天津早春抽条较突出,尤其幼树,其程度要重于国光苹果,轻于元帅苹果。另外,生长期间昼夜温差大,尤其是 9—10 月的日较差大于 10 ℃以上,有利于生产优质果。

光照条件:苹果是一种喜光作物,光照状况与果实产量、品质都有直接关系。一般苹果树光照时间应在 2600～2800 h,果面色红,着色浓艳是富士苹果的突出优点,着色不足又往往是富士苹果品质的主要问题。根据各地的初步观察,影响果实着色的因素主要有:光照、温度、氮肥、水分、结果量等。树冠内部光照相当于自然光强的 60％以上时,果实着色良好。光强低于60％时,果实着色受到明显抑制。

水分条件:富士苹果的生长发育与降水量有密切关系,雨水过多过少都会使树体营养失调。在一般条件下,必须有 500～1000 mm 的年降水量,生育中期月平均有 50～150 mm 的降水量,才能满足果树的正常需要。从总降水量上看,天津地区基本上满足需要,但降水主要集中在 7、8 月,所以在早春或干旱时期必须灌溉,才能提高其产量和品质。

土壤条件:富士苹果所适应的土壤种类较广,但不适于黏重、通气性差的重黏土,以沙壤土最好,土壤酸碱度 pH 为 5.5～6.5 的微酸性最好,但在中性和微碱性土壤也能生长。

6.4.3.2 气候适宜性评估

通过对光、热、水、土等资源分析,蓟州山区光照条件和年降水量均满足需要,所以光照和降水不是主要限制因子。因此,重点对土壤和热量进行分析,土壤指标主要以土壤的酸碱度来反映对品质的影响,热量指标中以气温指数来反映富士苹果生育期间热量总体情况(表6.14),以冬季最冷月(1月)平均气温来反映越冬情况,以 9 月气温平均日较差来反映对苹果着色、糖分积累等的影响。

表 6.14 富士苹果种植气候适宜性评价指标

适宜度	年平均气温/℃	7月最高平均气温/℃	9月气温日较差/℃	1月平均气温/℃	土壤 pH	海拔高度/m	坡度/°
适宜	9～12	22.5～25	≥11.5	≥−8	5.5～6.5	50～300	1～10
基本适宜	8～9	—	10～11.5	−8.5～−8	6.5～7.0	300～500	10～20
不适宜	<8	<21	<10	<−8.5	≥7.0	≥500	≥20

以区划指标为依据,利用 GIS,确定富士苹果种植的适宜、基本适宜、不适宜区的空间分布(图 6.19)。从图 6.19 可以看出,富士苹果适宜种植区主要分布在:沿于桥水库南岸的西龙虎裕、五百户等乡镇;盘山的马蹄形区域内;八仙山南坡的孙各庄、穿芳峪等乡镇。这些区域海拔高度均在 300 m 以下,坡度较缓,日照充足,秋季日较差大,对苹果生长及着色很有利。

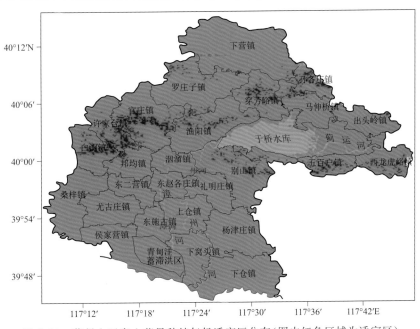

图 6.19 蓟州山区富士苹果种植气候适宜区分布(图中红色区域为适宜区)

6.4.4 天津日光温室农业气候适宜性评估

日光温室在建造和生产运行中都要充分考虑气候对温室的影响,一方面,气候影响温室的结构类型、生产运行方式、栽培模式和成本,另一方面,还决定温室内微气候环境的形成。现代日光温室对蔬菜生长起关键作用的温、光、水、气、肥中的水、气、肥可以做到人为调节,但对地域差异较大的光照、温度条件的调节能力有限,对日光温室影响最大的灾害性天气如大风、暴雪等基本没有调节能力,抵御自然灾害的能力差。因此,分析气候资源、确定适宜发展区,对更好地利用气候资源、减轻和避免不利气象条件对温室生产的影响、防御灾害、提高经济效益等都具有重要的意义(张明洁 等,2012)。

6.4.4.1 影响日光温室的主要气候因素

光照:太阳辐射是温室内光、热的重要来源,其强度直接影响室内获取能量的多少和温度的高低,并对蔬菜的品质和产量有重要影响,温室几何尺寸、采光、通风等的设计都要考虑光照条件。温室通常建在晴天日数多的地区,阴雨天多的地区即使冬季气温不低,作物也难获高产。伴随低温寡照天气是日光温室生产的主要灾害性天气之一,常导致蔬菜生长发育不良甚至死亡。研究表明,黄瓜在盛瓜期遭遇阴天时,产量会急剧下降,阴 1 d 要减产 30%,连阴 4～5 d 产量会显著降低。

温度:作物的生长受温度条件的限制。例如,黄瓜的适宜生长温度为 25～32 ℃,5～10 ℃时有遭受冻害的可能,在 0～2 ℃的条件下植株即冻死,35 ℃以上生育不良,超过 40 ℃就会引起落花落果或产生畸形瓜。一地冷季的气温不但决定着冬季温室内叶菜能否安全越冬,果菜是否种植,也直接影响加温能耗的大小和运行成本的高低,并对温室设计的采暖及保温有很大影响。

灾害天气:遇大风天气白天揭草苫后易出现烂膜现象,夜间会将覆盖的草苫吹乱,使前屋面暴露,撕毁棚膜,导致室内作物遭受冻害。风速达到一定水平时,还可能发生大棚骨架倒塌和风鼓毁膜的严重后果。发生强降雪天气时,造成外界气温急剧下降,白天不能揭起草苫,雪量大时还会压塌大棚。因此,温室作为特殊的建筑应该考虑到风压、雪压对设计荷载的影响。

6.4.4.2 评估指标选取及分析

研究表明,天津属于日光温室适宜发展区,太阳辐射总量大、日照时间长、光热资源配置良好,纬度高的地区温度略低,冬季温室生产需注意保温。天津市除北部有少量山区外,都是平原地区,气候差异较小,因此,只做影响日光温室生产气象灾害评估分析。低温是制约日光温室生产的首要因素,而持续低温和极端低温则是低温灾害的 2 个主要表现形式。大风灾害对日光温室的危害是毁灭性的,选取最大风速≥12 m/s 代表大风灾害指标。连阴天、低温寡照代表光照不足。具体见表 6.15。

表 6.15　日光温室气候适宜性评价指标

指标	评价标准
持续低温	日平均气温≤−10 ℃的持续日数
极端最低气温	日极端最低气温的强度
大风	日最大风速≥12 m/s
连阴天	日照时数≤3 h 的持续日数
低温寡照	日照时数≤3 h,最低气温≤−10 ℃的持续日数

(1)气候要素季节变化

李春等(2010)计算天津市 9 月—次年 5 月逐旬最低气温、日照时数和最大风速平均值变化(见图 6.20),结果表明:三者在日光温室生产季内的变化规律不一致,旬最低气温的平均值在 11 月下旬—次年 3 月上旬低于 0 ℃,其中 12 月中旬—次年 2 月上旬在 -5 ℃ 以下,最低值出现 1 月中旬(-8.5 ℃)。日照时数的变化规律虽与理论日照的变化趋势基本一致,生产季内平均日照时数为 6.9 h,11 月中旬—次年 1 月中旬的平均日照时数不足 6 h,12 月下旬的日照时数为 5.3 h,为年内最低值。平均最大风速的变化规律在日光温室生产季内总体呈增加趋势,秋冬季风速相对较小,春季为大风频发期,平均最大风速均在 6 m/s 以上,以 4 月下旬最为明显,达到 7.6 m/s。

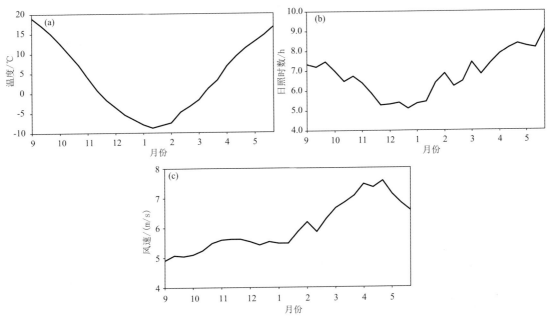

图 6.20　天津市日光温室生产季节(9 月—次年 5 月)气候要素季节变化
(a)平均最低气温;(b)平均日照时数;(c)平均最大风速

(2)持续低温和极端最低气温

低温是制约日光温室生产的首要因素。而持续低温和极端低温则是低温灾害的两个主要表现形式。比较各区低温持续的年平均次数(图 6.21),宝坻、宁河和滨海新区汉沽是全市 3 个主要的持续低温发生区域,≤-10 ℃ 的连续低温事件平均每年发生 1.1 次,也就是说这 3 个区几乎每年都会发生 ≤-10 ℃ 的持续低温事件。而滨海新区的塘沽和大港发生这一持续低温事件的次数最低,每年平均不到 0.5 次,其他区在 0.6~0.8 次/a 之间。≤0 ℃ 的连续低温事件与之略有不同,宝坻、蓟州、滨海新区汉沽和宁河区依次是发生次数最多的区,每年发生 9 次以上。

进一步统计各地气温的历史极端最低值、平均最低值、连续 2 d 最低气温 ≤-10 ℃ 的历史发生次数和最长连续低温天数(表 6.16)。结果显示,宝坻、宁河和滨海新区汉沽是全市气温指标最不利的 3 个区,其历史极端最低值、平均最低值和持续低温发生次数均列于全市前列。历史数据显示,宝坻和宁河曾出现连续 6 d ≤-10 ℃ 的持续低温事件。滨海新区塘沽、大港以及东丽等地是温度条件相对较好的区。

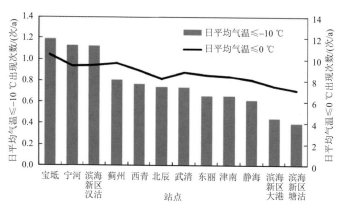

图 6.21　各区低温持续的年平均次数

表 6.16　各区气温极端最低值、平均最低值和持续低温发生次数

站点	极端气温最低值/℃	平均极端最低气温/℃	持续低温发生次数*/(次/a)
宝坻	−23.3	−16.1	16(6)
北辰	−18.8	−14.4	6(6)
滨海新区大港	−19.4	−13.2	5(2)
东丽	−17.0	−13.1	7(3)
滨海新区汉沽	−20.7	−15.6	14(4)
蓟州	−20.3	−14.5	8(5)
津南	−21.7	−13.9	8(4)
静海	−19.1	−14.2	6(4)
宁河	−22.7	−15.5	14(6)
滨海新区塘沽	−15.4	−12.2	3(2)
武清	−19.9	−13.8	8(5)
西青	−20.5	−14.3	9(4)

注：* 持续低温发生次数指持续 2 d 最低气温≤−10 ℃的历史发生次数；括号内数字代表历史最长持续天数(d)。

（3）大风

大风灾害对日光温室的危害是毁灭性的。大风使温室内外的压力长时间不均,损坏薄膜或造成温室骨架因疲劳而折断坍塌。表 6.17 为各区大风日数的统计值,可以看出,天津市大风日数的空间分布规律十分明显,东部滨海新区的塘沽、大港和汉沽的大风日数最多,每个生长季分别有 32.1 d、26.4 d 和 18.1 d 出现大于 12 m/s 的大风,北部蓟州的大风日数最少,平均每年只有 0.7 d 出现大风。

表 6.17　各区大风日数

站点	大风日数/d	站点	大风日数/d
宝坻	6.8	津南	8.5
北辰	5.5	静海	3.0
滨海新区大港	26.4	宁河	10.9
东丽	11.1	滨海新区塘沽	32.1
滨海新区汉沽	18.1	武清	6.7
蓟州	0.7	西青	10.3

（4）连阴天和低温寡照

连阴天和低温寡照对日光温室的栽培生产危害极大，也是实际生产中最常遇到的气象灾害之一。连阴天的危害主要表现在日照不足，作物无法获得足够的太阳光进行光合作用或其他生理活动，可引起落花、落果、畸形等现象，也是导致作物病害和减产的重要原因之一。低温寡照的危害更为严重，很可能造成作物大幅减产、绝产，甚至死亡。表6.18统计了各站点的寡照日数、冬季平均日照时数、连阴天和低温寡照日数。

表 6.18　各站点连阴天和低温寡照统计

站点	寡照日数/d	冬季平均日照时数/h	平均连阴天次数/次	低温寡照日数/d
宝坻	56.2	6.0	12.3	4.2
北辰	56.0	5.8	12.7	2.6
滨海新区大港	58.8	6.1	14.3	1.6
东丽	53.4	5.8	12.1	2.3
滨海新区汉沽	55.6	6.4	12.1	2.4
蓟州	58.1	5.7	12.7	3.0
津南	60.3	6.7	13.4	2.2
静海	56.9	5.8	13.2	2.0
宁河	51.4	6.0	11.7	2.9
滨海新区塘沽	54.4	5.8	12.2	1.6
武清	57.8	5.7	13.3	3.1
西青	60.2	5.6	13.4	2.4

从统计结果看，全市日照条件的空间分布特征不明显，连阴天的发生次数总体上呈现西部大于东部，南部多于北部的趋势。低温寡照的发生规律也与之类似，宝坻、蓟州和武清为低温寡照最常发生的3个区，年均低温寡照日数大于3 d，滨海新区塘沽和大港的低温寡照日数全市最小，为1.6 d。

6.4.4.3　天津新型日光温室风灾风险评估

陈思宁等（2017）根据文献调研，天津市气象灾害年鉴的查阅，并结合对天津温室作物气象灾害的实地调查结果，确定了日光温室风灾致灾指标（表6.19）。

表 6.19　天津新型日光温室风灾致灾指标

风灾等级	风力/级	风速/(m/s)
轻度	4～5	5.5～10.7
中度	6～7	10.8～17.1
重度	≥8	≥17.2

（1）日光温室风灾风险评估模型

根据自然灾害风险评估理论，构建天津新型日光温室风灾风险评估模型，公式如下：

$$I_j = \sum_{i=1}^{n} (\bar{V}_{ij} \times P_{ij}) \tag{6.11}$$

式中，I_j 为某一气象站第 j 年温室风灾风险指数；$\bar{V}_{ij}$ 为该站第 j 年 i 级风灾成灾日内最大风速的平均值;P_{ij} 为该站第 j 年 i 级风灾一年内出现的概率;n 为风灾风险等级个数,$i=1,2,3$ 分别对应轻、中、重度风灾,$j=1,\cdots,10$ 分别对应 2005—2014 年中的各年份。

某一气象站点的新型日光温室风灾风险值应为 2005—2014 年 10 a 风灾风险值的平均。以 2005 年武清站风灾风险指数为例说明具体计算方法:2005 年武清站最大风速达到轻度风灾(即最大风速介于 5.5~10.7 m/s)的天数为 157 d,则该站 2005 年轻度风灾概率 $P_1=157/365=0.43$,且达到轻度风灾的最大风速的均值为 $\overline{V}_{11}=7.45$ m/s,故武清站 2005 年轻度风灾风险指数为 $0.43\times7.45=3.20$,相应地,中度风灾风险指数为 0.29,重度风灾风险指数为 0,风灾综合风险指数为轻、中、重度风灾风险指数之和,即 3.49。

(2)统计分析

基于天津市国家气象观测站最大风速数据构建近 10 a(2005—2014 年)天津新型日光温室不同等级风灾的致灾指标序列,并采用 easyfit(http://www.mathwave.com/)概率统计软件,计算近 10 a(2005—2014 年)各站日光温室出现不同等级风灾的概率,在此基础上,利用式(6.11)计算各站近 10 a(2005—2014 年)不同等级风灾风险指数和风灾综合风险指数(表6.20),13 个站点风灾综合风险指数按由高到低分为 4 级:Ⅰ级(3.0~4.0)、Ⅱ级(2.0~3.0)、Ⅲ级(1.0~2.0)、Ⅳ级(0.0~1.0)。可以看出,西青、塘沽、汉沽及宁河的综合风灾风险归为Ⅰ级;武清、宝坻、东丽及津南的综合风灾风险归为Ⅱ级;静海、大港及北辰的综合风灾风险归为Ⅲ级;蓟州和市区归为Ⅳ级。

表 6.20 基于气象站点的天津新型日光温室的风灾风险指数

站点	轻度风灾风险指数	中度风灾风险指数	重度风灾风险指数	风灾综合风险指数
西青	3.15	0.61	0.01	3.77
滨海新区塘沽	2.96	0.22	0.00	3.18
滨海新区汉沽	2.94	0.22	0.00	3.16
宁河	2.90	0.12	0.00	3.02
武清	2.56	0.31	0.00	2.88
宝坻	2.13	0.12	0.00	2.24
东丽	2.05	0.07	0.00	2.11
津南	1.96	0.09	0.00	2.05
静海	1.77	0.03	0.00	1.80
滨海新区大港	1.68	0.01	0.00	1.69
北辰	1.59	0.01	0.00	1.60
蓟州	0.87	0.01	0.00	0.88
市区	0.62	0.00	0.00	0.62

(3)新型日光温室风灾风险区划

利用普通克里金法对 13 个气象站近 10 a(2005—2014 年)风灾风险指数平均值插值,可得日光温室各级风灾风险区划结果(图 6.22),天津日光温室轻度风灾风险指数明显高于中、重度风险指数,其风险指数范围为 0.62~3.15,且风险指数较高区主要位于天津东部,以宁河、汉沽、塘沽为代表,西青区西北部的轻度风险指数也较高;中度风灾风险指数范围为 0~

0.62,风险指数高值区位于武清区中东部及西青区西北部;天津日光温室遭受重度风灾的风险最低,其风险指数普遍几乎为 0。因风灾综合风险指数为轻、中、重度风灾风险指数之和,故综合风险指数的空间分布情况与轻度风灾风险一致,即高风险区主要位于天津东部地区。

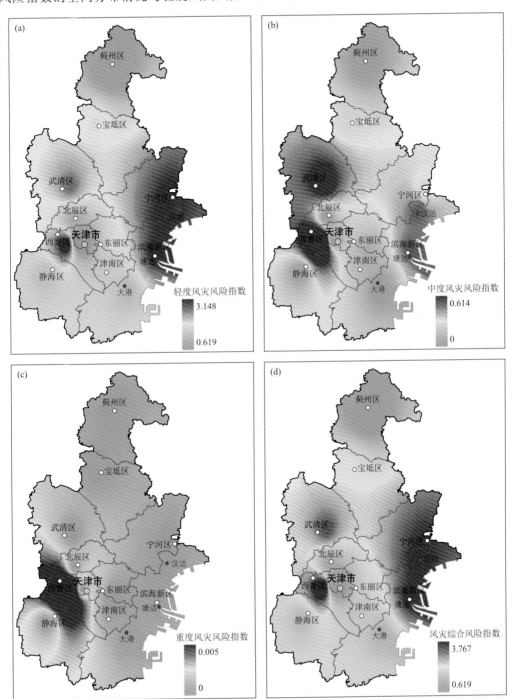

图 6.22 天津日光温室各级风灾风险区划
(a)轻度;(b)中度;(c)重度;(d)综合

图 6.23 给出了日光温室风灾风险指数随时间的变化情况,近 10 a(2005—2014 年)天津日光温室风灾重度风险指数几乎为 0,这与天津大部分地区 8 级以上大风鲜有发生有关;中度风险指数几乎未超过 0.3,除 2010 年略高外,其他年份基本持平;轻度风险指数明显高于中、重度风险指数,且 2005—2007 年逐渐减小(风险指数从 2.69 降至 2.0),2007—2014 年虽有变化但不显著(风险指数在 2.0 附近波动);近 10 a(2005—2014 年)风灾综合风险指数经历了 2005—2007 年逐渐降低、2007—2010 年逐渐升高、2010—2011 年降低、2011—2014 年变化较小的过程。

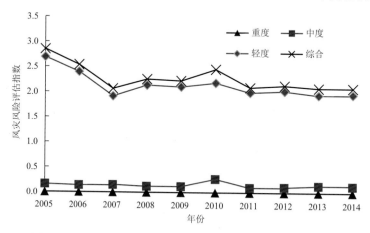

图 6.23 2005—2014 年天津日光温室风灾风险指数变化情况

基于自然灾害风险评估理论构建新型日光温室风灾风险评估模型,计算温室不同等级风灾风险指数,并从站点、空间、时间 3 个尺度分析了温室风灾风险指数的变化。天津新型日光温室遭受轻度风灾的风险最高,明显高于中度及重度风灾,而其遭受重度风灾的风险几乎为 0,这与天津较少发生 8 级以上大风有关。风险指数站点结果和空间分布结果均表明,宁河、汉沽、塘沽、武清、西青等地是遭受轻、中度风灾风险较高地区。近 10 a(2005—2014 年)日光温室中、重度风灾风险指数极小且变化基本持平,而轻度风灾风险指数从 2005 年的 2.70 逐渐降低至 2007 年的 2.0,2007—2014 年始终保持在 2.0 附近波动。温室作物不同于大田作物,大田作物是完全暴露于外界自然环境中的,其受灾情况直接受外界环境要素的影响(如各气象要素),但温室作物生长于温室内,尽管也受外界环境的间接影响,但更直接受作用于温室内小气候环境的影响(陈思宁 等,2014)。风灾对于温室作物的影响主要是通过室外气象条件的变化进而对温室内小气候及温室作物本身的影响造成的,主要表现在:轻灾会使得温室外气温降低,进而降低温室内气温,使温室作物的正常生长发育受到低温威胁;重灾会吹破棚膜、损坏温室结构,降低温室的保温性能,受损的支架倒塌给温室作物造成机械性损伤,造成作物减产或品质降低。温室作物风灾风险评估的难点在于:棚室外风灾指标和棚室内致灾指标(包括棚室结构本身受损指标、棚室内小气候指标及作物本身生长状态指标)之间关系的确定。

6.5 农田气候生产潜力时空变化

土地生产潜力是指一定条件下能够生产某种生物产品(如粮食、经济作物等)的内在能力,很大程度上受制于气候资源、土地资源等自然环境因素以及经济发展、科技水平等社会因素。

在社会发展和其他影响农业生产因素相对稳定的条件下,气候及气候变化成为影响作物生产潜力的重要因素(武永利 等,2009)。因此,需要关注气候生产潜力的研究。气候生产潜力是指除气候条件以外的其他条件都得到满足的情况下,由气候资源(光、温、水等)决定的单位面积上的植物生物学产量的最大值(欧阳海 等,1990)。目前国内外常用的比较成熟的模型有根据植物生产量与气温降水相关而建立的 Miami 模型(陈国南,1987)、通过蒸散量模拟植物生产量的 Thornthwaite Memorial 模型(高素华 等,1994)、表征农作物光温生产力的 Wagenigen 模型(林忠辉 等,2003)和农业生态区模型(AEZ)(赵安 等,1998)等。由于 Thornthwaite Memorial 模型以体现多个气象要素综合影响的年平均实际蒸散量来建模,涵盖了太阳辐射、温度降水、饱和度和风等气象因子,该模型相对更为周密、准确,更加接近生产实际,得到较为广泛的应用。

6.5.1 气候生产潜力模型

计算区域气候生产潜力采用比较成熟、国际上通用的 Thornthwaite Memorial 模型,Thornthwaite Memorial 模型以实际蒸散量为变量,综合了水热等气候因子,是一个代表性较强的气候指标,计算公式如下:

$$P_{ET} = 3000 \times \left[1 - e^{-0.0009695(ET-20)}\right] \tag{6.12}$$

$$ET = \begin{cases} 1.05R / \sqrt{1 + (1 + 1.05R / E_0)^2} & R \geqslant 0.316 E_0 \\ R & R < 0.316 E_0 \end{cases} \tag{6.13}$$

$$E_0 = 300 + 25T + 0.05 T^3 \tag{6.14}$$

式中,P_{ET} 为气候生产潜力(g/(m² · a)),e 为自然对数底数,ET 为年平均蒸散量(mm),R 为年降水量(mm),E_0 为年最大蒸散量(mm),T 为年平均气温(℃)。

利用 Miami 模型评估温度生产潜力和降水生产潜力,计算公式如下:

$$P_R = 3000(1 - e^{-0.000664R}) \tag{6.15}$$

$$P_T = \frac{3000}{(1 + e^{1.315 - 0.119T})} \tag{6.16}$$

式中,P_R 为降水生产潜力(g/(m² · a)),R 为年降水量(mm),P_T 为温度生产潜力(g/(m² · a)),T 为年平均气温(℃)。

6.5.2 天津气候生产潜力变化特征

1971—2020 年天津市温度生产潜力平均为 1576.5 g/(m² · a),呈明显的上升趋势(通过 0.05 显著性检验),气候倾向率为 36.15 g/(m² · 10 a),变化范围在 1460.3~1693.9 g/(m² · a)。从年代际变化看,20 世纪 70—80 年代处于较低水平,在 1500 g/(m² · a)左右;从 20 世纪 80 年代中期开始逐年上升,20 世纪 90 年代末达到 1600 g/(m² · a)左右,21 世纪前 10 a 维持在 1600 g/(m² · a)左右,而后有所下降,然后迅速上升达到历史最高值,维持在 1640 g/(m² · a)以上(图 6.24a)。

1971—2020 年天津市降水生产潜力平均为 921.2 g/(m² · a),呈减小趋势(没有通过 0.05 显著性检验),气候倾向率为 −13.96 g/(m² · 10 a),最大值为 1367.5 g/(m² · a)(1977 年),最小值为 529.6 g/(m² · a)(1968 年)。20 世纪 70 年代,降水生产潜力处于较高水平,但年际差异较大;20 世纪 80—90 年代呈微弱的减小趋势,20 世纪 90 年代末处于较低水平;21

世纪开始呈微弱上升趋势,由 700 g/(m²·a) 左右回升到 900 g/(m²·a) 以上(图 6.24b)。

1971—2020 年天津市气候生产潜力平均为 659.6 g/(m²·a),没有趋势性变化,年际差异较大,最大值为 1977 年的 861.9 g/(m²·a),最小值出现在 2002 年,为 485.4 g/(m²·a)。其变化规律与降水生产潜力基本一致(图 6.24c)。

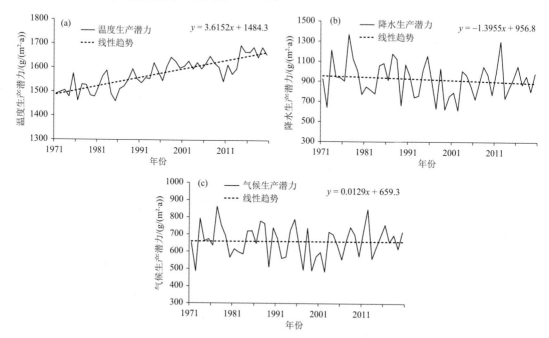

图 6.24　天津市 1971—2020 年温度生产潜力(a)、降水生产潜力(b)、气候生产潜力(c)变化

图 6.25 给出了天津市 1971—2020 年温度生产潜力、降水生产潜力、气候生产潜力年平均值以及气候变化趋势空间分布,可以看出:年平均温度生产潜力呈"南高北低"分布(图 6.25a),大值区位于市区、滨海新区大港,在 1620 g/(m²·a) 以上;低值区位于宝坻区,为 1490 g/(m²·a) 左右。近 50 a(1971—2020 年)温度生产潜力气候变化趋势均呈增加趋势(各站均通过 0.05 显著性检验),其中位于南部的大港、津南、市区增幅最大,每 10 a 增加 40 g/m² 以上;宝坻区增幅最小,为 23 g/(m²·10 a)(图 6.25b)。

年降水生产潜力也是呈南北分布,但与温度生产潜力相反,为"南低北高"分布(图 6.25c),大值区在北部蓟州,为 1030 g/(m²·a);而低值区在南部西青、津南、大港一带,为 900 g/(m²·a) 左右。近 50 a(1971—2020 年)降水生产潜力呈减小趋势(各站均未通过 0.05 显著性检验),东部减小幅度大于西部,其中滨海新区塘沽、汉沽以及宁河等区域每 10 a 减小 17 g/m² 左右;市区减小幅度最小,每 10 a 减小 1 g/m²(图 6.25d)。

年气候生产潜力以 655 g/(m²·a) 将天津分为两部分,其中武清、北辰西部、西青大部、静海、津南、东丽南部等区域在 655 g/(m²·a) 以下,其他地区在 655 g/(m²·a) 以上,最大值在蓟州,为 700 g/(m²·a) 以上(图 6.25e)。近 50 a(1971—2020 年)气候生产潜力气候变化倾向率空间分布不一致,其中市区、西青呈微弱的增大趋势,其他区域均呈微弱的减小趋势,其中宁河减小幅度最大,为每 10 a 减小 10.3 g/m²(图 6.25f)。

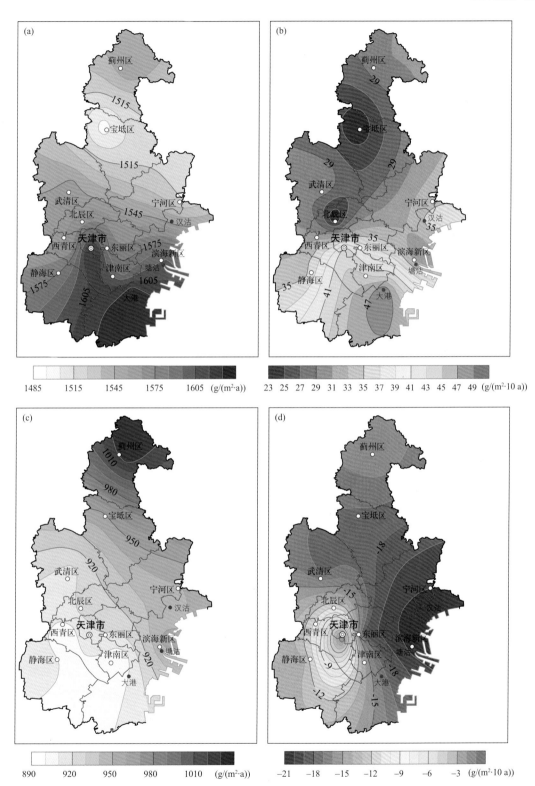

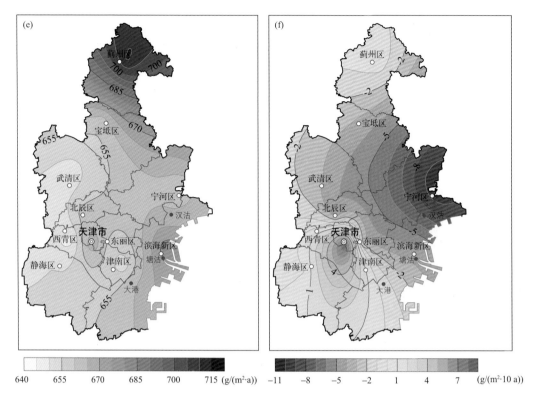

图 6.25　天津市温度生产潜力(a、b)、降水生产潜力(c、d)、气候生产潜力(e、f)空间分布图
((a)、(c)、(e)为原始值;(b)、(d)、(f)为气候变化倾向率)

6.5.3　天津气候生产潜力气象影响因素

图 6.26 给出了天津市 1971—2020 年气候生产潜力与年平均气温、年降水量的相关关系图,发现气候生产潜力与年平均气温呈较弱的负相关,相关系数仅为 −0.07,说明气温不是限制天津市农业发展的限制因子。气候生产潜力与降水量呈显著正相关,相关系数达 0.98,通过了 0.01 的显著性检验。在降水保持不变的情况下,气温与气候生产潜力的偏相关系数为0.65,说明气候生产潜力受气温和降水两个因素的影响,也就是说,天津市大部分地区热量条件是充足的,限制气候生产潜力的主要因素是降水的多少。

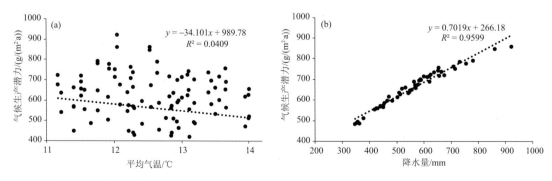

图 6.26　1971—2020 年天津市气候生产潜力与年平均气温(a)、年降水量(b)的散点图

在全球变暖背景下,天津市气温增加速率高于全国平均水平,而降水表现出弱的减少趋势,作物发育期延长,但由于作物的主要限制因素为降水。因此,未来气候变化对天津市农业发展存在一定不利因素;同时天津市气候生产潜力利用水平较低,采取有力措施可以应对或减缓气候变化对农业生产带来的不利影响。

6.6 本章小结

本章介绍了农田生态气象研究成果,详细介绍了天津的农作物种植结构和农业区划,卫星遥感在农作物遥感监测评估中的应用,特别是针对天津小站稻种植,开展了生长期气候条件分析、气候适宜度评估、小站稻气候品质评估,以及对天津蓟州特色作物葡萄、板栗、苹果气候适宜度进行评估,分析了天津日光温室气象条件、灾害风险做了评估与区划,最后给出了天津市农田气候生产潜力的时空变化特征。

(1)天津市属于暖温带半干旱半湿润区,粮食作物以玉米、小麦和水稻为主,分为近郊都市农业耕作区、滨海农业耕作区、中南部平原综合农业耕作区、北部生态农业耕作区等四个农业耕作区。

(2)基于高分遥感卫星资料,通过地面采样点结合遥感影像人工判识选择训练样本的方式,基于最大似然法对影像进行分类,对小麦、水稻等种植面积、生长状况进行监测,并开展气象灾害监测,为做好农业气象服务提供技术支撑。

(3)天津小站稻是我国著名的优质水稻之一,为农产品地理标准产品。应用水稻气候适宜度模型,评估了天津市气候条件,结果表明:天津日照丰富、热量资源很适合小站稻种植,自然降水虽然不能满足小站稻生长所需的水量,但是天津降水的分布规律,也符合小站稻需水规律,在需水量多的生长期,与天津雨季正好匹配,对小站稻的生长有很重要影响。

(4)利用天津小站稻营养品质要素与同期气象因子的长期定位观测资料,在确定小站稻营养品质综合表征参量的基础上筛选影响小站稻稻谷营养品质的关键气象因子,采用逐步回归法建立稻谷营养品质气候评价模型,评估小站稻气候品质,结果表明:9月份的温度条件是影响小站稻各个营养品质要素直链淀粉(X_a)、胶稠度(X_g)、蛋白质(X_p)、垩白度(X_c)及营养品质气象评价指数(M)的关键指标,小站稻全生育期的温度条件是决定其营养品质形成的最重要的气候因子。

(5)葡萄、板栗、富士苹果等特色作物适合在天津蓟州山区种植,蓟州山区的热量条件、光照条件、水分条件有利于提升作物品质。

(6)研究表明,天津属于日光温室适宜发展区,太阳辐射总量大、日照时间长、光热资源配置良好,纬度高的地区温度略低,冬季温室生产需注意保温。低温是制约日光温室生产的首要因素,而持续低温和极端低温则是低温灾害的2个主要表现形式。大风灾害对日光温室的危害是毁灭性的。根据自然灾害风险评估理论,构建了天津新型日光温室风灾风险评估模型,计算了温室不同等级风灾风险指数,并从站点、空间、时间3个尺度分析了温室风灾风险指数的变化。天津新型日光温室遭受轻度风灾的风险最高,明显高于中度及重度风灾,而其遭受重度风灾的风险几乎为0,这与天津较少发生8级以上大风有关。

(7)1971—2020年天津市温度生产潜力呈明显的上升趋势(通过0.05显著性检验),降水生产潜力呈不显著减小趋势,气候生产潜力没有趋势性变化,年际差异较大。气候生产潜力与

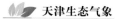

年平均气温呈较弱的负相关,说明气温不是限制天津市农业发展的限制因子。气候生产潜力与降水量呈显著正相关,表明天津市大部分地区热量条件是充足的,限制气候生产潜力的主要因素是降水的多少。

第7章
海岸带生态气象

7.1 海岸带演变特征分析

7.1.1 天津海岸带变化

天津东部濒临渤海湾,为118°08′E经线与38°32′N纬线与陆域相交围成的弧线区域,海岸带北起滨海新区汉沽与河北省唐山市丰南区交界处的涧河,南至滨海新区大港与河北省黄骅市交界处的歧口,地跨整个滨海新区,长约153 km(图7.1)。天津的海岸带地势平缓,多为淤泥质的潮间带,宽度3000~7300 m,最大可达10 km,面积约为370.322 km²。天津海岸带最低处为大沽口,海拔0 m。天津的浅海海域面积约3000 km²,大部分地区海水深度不超过15 m,海水的含盐度平均为30‰。

图7.1 天津海岸带遥感影像图(2015年)(改自(孙百顺 等,2017))

　　天津市海岸类型为堆积型平原海岸,由于特殊的海洋地质环境和长期以来人类对海洋大规模的开发利用活动,天津市的自然岸线已经基本消失,除了汉沽北部和大港南部的围海养殖岸线外,绝大部分海岸线为堤坝、码头、海挡等人工岸线。利用中、高空间分辨率遥感影像,结合天津市海域使用动态监视监测(王园君 等,2020),得到的天津市海岸线变化情况(图 7.2)。从 20 世纪 70 年代—20 世纪末,天津海岸线长度增加 18.6 km,年增速为 0.74 km/a,海岸线变化不大。该阶段海岸线变化原因主要是天津港码头扩建、堤坝建设和河口冲淤,变化最明显的岸段位于北疆港区和南疆港区。另外,最南端海域出现轻度海岸侵蚀,致使岸线后退,但对岸线长度的影响较小。进入 21 世纪,天津市滨海新区推进开发开放,工业化、城镇化进程加快,从北部海域的北疆电厂、中心渔港、临港新城的建设,到中部海域的天津港东疆港区和南疆港区的建设,以及临港经济区规划实施建设,滨海新区围海造地成为利用海域资源、缓解土地供需矛盾、拓展发展空间的重要途径。2001—2016 年海岸线长度增加 184.9 km,年均增速11.6 km/a,海岸线变化巨大(王园君 等,2020)。2016 年后海岸线变化趋于稳定。

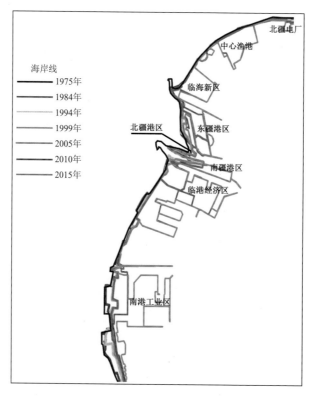

图 7.2　天津海岸带变化示意图(改自(孙百顺 等,2017))

　　岸线变化的影响因素包括自然因素和人为因素。一方面,自然因素对岸线的影响,因岸线类型不同而表现程度不同。一般情况下,自然因素对岸线的影响是长时间尺度、小幅度的。但对于淤泥质海岸来说,海水的侵蚀作用较其他类型的海岸更为明显,主要体现在河口区域,比如黄河河口,黄河三角洲区域由于黄河携带大量泥沙,因此,在入海口产生明显的淤积,使得岸线长度增加,而海岸的侵蚀作用导致该区域岸线曲折化(孙万龙 等,2016)。海河入海口位于天津港,海河下游自 1958 年建闸以后,年径流量减少非常大,入海水沙量急剧减少,对渤海湾泥沙的贡献量很小(张立奎,2012)。另一方面,人类开发活动对海岸线的影响则是即时、强烈的,而且大多数的人为活动会导致海岸线向海推进,对海岸带生态造成不可忽视的负面影响(Suo et al.,2015)。天津海岸线长度随着围填海面积的增加而增长,人工岸线取代自然岸线,说明围填海活动是岸线演变的重要影响因素。盐田、养殖池、建筑用地和待利用地为影响天津岸线变迁的主要因素。从全国海岸线变迁的研究结果可以看出,修建港口码头,构筑建设用地,沿海养殖和农业开垦等人为因素是近几十年来中国海岸线变迁的关键因素(高志强 等,2014)。

7.1.2 大规模围填海对环境、生态和经济社会发展的影响

大规模围填海造陆是工业化和城市化过程中土地资源紧缺矛盾日益加剧背景下向海洋拓展空间的基本途径,短期内提供了大量新增土地资源和发展空间,但是,大量事实和研究证明围填海对海岸带环境和生态的负面影响是长期的和难以估量的。渤海是半封闭型内海,大规模围填海造成的环境与生态效应影响更为突出(侯西勇 等,2018)。

7.1.2.1 导致海洋潮汐、波浪和水动力条件变化

大规模围填海直接改变海岸结构和潮流运动,影响潮差、水流和波浪等水动力条件。就河口而言,河口围垦后河槽束窄,潮波变形加剧,落潮最大流速和落潮断面潮量减少。曹妃甸、天津港及黄骅港工程建筑物建成后有效波高减小,港池和潮汐通道内减小的幅度尤其显著;同时发现渤海湾含沙量分布呈现常动力条件下减小、强动力条件下近岸海域减小及建筑物前海域增大的趋势(赵鑫 等,2013)。岸线的变化还导致黄河海港附近海域半日潮无潮点逐渐向东南方向偏移,莱州湾内半日潮振幅减小,三大湾的振幅均有所增强。模拟结果显示,在有工程遮挡的海域,波浪的有效波高减小、掀沙能力降低,工程附近海域悬沙浓度也有所降低(张鹏程 等,2015)。大规模围填海活动直接改变港湾的水动力条件,使得水体携沙能力降低、海湾淤积加速,进而导致岸滩的变迁。

7.1.2.2 造成近岸和近海沉积环境与水下地形变化

围填海直接改变邻近海域的沉积物类型和沉积特征,原来以潮流作用为主细颗粒沉积区单一的细颗粒沉积物变为粗细混合沉积物,沉积物分选变差、频率曲线呈现无规律的多峰型,有的甚至将细颗粒沉积物全部覆盖,变成局部粗颗粒沉积物(陆荣华,2010)。吹填区域严重改变海底地貌,破坏海底环境,引起新的海底、海岸侵蚀或淤积。人类活动是改变和再塑近海区域现代沉积格局的重要影响因素,围填海重塑了海岸形态和空间分布格局,限制了沿岸浅水区物质参与现代沉积的能力并间接影响沉积速率变化、碎屑矿物的动力分异、重金属元素的富集和扩散(张子鹏,2013)。大规模离岸人工岛建设对粒径小于 63 μm 的沉积物有明显的搬运作用,而对粒径大于 63 μm 沉积物搬运作用的影响较小(任鹏,2016)。

7.1.2.3 导致或加剧近岸的水环境与底泥环境污染

围填海工程降低海域的水交换能力和污染物自净能力,围填海形成的水产养殖、港口码头和临港工业等活动增大了海域内污染物的排放量,两种作用叠加致使近岸水环境和底泥环境污染持续恶化。对渤海底层低氧区分布特征和形成机制的研究表明(张华 等,2016),低氧区具有南北"双核"结构,与双中心冷水结构基本一致,渤海中部海水季节性层化及其对溶氧的阻滞作用是低氧区产生的关键物理机制,低氧区产生是渤海生态系统剧变的结果和集中体

现。辽东湾北部浅海区底泥中砷元素含量较高，高值区分布在锦州湾及附近，锦州湾的底泥污染主要是由频繁的围填海活动和陆源污染物排海引起(刘明华，2010)。对渤海湾围填海造成的重金属污染的研究表明，2011年沉积物中Cu、Cd、Pb的含量均比2003年偏高，重金属污染形势趋于严峻，Cu、Zn、Cd高值区集中在渤海湾的中部海域，Pb高值区主要集中在近岸河口和渤海湾中部及南部(秦延文 等，2012)。围填海区附近海域表层沉积物中的重金属平均含量均高于渤海湾沉积物重金属背景值，具有较强的生态危害(陈燕珍 等，2015)。

7.1.2.4 造成潮滩湿地的面积减损与生态功能下降

围填海工程占用大量沿海滩涂湿地，彻底改变湿地的自然属性，导致其生态服务功能基本消失。沿海滩涂和河口是各种鱼类产卵洄游、迁徙鸟类栖息觅食、珍稀动植物生长的关键栖息地，围填海导致湿地生物种群数量大量减少甚至濒临灭绝，完全改变生态系统的结构，生态服务功能严重下降。研究表明，大连市大规模围填海致使近海湿地减损、生态系统退化、生物多样性降低。曹妃甸围填海工程占用滩涂湿地每年造成的生态多样性、气候调节功能、空气与水质量调节等生态服务功能损失达4736万元(索安宁 等，2012)。研究发现，围填海活动强烈的地区植被类型比较单一，围填海活动改变了植被生长的关键环境因子，并导致植被元素配比的变化(宋红丽，2015)。20世纪70年代以来围填海活动强度超出了黄河三角洲湿地生态系统的承受能力，而且呈现为不断增加的趋势(靳宇弯 等，2015)。

7.1.2.5 导致近岸底栖生物栖息地减损与群落破坏

围填海工程海洋取土、吹填、掩埋等过程带来近海地质条件和海域底栖生存条件剧变，导致底栖栖息地损失和破碎化，底栖环境恶化，底栖生物数量减少，群落结构改变，生物多样性降低。岸线、滩涂、近岸浅海等栖息要素变化对渤海湾近岸海域大型底栖动物群落结构具有显著的影响，海底沉积物和海水水质变化使海域生态系统受到影响，众多的底栖生物、浮游生物因栖息和繁殖环境的变换而出现迁移、死亡甚至灭绝，导致物种数量减少和多样性的降低(张壮壮，2014)。围填海工程对底栖生物、浮游生物、鱼卵和仔稚鱼、游泳动物等海洋生物资源均有显著的影响，例如，毛蚶、四角蛤蜊被掩埋后表现出垂直迁移行为，随着掩埋深度增加，死亡率逐渐增加，随着悬浮物暴露时间的延长，幼鱼对悬浮物的敏感性逐渐增强(王娟娟 等，2016)。围填海加剧黄渤海底栖生物栖息地的减损、生物物种多样性的降低以及平均生物量和丰度的减少，而近海底栖生物栖息地减损和破碎化致使底栖动物分布格局也发生显著的变化。

7.1.2.6 严重侵占和破坏海洋渔业资源"三场一通道"

大规模围填海占用和破坏海洋渔业资源"三场一通"，与水环境污染、过度捕捞、气候变化等并列为渔业资源退化的主要原因。规模化围填海引起海洋属性永久性改变，导致水质下降、底栖生境丧失、生物多样性和生物量下降，影响整个食物链，导致海岸生态系统退化；导致纳潮量减小，水交换能力变差，海岸带水动力、泥沙和盐分等物理场条件的显著变化，进而造成渔业资源产卵场、索饵场、越冬场和洄游通道(即"三场一通")等基本条件的萎缩甚至完全消失，高浓度悬浮颗粒扩散场对鱼卵、仔稚鱼造成伤害，对鱼类资源造成毁灭性的破坏；水动力和沉积环境变化导致物质循环过程改变，间接导致周边海域环境质量恶化、生态退化和生物资源损害(中国科学院学部，2011)。围填海使近岸水域中悬浮物质含量增加、水环境质量下降，导致近岸渔业资源退化。同时，由于对捕捞的限制，使得一些捕捞作业和增养殖产业被迫停止，这在一定程度上严重影响了当地渔民的经济和生活,使当地的渔业发展空间面临前所未有的转移压力。

7.1.2.7 对养殖、盐业、旅游等海洋经济产业发展造成不利影响

科学合理的围填海活动可以为沿海经济社会发展提供大量土地资源,满足港口码头和临港工业的发展,提供养殖和盐田生产空间等,从而为当地带来新的经济增长点,促进区域经济的健康、多样化、可持续发展,提升地区的经济实力和社会发展水平。但盲目、过度、无序的围填海存在很多弊端,给传统产业、低碳型经济的发展带来巨大冲击,尤其是海洋养殖业、海洋制盐业、海洋运输业、海洋旅游业等。例如,围填海占用养殖业和制盐业发展空间,并由于水动力条件改变和排放废弃物、污染物而导致海水中悬浮物浓度升高,水环境和底栖环境质量下降,浮游动植物数量锐减,严重影响养殖业产量和制盐业取水环境;围填海一般分布在近岸水域和河口入海处等浅海水域,而这些区域往往是航运功能非常突出的区域,围填海使海洋水动力条件改变,纳潮量明显减少,造成海湾和河口入海口泥沙淤积、港口淤积等影响海运船舶的航行,造成航道功能下降,港口功能和经济效益受损,甚至不得不另择新港。

7.1.2.8 加剧海岸带自然灾害风险和诱发经济社会系统风险

围填海导致海岸带和海洋自然灾害风险加剧以及生态环境脆弱性增强,资源环境承载力下降,经济社会系统与自然环境系统之间矛盾加剧等。围填海改变海洋水动力条件,造成泥沙淤积,近海浅水区消波能力减弱,加剧风暴潮等海洋灾害的破坏作用,并直接对近海防护工程造成较大的影响;水中悬浮物和富营养化物质浓度升高,周边海域水环境变差,赤潮、水母等生态灾害频发,海洋生物多样性和生态系统健康遭受巨大威胁(曹宇峰 等,2015)。围填海打破了海陆依存关系的平衡,给海陆之间的协调发展带来阻碍,曲折的自然岸线变为平直的人工岸线,海湾及河口海域面积缩小,阻塞入海河道,影响洪水下泄,改变地表-地下间的水循环特征(曹湛,2014)。围填海侵占和破坏沿海的自然湿地,破坏动物的觅食地,导致许多珍稀物种濒临灭绝,很多有价值的滨海旅游资源被破坏;高污染、高重金属含量等有毒物质富集于贝类、鱼类当中,通过食物链富集,对人类的身体健康有很大的威胁。

7.2 海岸带遥感监测识别

7.2.1 监测评估目标

利用 FY-3、FY-4、葵花 8、Landsat、MODIS、高分等多源遥感数据和遥感产品,评估天津市海岸线等生态环境变化,进而分析变化产生的驱动因素。

利用多时次渤海湾海岸线数据,对区域内 2000 年以来不同类型海岸线的分布特征、长度及其变化进行分析,并结合社会经济统计数据分析海岸线变迁的成因,提出生态修复建议。

7.2.2 监测评估方法

7.2.2.1 海岸线遥感监测方法

海岸线包括大陆海岸线和岛屿海岸线,在不同学科领域内,海岸线的位置各不相同。测绘学的海岸线为多年大潮平均高潮位时的水陆分界线,但航海图上的海岸线以最低低潮线为分

界线,为了航海安全的需要,实际绘制的航海图上海岸线会比最低低潮线还略微低一些。自然地理学的海岸线通常是用海洋最高暴风浪在陆地上所达到的位置来划定。而我国海域使用管理中,海岸线指的是多年大潮平均高潮位时的海陆分界线。

对于海岸线类型的划分,目前没有统一标准。我国20世纪80年代海涂资源调查中将海岸划分为河口海岸、基岩海岸、沙砾质岸、淤泥质岸、珊瑚礁岸和红树林岸6种类型。"908专项"将海岸线划分为基岩岸线、砂质岸线、粉砂淤泥质岸线、生物岸线和人工岸线5种类型。

利用遥感与GIS技术提取海岸线的方法有两种:一种是用计算机自动提取遥感影像瞬时水边线;另一种则是严格按照海岸线定义,选择指示岸线,通过人机交互判读提取海岸线并进行类型划分。

(1)人机交互目视解译

目视解译描绘海岸线现在仍在广泛使用,岸线类型识别主要靠人工判读。需要可靠的解译标志与专家知识的人机交互方式提取海岸线。该法提高了海岸线提取的精度,但是工作量大、受研究者的主观因素影响。

(2)计算机自动提取

海岸线计算机自动提取方法主要有边缘检测法、阈值分割法和遥感分类法三大类。边缘检测法根据海陆边界上的像元灰度值差异较大的原理,使用 Laplace、Roberts、Canny、Soble 等边缘检测算子来提取海岸线。阈值分割法又称密度分割法,根据海、陆的光谱特征差异,通过设定相应的阈值,来完成海陆分离及海岸线信息的提取。遥感分类法通过图像分类实现水陆分离,达到岸线识别目的。

高分辨率遥感影像具有空间分辨率高、波段信息少的特点。因此,本书主要基于近红外波段,通过阈值法来进行海岸线快速提取的业务化算法研发。以高分2号卫星遥感影像为例,建立了一种简单、高效的阈值判断方法。

算法流程见图7.3。主要技术思路是先分类、后提取,采用人工判读和阈值计算相结合的

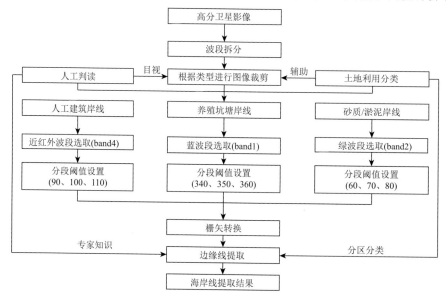

图 7.3 卫星影像提取海岸线流程

算法,实现高效的业务化提取目标。根据研究区岸线特点,结合已有的土地利用分类信息,主要分为分工建筑岸线、养殖坑塘岸线和砂质/淤泥岸线三大类型。根据高分卫星影像波段特点,进行波段拆分和影像空间裁剪。然后分别针对三类岸线光谱特征开展调研,最终针对人工建筑岸线,选取近红外波段作为判别依据;针对养殖坑塘岸线,选取蓝波段作为判别依据;针对砂质/淤泥岸线,选取滤波段作为判别依据。

高分影像具有所见即所得的优势。因此,经过目视判别来确定信息提取阈值。岸线快速提取可仅通过遥感影像像元亮度值(digital number,DN)值来实现,满足业务化工作需要。人工岸线阈值选择在 $90\sim110$ 之间;养殖坑塘岸线阈值选择在 $340\sim360$ 之间;砂质/淤泥岸线阈值选择在 $60\sim80$ 之间,分别提取效果最好。

最后,通过栅矢转换,形成岸线矢量数据,再根据海陆方向,提取多边形右侧边缘线,即可完成海岸线信息提取。

人工建筑岸线:采用近红外波段,阈值选 100(图 7.4)。

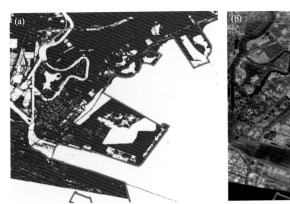

图 7.4　人工建筑岸线提取结果
(a)提取结果;(b)近红外波段影像

养殖坑塘岸线:采用蓝光波段,阈值选 350(图 7.5)。

图 7.5　养殖坑塘岸线提取结果
(a)提取结果;(b)蓝光波段影像

砂质/淤泥岸线:采用蓝光波段,阈值选 350(图 7.6)。

图 7.6　砂质/淤泥岸线提取结果
(a)提取结果;(b)绿光波段影像

7.2.2.2　海岸线变化评估

构建以岸线长度、曲直比、人工岸线率等为核心评估指标的海岸线评估指标体系,开展 2000—2020 年环渤海地区海岸线状况变化评估(2000、2010 和 2020 年三期),通过对不同时段海岸线长度的变化量、变化率的对比,评估环渤海区域海岸线的变化规律,并结合社会经济统计数据分析海岸线变迁的成因,提出生态修复建议(表 7.1)。

表 7.1　海岸线变化评估指标及其定义

评估内容	评估指标	指标定义
岸线结构	曲直比	指一段岸线实际长度与首尾线段相连长度的比值
岸线现状	人工岸线长度	指人工岸线总长度及各类型长度
	自然岸线长度	指自然岸线总长度及各类型长度
	人工(自然)岸线率	指人工(自然)岸线长度占岸线总长度的比值
岸线变化	人工岸线增长率	指评估时段开始和结束年份人工岸线长度增长百分比
	自然岸线增长率	指评估时段开始和结束年份自然岸线长度增长百分比
	人工(自然)岸线率变化量	指评估时段开始和结束年份人工(自然)岸线长度占岸线总长度百分比之差
生态影响	侵蚀性指数	指对海岸侵蚀能力的一个表征,是海岸本身固有的属性
	脆弱性指数	指一定区域内的人类活动造成海岸侵蚀性敏感程度

海岸侵蚀性指数是对海岸侵蚀能力的一个表征,是海岸本身固有的属性。侵蚀性指数的计算只考虑地形、生物栖息地和波浪对海岸的影响,其结果等于这三个变量得分的乘积除以相应得分之和,再开根号。

海岸侵蚀性指数的计算公式为:

$$\mathrm{EI}=\sqrt{\frac{R_{地形} \times R_{栖息地} \times R_{波浪}}{(R_{地形}+R_{栖息地}+R_{波浪})}} \tag{7.1}$$

式中,EI 为海岸侵蚀性指数,R_i 分别代表各岸段的地形、生物栖息地和波浪等级得分。侵蚀性指数代表完全在自然状况下,即海岸的自然侵蚀过程。只受到岸段的自然类型、生物栖息地和海浪的影响,侵蚀性指数的计算结果可以在时空上反映海岸带自然侵蚀性程度,为我们深入认识岸段、合理地保护岸段具有指导性意义。利用 Invest 模型进行海岸侵蚀性计算,得到天津市海岸带区域海岸侵蚀性指数,对该结果进行系统分级,制定海岸侵蚀性结果的分级标准(表7.2),主要分为低、较低、中、较高、高共 5 种级别的海岸侵蚀性,在分级转化的基础上进行海岸侵蚀性分析。

表 7.2　海岸侵蚀性结果等级划分

等级	取值范围	描述
低	0~0.8	自然状态下侵蚀影响很小
较低	0.8~1.6	自然状态下侵蚀影响较小
中	1.6~2.4	自然状态下侵蚀影响中等
较高	2.4~3.2	自然状态下侵蚀影响较严重
高	≥3.2	自然状态下侵蚀影响严重

海岸脆弱性反映的是一定区域内的人类活动对海岸侵蚀性的敏感程度。海岸脆弱性模型得出的结果虽不能直接评价海岸带生态服务功能,但其脆弱性指数高、中、低风险的等级划分可以快速定位大范围的海岸生态服务状况,为海岸带防护功能评估提供理论基础。

海岸脆弱性指数的计算公式为:

$$VI = \sqrt{\frac{R_{地形} \times R_{DEM} \times R_{栖息地} \times R_{海平面净变化} \times R_{风速} \times R_{波浪} \times R_{潜在风暴潮}}{N}} \qquad (7.2)$$

式中,VI 代表脆弱性指数,后面的各 R_i 代表地形、高程、栖息地、海平面净变化、风速、波浪、潜在风暴潮等因子的等级得分,N 代表变量个数。

利用 Invest 模型进行海岸脆弱性计算,得到全市海岸带区域海岸脆弱性指数,对该结果进行系统分级,参考脆弱性模型制定的模型分级标准,制定海岸脆弱性结果的分级标准(表7.3),主要分为低、较低、中、较高、高共 5 种级别的海岸脆弱性,在分级转化的基础上进行海岸脆弱性分析。

表 7.3　海岸脆弱性结果等级划分

等级	取值范围	描述
低	0~3	海岸整体非常稳定,受海岸环境的影响极不明显,侵蚀影响极小
较低	3~6	海岸相对稳定,受海岸环境的影响不太明显,侵蚀影响较小
中	6~9	海岸中等稳定,受海岸环境的影响中等明显,侵蚀影响一般
较高	9~12	海岸相对不稳定,受海岸环境的影响较明显,侵蚀影响严重
高	≥12	海岸极不稳定,受海岸环境的影响极为明显,侵蚀影响其严重

7.2.3　天津市海岸线时空变化监测

基于高分辨率卫星影像,采用人工目视解译方法,结合已有资料,将海岸线分为四种类型:养殖围堤、建设围堤、盐田岸线和河口岸线。

7.2.3.1　2020 年天津市海岸线分析

2020 年,天津市海岸带岸线总长度为 322.3 km,类型包括养殖围堤、建设围堤、盐田岸线和河口岸线,四类总长度分别为27.5 km、250.7 km、38.7 km和5.4 km,占全市海岸线总长度的8.5%、77.8%、12.0%和1.7%。

从空间分布来看(图7.7),养殖围堤主要分布在北侧和南侧,建设围堤分布在整个沿海岸线中部绝大多数区域,河口岸线较小,主要有三处,盐田围堤主要分布在北部地区。

7.3.3.2 2010年天津市海岸线分析

2010年,天津市海岸带岸线总长度为257.3 km,类型包括养殖围堤、建设围堤、盐田岸线和河口岸线,四类总长度分别为31.7 km、212.9 km、10.6 km和2.1 km,占全市海岸线总长度的12.3%、82.7%、4.1%和0.8%(占比之和不等于1,误差由数据四舍五入造成)。

从空间分布来看(图7.8),养殖围堤主要分布在北侧和南侧,建设围堤分布在整个沿海岸线中部绝大多数区域,河口岸线较小,主要有三处,盐田围堤主要分布在北部地区。

图7.7　2020年天津市海岸线空间分布　　　　图7.8　2010年天津市海岸线空间分布

7.2.3.3 2000年天津市海岸线分析

2000年,天津市海岸带岸线总长度为148.5 km,类型包括养殖围堤、建设围堤、盐田岸线和河口岸线,四类总长度分别为83.8 km、56.8 km、5.5 km和2.4 km,占全市海岸线总长度的56.4%、38.3%、3.7%和1.6%。

从空间分布来看(图7.9),养殖围堤主要分布在北侧和南侧,建设围堤分布在整个沿海岸线中部绝大多数区域,河口岸线较小,主要有三处,盐田围堤主要分布在北部地区。

7.2.3.4 2000—2020年天津市海岸线变化分析

2000—2020年间,全市海岸线总长度增加了173.8 km。其中养殖围堤长度减少,为56.3 km,建设围堤、盐田围堤和河口岸线均有所增加,分别增加了193.9 km、33.2 km和3.0 km(表7.4)。

图 7.9　2000 年天津市海岸线空间分布

表 7.4　天津市海岸线长度变化

单位:km

类型	2000 年	2010 年	2020 年
养殖围堤	83.8	31.7	27.5
建设围堤	56.8	212.9	250.7
盐田岸线	5.5	10.6	38.7
河口岸线	2.4	2.1	5.4
总长度	148.5	257.3	322.3
人工岸线	146.1	255.2	316.9
自然岸线	2.4	2.1	5.4

7.2.4　2000—2020 年天津市海岸线生态状况评估

7.2.4.1　海岸线长度变化评估

2000—2010 年,天津市海岸线总长度净增加了 108.8 km,其中建设围堤和盐田围堤分别增加了 156.1 km 和 5.1 km,养殖围堤和河口岸线分别减少了 52.1 km 和 0.3 km。2010—2020 年,全市海岸线总长度净增加了 65.0 km,其中建设围堤、盐田围堤和河口岸线分别增加了 37.8 km、28.1 km 和 3.3 km,而养殖围堤长度减少了 4.2 km(图 7.10)。

2000—2010 年和 2010—2020 年岸线长度变化对比来看,2000—2010 年岸线增加长度约为 2010—2020 年的 2 倍,特别是建设围堤长度,2000—2010 年增加长度约为 2010—2020 年的 4 倍,是天津市海岸线长度增加的主要来源,说明整个区域海岸线开发活动主要集中在

2000—2010 年。从养殖围堤来看,2000—2010 年减少的长度约为 2010—2020 年的 10 倍。盐田围堤长度,2010—2020 年增加长度约为 2000—2010 年的 6 倍。河口岸线略有增加,主要源于淤泥与建设围堤变化。

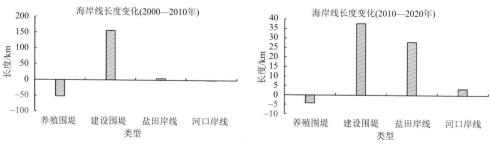

图 7.10　天津市各类岸线长度变化

7.2.4.2　海岸线曲直比变化评估

曲直比可以从宏观尺度反映海岸线的结构状况。可以看出,2000—2020 年间,天津市海岸线曲直比逐步增加,2000、2010 和 2020 年分别为 1.89、3.28 和 4.11(图 7.11),2000—2010 年海岸线曲直比变化更为明显,变化量约为 2010—2020 年的 2 倍。

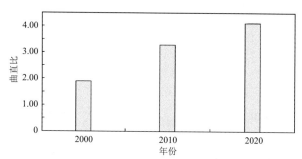

图 7.11　天津市海岸线曲直比变化(2000—2020 年)

7.2.4.3　人工岸线和自然岸线变化评估

2000—2020 年,人工岸线(包括养殖围堤、建设围堤和盐田岸线)从 146 km 增加到 316.9 km,增量为 170.9 km,主要源于人类生产生活;自然岸线(河口岸线)从 2.4 km 增加到 5.4 km,增量为 3 km,主要源于泥沙淤积等河口海岸自然过程(表 7.5)。2000—2010 年、2010—2020 年对比,人工岸线持续增加,2000—2010 年增加了 109.1 km,2010—2020 年增加了 61.7 km,

表 7.5　天津市海岸线长度变化

单位:km

类型	2000—2010 年	2010—2020 年
总长度	108.8	65.0
其中:养殖围堤	−52.1	−4.2
建设围堤	156.1	37.8
盐田岸线	5.1	28.1
河口岸线	−0.3	3.3
其中:人工岸线	109.1	61.7
自然岸线	−0.3	3.3

2000—2010 年增量约为 2010—2020 年的 2 倍;自然岸线先减后增,2000—2010 年减少了 0.3 km,2010—2020 年增加了 3.3 km。

从人工岸线和自然岸线率来看,2000—2020 年,人工岸线率有所降低,从 98.35% 降低到 98.31%;自然岸线率有所增加,从 1.65% 增加到 1.69%。但从时间过程来看,人工岸线率和自然岸线率均呈现出先降低、后增加的变化特征(图 7.12)。通过不同时段的岸线类型变化可以看到,2000—2010 年,全市人工岸线迅速增加,尽管由于泥沙淤积等缓慢的自然过程,新的自然岸线在缓慢形成,但老的自然岸线被迅速人工化,导致 2000—2010 年间,本就不多的自然岸线总长度有所降低。2010—2020 年,海岸线人工化趋势有所放缓,尽管人工岸线仍有明显增加,但自然岸线也有了小幅的增长,从 2.1 km 增加到 5.4 km。

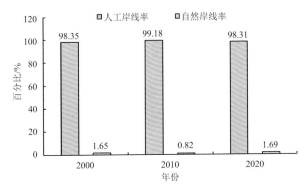

图 7.12　天津市海岸线自然岸线和人工岸线年比率

7.2.4.4　海岸侵蚀性分析

2000—2020 年,较低侵蚀程度的海岸比例在逐渐增加。2000 年,在自然状态下,50% 以上天津市海岸岸段在较低侵蚀程度以下。到 2020 年,该比例达到 80% 以上。侵蚀影响较小和很小的区域主要分布在中部建设围堤附近。侵蚀影响中等的区域主要分布在北部和南部等区域,以养殖围堤为主(图 7.13)。

图 7.13　天津市海岸侵蚀性空间分布(2000—2020 年)

7.2.4.5 海岸脆弱性分析

2000—2020 年,受海岸环境影响不太明显的比例在逐渐增加。2000 年,在自然状态下,30％以上天津市海岸岸段受海岸环境的影响不太明显。到 2020 年,该比例达到 80％以上。受海岸环境影响不太明显区域主要分布在中部建设围堤附近,而受海岸环境影响中等明显的区域主要分布在北部和南部等区域,以养殖围堤为主(图 7.14)。

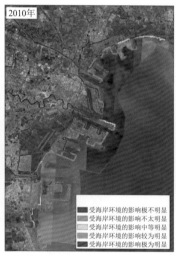

图 7.14　天津市海岸脆弱性空间分布(2000—2020 年)

7.3　气候变化对海岸带侵蚀与海平面上升的影响评估

7.3.1　海平面上升

政府间气候变化专门委员会(IPCC)第四次评估报告(AR4)表明,近百年来全球气候系统正经历着以全球变暖为主要特征的显著变化。自工业革命以来人类向大气排放大量温室气体所产生的增温效应很可能是导致全球变暖的最主要原因。现有预测表明,即使温室气体保持在现有水平,未来百年内全球气候仍将继续变暖。气候变化所引起的海温升高、海平面上升和大面积冰川融化等现象将会对海岸带形成巨大影响。这些影响因素包括有海平面上升、海水表层温度上升、海水入侵、海岸带侵蚀和风暴潮等(王宁 等,2012)。

IPCC AR6 指出:1901—2018 年全球平均海平面上升了 0.20 m。1901—1971 年期间平均海平面上升速率为 1.3 mm/a,1971—2006 年期间上升至 1.9 mm/a,2006—2018 年期间进一步上升至 3.7 mm/a。1971 年以来海平面上升的主要因素是人类的影响。全球平均海平面在 21 世纪将继续上升,与 1995—2014 年相比,在极低温室气体排放情景(SSP1-1.9)下,到 2100 年全球平均海平面可能上升 0.28～0.55 m。

7.3.1.1 海平面变化特征

《中国海平面公报(2020 年)》(自然资源部,2021)指出:中国沿海海平面变化总体呈波动上升趋势。1980—2020 年,中国沿海海平面上升速率为 3.4 mm/a,高于同时段全球平均水平。过去 10 a 中国沿海平均海平面持续处于近 40 a 来高位。从 10 a 平均来看,1981—1990 年平均海平面处于近 40 a 最低位;2011—2020 年平均海平面处于近 40 a 最高位,比 1981—1990 年平均海平面高 105 mm。2020 年,中国沿海海平面较常年高 73 mm,为 1980 年以来第三高。预计未来 30 a,中国沿海海平面将上升 55~170 mm。

天津沿海海平面变化总体呈波动上升趋势(图 7.15),2012 年达 1980 年以来最高值,较常年高 128 mm,预计未来 30 a,天津沿海海平面将上升 70~200 mm。

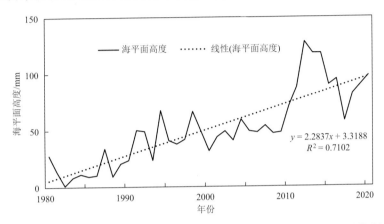

图 7.15　1980—2020 年天津海平面相对于常年(1993—2011 年)变化(引自(自然资源部,2021))

7.3.1.2　海平面上升对天津的影响

海平面上升对沿海地区最直接的影响是高水位时可能淹没范围扩大。中国海岸带海拔高度普遍较低,尤其是长江三角洲、珠江三角洲、环渤海周边地区,海平面小幅度的上升将导致陆地大面积存在受淹风险。预计海平面上升 1 m,长江三角洲海拔 2 m 以下的 1500 km² 的低洼地将受到严重的影响或淹没;海平面上升 0.7 m,珠江三角洲海拔 0.4 m 以下的 1500 km² 的低地将全部淹没(李平日 等,1993);海平面上升 0.3 m,渤海湾西岸可能的淹没面积将达 10000 km²(夏东兴 等,1994),天津全市面积的 44% 将低于高潮海面,其中塘沽、汉沽全境几乎都处于淹没风险范围(韩慕康 等,1994)。

(1)洪涝和风暴潮威胁加剧,沿海低地面临被淹

风暴潮、洪水是威胁沿海城市的主要突发性灾害。据《中国海洋灾害公报》统计,2008 年沿海地区共发生风暴潮 25 次,直接经济损失 192.24 亿元。近 10 a(2011—2020 年)我国沿海风暴潮平均每年发生次数为 16.6 次,直接经济损失平均每年为 80.82 亿元。董锁成等(2010)通过分析海平面上升对我国沿海地区影响,认为由于气候变化、海平面上升、滨海湿地退化等原因,沿海城市面临洪水和风暴潮的威胁大大增加。第一,气候变化引起台风、风暴潮等海洋灾害发生频率和强度增加。第二,地下水超采严重以及大型建筑物群增加了地面负载,引起地面沉降,海平面相对上升加快。天津濒临海岸,海拔普遍较低,大部分仅 2.0~3.0 m。天津市区近一半地区海拔不足 3.0 m,塘沽东大沽一带海拔仅 0.5~1.0 m,塘沽海滨公园海拔低于海平面。1959—2006 年塘沽区最大累计地面沉降值 3.25 m,已低于平均海平面 0.93 m。城市地面沉降是一种连续的、渐进的、累积的过程,其发生范围大且不易察觉,但经过逐年积累,

导致临海城市地面高程损失,并与海平面绝对上升叠加,使海平面上升加快。海平面上升导致潮位升高,使入海河流的河道比降下降,城市排水系统自流排水困难,河流淤积加重而排洪困难,容易造成城区严重内涝。第三,海平面上升导致海堤和挡潮闸的防潮能力降低,洪水、风暴潮灾害威胁增加。第四,海湾围垦、填海造地使滨海湿地萎缩,储水分洪、抵御风暴潮的缓冲区面积缩小,导致洪水、风暴潮灾害对滨海城市的威胁增加。据统计,1949年以前平均每7 a发生一次灾害性的风暴潮;1949—1979年平均每3.6 a发生一次灾害性的风暴潮;1980—2003年平均每2.5 a发生一次灾害性的风暴潮,有时一年发生两次。这主要是由于地面沉降降低了防潮能力,以前不应造成灾害的风暴潮现在就能造成巨大的灾害(王成刚 等,2004)。

从近年的几次风暴潮的灾情可以看出,受灾最严重的是港口码头、新港船厂、新港地区和东沽地区。港口码头和新港船厂经常被潮水淹泡,其主要原因是地面受下沉影响,降低了防潮能力。而新港地区和东沽地区被潮水淹泡,其主要原因是海河闸、轮船闸和渔船闸受地面下沉影响闸门顶高程降低从而成为新港地区和东沽地区的进水通道所致。海河闸门顶原设计高程5.00 m(大沽),沉降后只有3.84 m,轮船闸、渔船闸沉降后只有3.28 m,已成为东部防潮的薄弱环节。风暴潮灾害由原200 a一遇降为一年一遇或一年数次,只要天文大潮遭遇到5~6级以上的向岸风就有可能漫闸顶而过上溯到河道和新港路一带。随着地面沉降量的增加和特大风暴潮的降临,海潮入侵量和入侵历时会相应增加,使潮灾程度大幅度增加。

王静爱等(2004)对中国城市人口在60万以上的70个城市进行研究,结果表明,天津、广州为水灾最危险的城市,大连、唐山、青岛、苏州、无锡、扬州、深圳、珠海等为水灾高度危险的城市,这些城市都处在沿海各大城市群的核心区。在气候变化背景下,受海平面上升以及风暴潮、台风、暴雨等灾害的影响,五大城市群濒海的天津、上海、广州等城市将成为受洪水威胁和低地被淹没的高风险区。

据夏东兴等(1994),若海平面上升30 cm而不加保护,天津地区的自然岸线将后退50 km,达天津市区,淹没土地约10000 km²。若海面上升100 cm,海岸线将后退70 km,海水可能影响的总面积约16000 km²。潮滩与湿地损失既丧失了宝贵的土地、旅游和生物等资源,也使滩面消浪和抗冲能力减弱。

(2)对海岸侵蚀的影响

随着海平面上升和台风、风暴潮等海洋灾害加剧,沿海城市海岸侵蚀加剧,使海滩、码头、护岸堤坝、防护林受到破坏和威胁。海平面上升导致潮位上升、强潮频率增多、潮差加大,海岸侵蚀加剧。根据布伦(Bruun)法则,海平面上升会破坏原有的沉积-侵蚀平衡而造成海岸蚀退。潮位上升,导致侵蚀基准面上升,原来处于平衡状态的海岸剖面不适应新的动力条件,从而塑造新的剖面,并改变沿岸的冲积过程,导致海岸侵蚀加速。风暴潮侵袭期间,水位大幅度上升,并伴有大浪,持续时间长,加强了海浪的破坏能力和沿岸输沙能力,往往造成严重海岸侵蚀。随着气候变化,江河水量减少,加上大中型水库沿河截水拦沙,使入海河口的水沙量大大减少,导致河口三角洲及近海海岸侵蚀加速(董锁成 等,2010)。天津岸段的入海河流20世纪50—60年代十分丰沛,受降水减少,以及水利建设、沿河取水等人类活动的影响下,20世纪70年代以来入海径流量基本上是汛期径流,不少河流非汛期断流。受径流量减少的影响,河流输沙量也相应减少,特别是海河干流20世纪70年代以后几乎既无水也无泥沙入海(雷坤 等,2007)。

20世纪中叶以来,渤海湾海岸线变化进入人类活动干扰期,大体可分为3个阶段。20世纪60年代以来,人为活动使入海河流水量减少,导致所携泥沙淤积在河口附近的潮间带,最大淤积发生在马棚口(歧口)张巨河岸段,前淤速率达到约 40 m/a。1984 年后,部分岸段潮间带上部开挖虾池,使该类岸段海岸线进一步向海推进。在歧口(南排河岸段)最大推进距离 2 km,平均推进速率约 100 m/a。进入 20 世纪末期,随着国家对滨海新区战略地位的提升,大规模开发潮间带与浅海区(如围海造陆、修建新的港池),海岸线变化受到了强烈的人类活动影响,其变化速率远远超过了历史时期。

从天津海岸最南部岐口河到海滨浴场岸段,因修建虾池使岸线向海推进;海滨浴场至永定新河河口岸段是整个滨海新区岸线中变化最大的岸段,天津新港、临港工业区、产业区等工程建设,使岸线发生了巨大的变化,最远向海推进了约 13.7 km;永定新河河口至大神堂村岸段一批独立的工程致使岸线向海推进 3~6 km;大神堂村至涧河口岸段受人类活动影响较小,岸线侵蚀作用明显,是滨海新区侵蚀作用最为强烈的岸段,平均侵蚀速率约 10 m/a(李建国 等,2010;胡俊杰 等,2005)。总之,1950 年以前滨海新区岸线主要受自然因素的影响,甚至到了1976 年局部仍有较大幅度侵蚀。2000 年以来,人工岸堤的修建与加固,大大降低了自然因素对岸线变迁的影响程度,风暴潮及持续的沿岸潮汐侵蚀主要发生在滨海新区最南端和最北部岸段。

(3)对地面沉降的影响

地面沉降灾害影响因素非常复杂,总体可以归纳为自然和人为两大因素。自然因素中,包括构造活动引起的沉降、软弱土层形成的沉降以及地震活动等引起的沉降;人为因素中,过量开采地下流体资源以及大规模的工程建设等均可引起地面沉降。许多研究表明,天津地区地面沉降最主要的致灾因子是过量开采地下流体资源和现代构造沉降(王若柏 等,2003;林黎等,2006;董克刚 等,2007)。

天津位于华北平原的东北部,地处九河下梢的渤海湾西岸,又处于相对缺水的北方地区。天津市人均本地水资源占有量仅为 160 m³,加上引滦入津等入境水,人均水资源量也不足 370 m³,且时空分布不均匀,水资源开发利用难度较大,属于典型的重度资源型缺水地区。天津市水资源供需平衡结果显示,多年平均条件下天津市现状年总缺水近 9 亿 m³,95% 来水条件下缺水超过 13 亿 m³,缺水率高达 22%~37%。随着天津经济的快速发展,对水需求量日益增加。地下水作为重要水源,在经济社会发展中发挥了巨大作用。但是,由于长期超量开采,地面沉降已经成为天津市最为严重的地质灾害之一。天津市地下水开采始于 20 世纪初,到 20 世纪50 年代末开始大规模开采,为天津市地面沉降初期阶段,沉降速率为 7.1~12.0 mm/a;20 世纪 60 年代后期市区出现深层地下水位降落漏斗和地面沉降,沉降中心初步形成,中心市区沉降速度为 30~46 mm/a。由于 20 世纪 70—80 年代初期相继出现干旱年份,地表水来水量大幅减少,因此加剧了地下水的开采,其中 1981 年地下水开采达到最高峰,中心市区沉降速度达80~100 mm/a。据统计,1981 年全市共有机井 3.1 万多眼,地下水开采量达到 10.38 亿 m³,地下水开采量为各年度之最,开采深度最大为 900 多米。市区、塘沽区、汉沽区等地区超采严重,地下水位大幅度下降,地面沉降加剧,并且出现了地下水污染现象。1984—1988 年为偏丰年,地表水丰富,加之 1983 年引滦入津工程竣工通水和 1986 年开始实施控沉计划,全市地下水开采量回落,局部地区地下水水位出现了回升。地面沉降中心从中心城区转移到环城四区和静海。随着地面沉降力度不断加大,2014 年天津中心城区、滨海新区核心区和大港禁止开采地下水,地面沉降量得到稳定,主要沉降原因变为城市建设中的基坑开挖疏干抽排潜水层。2017 年天津市水务局印发了《天津市地面沉降防治工作方案(2018—2020 年)》,实施水源转换工程建设,多渠道增加地表水水源补给,逐步置换地下水源。2021 年,全市平均年地面沉降量减小 65%,年最大沉降量减小 57%,年沉降量大于 50 mm 的沉降严重区面积减小 98%,地面沉降严重趋势得到根本扭转。

天津市的地面沉降是 20 世纪 50 年代末发现的,宝坻城关以南的广大平原区均有不同程度的地面沉降,尤以天津的南部和滨海地区最为明显,并与河北省的沉降区连成了一片。在这个 8000 多平方千米的沉降区范围内,分别形成天津市区、塘沽区、汉沽区、大港区、海河下游工业区等几个沉降中心。近年来,市区和塘沽区的沉降虽已得到基本控制,平均沉降速率 10~15 mm/a,但最大累计沉降量仍超过 2.8 m,塘沽一些地区的标高仍低于平均海平面;汉沽区最大累计沉降量也已超过 2.8 m,不少地区的标高低于平均海平面,近年来的沉降速率虽较 1995 年已明显减缓,但沉降速率仍超过 30 mm/a,形势仍然严峻;大港区的沉降速率也已明显减缓(吴铁钧 等,1998;董克刚 等,2010;薛禹群 等,2003)。

从不同时段天津地区人为引起地面沉降值在海平面上升值中所占比例来看,由于天津地区 20 世纪 70 年代末开始加快了经济发展步伐,大量抽取地下水导致了地面沉降的快速恶性发展,人为引起地面沉降在相对海平面上升值中所占比例高达 90% 以上,且持续了相当长的时间。20 世纪 80 年代中期开始着手治理地面沉降,压缩地下水开采量,进行人工回灌,使得沉降的地面有所回弹,地面沉降的恶性势头大大缓解。

目前,滨海新区已经步入快速发展期,高层建筑数目必定会不断增多,然而,滨海新区地基工程性质较差,由建筑物荷载引起的沉降会比市区更严重(张云霞,2004),建筑物荷载引起的沉降虽然时间短(5~15 a),范围也小,但在微量沉降阶段,也是不可忽视的重要因素,由此带来的地面沉降现象也会加重。

(4)对海堤的影响

海堤工程的首要任务是保护受风暴潮侵袭和影响地区的防洪(潮)安全,减免风暴潮灾害损失及其风暴潮增水带来的影响,为沿海地区社会经济发展创造良好的外部条件(王静 等,2005)。

海平面上升,潮位升高以及潮流与波浪作用加强,不仅会导致风浪直接侵袭和淘蚀海堤的概率大大增加,而且也可能引起岸滩冲淤变动,造成堤外港槽摆动贴岸,从而对海堤安全构成严重威胁。同时,海平面上升,导致出现同样高度风暴潮位所需的增水值大大减小,从而使极值高潮位的重现期明显缩短,无疑也将造成海水漫溢海堤的机会增多,使海堤防御能力下降,并遭受破坏(杨桂山 等,1995)。

天津市的防潮堤位于塘沽区、汉沽区和大港区境内,地面沉降的发生使防潮堤的高程也出现相应的沉降,统计资料显示,地面沉降的出现使得天津港灾害性强潮重现频率由 1958 年的 50 a 一遇上升到 1992 年后的 4 a 一遇。随着地面沉降,防潮堤标高也相应降低,海挡范围内的海河防潮闸、新港船闸和鱼船闸的桥面至 1990 年较原设计降低 1.73 m,抵御水患的能力日益下降,灾害概率增加。地面沉降使水患加剧非常明显,1985 年的风暴潮潮位既低于 1939 年,也低于 1965 年,然而其导致的经济损失却高达上亿元,为新中国成立以来所罕见,这主要是由于风暴潮叠加地面沉降所导致(包枫 等,2007)。

(5)对港口码头的影响

海平面上升使波浪作用增强,不仅将造成港口建筑物越浪概率增加,而且将导致波浪对各种水工建筑物的冲刷和上托力增强,直接威胁码头、防波堤等设施的安全与使用寿命。其次,海平面上升,潮位抬高,将导致工程原有设计标准大大降低,使码头、港区道路、堆场以及仓储设施等受淹频率增加,范围扩大。天津港老港区,自 20 世纪 70 年代以来,因地面快速下沉,码头前沿平均水位已相对升高 0.5～0.7 m,码头最低处已降到历史最高潮位以下近 1.0 m。1992 年受强台风风暴潮侵袭,造成港区码头、客运站、仓库和堆场等设施全部被淹,直接经济损失达 4 亿元人民币。初步计算,若相对海平面上升 50 cm,遇当地历史最高潮位(大部分地区重现期约为 50 a 一遇),全国 16 个主要沿海港口中,除新建的营口、秦皇岛和石臼所煤码头以及宁波北仑港等少数港口以外,其余港口均不同程度受淹,其中尤以上海和天津港老港区受害最为严重,若加上波浪爬高影响,受淹情况将更加严重。此外,海平面上升引起的潮流等海洋动力条件变化,也将可能改变港池、进出港航道和港区附近岸线的冲淤平衡,影响泊位与航道的稳定性,增加营运成本。

7.3.1.3　海平面上升的风险评估

海平面上升加剧极端海洋灾害危害性、破坏近岸生态环境、加大岛屿淹没风险,将长期影响和威胁沿海地区的经济社会发展。海平面上升虽然是一个持续、缓慢的过程,但是将对海洋灾害的频率和危害程度起到推波助澜的作用。2020 年全国海洋生产总值 80010 亿元,占沿海地区生产总值的比重为 14.9%,海洋蓝色经济对我国经济社会可持续发展做出重要贡献。沿海经济的可持续发展关系到国民经济发展的全局。然而随着海平面持续上升和人类活动的影响,改变了海洋水动力环境条件,引起沿海地区自然系统变化,以及风暴潮等极端事件频发,将使得沿海地区经济社会系统、生态系统的脆弱性加大(何霄嘉 等,2012;郑楷源 等,2022)。

因此,加强科学技术研究,综合评估海平面上升风险。一是综合评估,分类指导。根据沿海地区海平面上升的趋势,开展综合影响评价,根据影响程度的大小和危险度划分区域,作为沿海地区制定规划和各类政策的重要依据,分类指导,推进区域的经济社会发展。二是专项评估,及早应对。要开展海平面上升对汛期排涝能力降低及所影响的区域、海水倒灌形成咸潮所造成的饮用水安全问题、沿海生态系统破坏的规模及速度、对沿海农田和居民区的影响、对海水养殖捕捞、旅游业的影响等风险进行评估,为尽早制订相关措施提供依据。同时,对受海平面上升影响较大的地区,还要及早论证海平面上升在未来若干年中可能造成的受损人群的安置问题,甚至是人口迁移问题。

（1）评估方法

自然灾害的风险评估是对未来损失的不确定性所进行的分析和判断。基于自然灾害风险形成机制和海平面上升致灾过程及原理,分别从危险性、暴露性、脆弱性和防灾减灾能力四个方面进行海平面上升风险评估(李响 等,2014;李杰 等,2022)。灾害危险性指灾害的异常程度,主要是由于危险因子活动规模(强度)和活动频次(概率)决定的;暴露性或承灾体是指可能受到危险因子威胁的所有人和财产,如人员、房屋、农作物、生命线等;承灾体的脆弱性是指在给定危险地区存在的所有人和财产,由于潜在的危险因素而造成的伤害或损失程度,其综合反映了自然灾害造成的损失程度;防灾减灾能力表示受灾区在短期和长望内能够从灾害中恢复的程度,包括应急管理能力、减灾投入、资源准备等(张继权 等,2007)。一般来讲,危险因子强度越大,频次越大,灾害所造成的破坏损失越严重,灾害的风险也越大;一个地区暴露于危险因子的人和财产越多即受灾财产价值密度越高,可能遭受潜在损失就越大,灾害风险越大;承灾体的脆弱性越高,灾害损失越大,灾害风险也越大;防灾减灾能力越高,可能遭受湛在损失就越小,灾害风险越小。

（2）评估指标

根据《海平面上升影响脆弱区评估技术指南》,李杰等（2022）对天津沿海海平面上升影响的风险开展了评估,指标选取见表7.6。选取了海平面上升幅度、地面沉降速率、地面高程、岸线长度以及最高高潮位5个指标作为危险性指标。暴露性指标选取了评估单元的居民总数、GDP。脆弱性指标选取了人口密度、单位面积GDP。防灾减灾能力指标选取海洋监测站点数和堤防防护标准。

表7.6　海平面上升风险评估指标

因子层	副因子层	指标层	说明
危险性（H）	海平面变化	海平面上升幅度（H_1）	以海平面监测数据为基础,推算2050年海平面上升幅度预测值（mm）
	地形	地面沉降速率（H_2）	评估单元内地面沉降每年变化（mm/a）
		地面高程（H_3）	评估单元平均海拔高度（m）
	潮位水位	岸线长度（H_4）	评估单元海岸线总长度（km）
		最高高潮位（H_5）	观测到最高的高潮位（cm）
暴露性（E）	人口暴露性	居民总数（E_1）	评估单元内人口总数（万人）
	经济暴露性	GDP（E_2）	评估单元内地区生产总值（亿元）
脆弱性（V）	人口脆弱性	人口密度（V_1）	评估单元内人口总数/评估面积（万人/km²）
	经济脆弱性	单位面积GDP（V_2）	评估单元内GDP/评估面积（亿元/km²）
防灾减灾能力（R）	监测能力	监测站点个数（R_1）	评估单元内潮位监测站个数（个）
	防护能力	堤防保护标准（R_2）	评估单元内堤防设计标准

海平面变化特征分别选取了海平面上升幅度和地面沉降速率来表征评估区域相对海平面变化情况,海平面上升幅度越大、地面沉降速率越大,则危险性越大。用评估区域的高程和岸线长度来表征地形因素的影响,高程越低、海岸线越长,则评估区域面临海平面上升的危险性就越大。海平面上升加剧了风暴、海浪等海洋灾害的致灾程度,选用历史最高高潮位表征潮位水位状况,高潮位越高,危险性越大。

针对暴露性指标选用评估区域总人口数表征人口的暴露性,用GDP表征经济的暴露性,人口越多,GDP越高,则该地区暴露在海平面上升危险因子的人和财产越多,可能遭受的潜在损失就越大,海平面上升风险越大。

选取评估区域人口密度表征人口的脆弱性,选用单位面积上GDP表征经济的脆弱性,人口密度越高、单位GDP越高,则受灾财产价值密度就越大,海平面上升危险因素可能造成的伤害或者潜在损失程度就越大,海平面上升风险就越大。

选取评估区域内监测站个数来表征监测海平面上升的能力,选用堤防设计标准来表征防灾减灾能力。评估区域内设有监测站,堤防设计标准越高,则防灾减灾能力就越强,遭受潜在损失就越小,海平面上升的风险越小。

在风险评估中各项指标的影响程度不同,需对各指标分配合理的权重系数,以使评估更加合理可靠。根据《海平面上升影响脆弱区评估技术指南》,李响等（2014）、李杰等（2022）确定了各项指标权重系数（图7.16）。

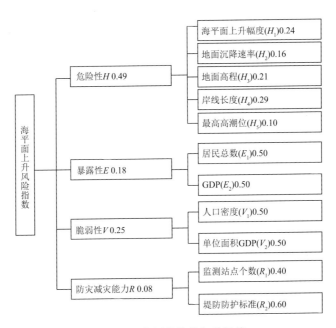

图 7.16   各评估指数权重赋值

（3）风险评估等级划分

根据天津市海洋功能区划,在保证地理单元相对完整的前提下,将滨海新区沿海功能区自北向南划分为 7 个评估单元,即:滨海新区北部的北疆电厂(A1)、中心渔港(A2)、临海新城(A3);滨海新区中部的东疆保税港区(A4)、天津港北疆南疆港区(A5);滨海新区南部的临港经济区(A6)和南港工业区(A7)。根据天津海洋环境监测中心站实测潮位数据、海平面变化影响实地调查结果(李杰 等,2018)、天津市滨海新区统计年鉴以及天津地区相对海平面变化研究进展(杨曦 等,2014),获取天津地区各评估单元海平面上升风险评估指标的数值,采用分级赋值法对风险评估指标进行量化如表 7.7 所示,获取的各评估单元指标量化等级划分如表7.8 所示。

表 7.7   天津地区海平面上升风险评估指标的定量化基准及量化值

评估指标	量化基准	量化值
地面沉降速率/(mm/a)	40～50	5
	30～40	4
	20～30	3
	10～20	2
	<10	1
2050 年上升幅度/mm	≥300	5
	250～300	4
	200～250	3
	150～200	2
	<150	1

评估指标	量化基准	量化值
地面高程/m	<2.5	5
	2.5~4	4
	4~5	3
	5~6	2
	≥6	1
岸线长度/km	≥50	5
	30~50	4
	20~30	3
	10~20	2
	<10	1
历史最高潮位/cm	≥600	5
	590~600	4
	580~590	3
	570~580	2
	<570	1
居民总数/人	≥10万	5
	7万~10万	4
	3万~7万	3
	1万~3万	2
	0~1万	1
GDP/亿元	≥1000	5
	500~1000	4
	300~500	3
	100~300	2
	<100	1
人口密度/(人/km²)	≥2000	5
	1000~2000	4
	500~1000	3
	200~500	2
	<200	1
单位面积GDP/(万元/km²)	≥5000	5
	3000~5000	4
	1000~3000	3
	500~1000	2
	<500	1

评估指标	量化基准	量化值
	3 个站点	5
	2 个站点	4
监测站点个数	1 个站点	3
	浮标	2
	0 个	1
	50 a 一遇＋7 级风	5
	50 a 一遇	4
堤防防护标准	20～50 a 一遇＋7 级风	3
	20～50 a 一遇	2
	20 a 一遇	1

表 7.8　各评估单元风险评估指标等级划分

指标	A1	A2	A3	A4	A5	A6	A7
地面沉降速率	4	4	3	2	1	2	2
上升幅度	4	4	3	3	2	4	5
地面高程	3	3	4	3	4	5	4
岸线长度	2	2	3	4	3	5	5
历史最高潮位	3	3	2	4	4	5	5
居民总数	1	1	4	1	3	3	2
GDP	1	1	1	2	5	4	4
人口密度	3	2	4	3	4	4	3
单位面积 GDP	2	1	1	3	5	4	3
海洋监测站点数	4	4	4	2	3	5	3
堤防防护标准	5	4	3	3	2	4	3

①危险性评估

根据《海平面上升影响脆弱区评估技术指南》,危险性指数计算模型为:

$$H = \sum_{i=1}^{n} H_i a_i \tag{7.3}$$

式中,H 为危险性指数,H_i 为危险性评估的第 i 个指标,a_i 为相应指标的权重系数,n 为指标个数。危险性指数主要包括海平面上升幅度、地面沉降速率、地面高程、岸线长度以及最高高潮位。从评估结果看(表 7.9),南部的临港经济区和南港工业区海平面上升危险性最大。主要由于这些地区属于围填海区域,目前地势虽高但是沉降显著。临港经济区和南港工业区三面环海且岸线长,受地形影响,风暴潮高潮位相比其他区域较高,易受到海平面上升的直接影响。长时间受海平面上升的影响,海岸侵蚀可能会导致岸滩下蚀,潜在危险较大。中部的天津港北疆和南疆港区(以下简称"天津港")为人工深水港,北疆港区和南疆港区主要承接传统大宗海运,分布着各类泊位,综合评估该区域危险性最低。

表 7.9　各评估单元风险性评估

评估单元	H	E	V	R
A1	3.11	1.0	2.5	4.6
A2	3.11	1.0	1.5	4.0
A3	3.11	2.5	2.5	3.4
A4	3.23	1.5	3.0	2.6
A5	2.75	4.0	4.5	2.4
A6	4.28	3.5	4.0	4.4
A7	4.31	3.0	3.0	3.8

②暴露性评估

根据《海平面上升影响脆弱区评估技术指南》,暴露性指数计算模型为:

$$E = \sum_{i=1}^{n} E_i b_i \tag{7.4}$$

式中,E 为暴露性指数,E_i 为暴露性评估的第 i 个指标,b_i 为相应指标的权重系数,n 为指标个数。暴露性指标包括居民总数和 GDP。从评估结果看(表 7.9),天津港区域暴露性指标数值最大,主要是天津港北疆、南疆港区是滨海新区发展早且较成熟的区域,人员分布密集,地区生产总值高,综合考虑其暴露性指数最大;其次为临港经济区、南港工业区,该区域的地区生产总值较高,南港工业区主要为石化产业基地,液体化工码头和液化天然气(LNG)码头已投入使用,其暴露性指数较大;北疆电厂和中心渔港据统计来看人员分布稀疏,GDP 相对较低,该区域暴露性程度最低。

③脆弱性评估

根据《海平面上升影响脆弱区评估技术指南》,脆弱性指数计算模型为:

$$V = \sum_{i=1}^{n} V_i c_i \tag{7.5}$$

式中,V 为脆弱性指数,V_i 为脆弱性评估的第 i 个指标,c_i 为相应指标的权重系数,n 为指标个数。脆弱性指标包括人口密度和单位面积 GDP。从评估结果看(表 7.9),天津港区域人口密度高,单位面积的 GDP 位于各功能区前列,因此其脆弱性最高。临港经济区人口密度小,但该区域单位面积 GDP 较高,导致临港经济区的脆弱程度相对较高。北疆电厂为重要承灾体,该区域人口密度低,附近大神堂村常住人口稀少;中心渔港区域人口密度和单位面积 GDP 均较低,因此中心渔港的脆弱性程度最低。

④防灾减灾能力评估

根据《海平面上升影响脆弱区评估技术指南》,防灾减灾能力指数计算模型为:

$$R = \sum_{i=1}^{n} R_i d_i \tag{7.6}$$

式中,R 为防灾减灾能力指数,R_i 为防灾减灾能力评估的第 i 个指标,d_i 为相应指标的权重系数,n 为指标个数。防灾减灾能力指标包括海洋监测站点数和堤防防护标准。从评估结果看(表 7.9),北疆电厂防灾减灾能力最强,北疆电厂围堤设计标准较高,为 50 a 一遇潮位加 7 级风,且其附近建设有北疆电厂自动观测站,密切关注海洋灾害的发生发展。东疆保税港区围堤设计标准较低,为 20~50 a 一遇加 7 级风,且东疆保税港区三面环海,因此防灾减灾能力较弱;天津港区域设有海洋环境监测站,但是该区域部分高程偏低,其中天津港客运公司码头高程最低仅 490 cm(塘沽验潮基准面),时常有上水现象,防灾减灾能力最弱。

(4)天津市海平面上升风险评估模型

根据《海平面上升影响脆弱区评估技术指南》,海平面上升风险指数计算模型为:

$$SLRI = \frac{H_a E_b V_c}{1 + R_d} \tag{7.7}$$

式中,SLRI 为海平面上升的风险指数;H_a、E_b、V_c、R_d 分别为危险性、暴露性、脆弱性和防灾减灾能力指数的权重系数。根据海平面上升的风险指数将海平面上升风险等级划分为 4 级,具体见表 7.10。

表 7.10 海平面上升风险等级划分

风险值	风险等级
≥1.5	Ⅰ级(高风险)
1.3~1.5	Ⅱ级(较高风险)
1.0~1.3	Ⅲ级(中等风险)
<1.0	Ⅳ级(低风险)

根据天津海平面上升风险评估模型,将天津沿海各评估单元的危险性指数、暴露性指数、脆弱性指数和防灾减灾能力指数代入到天津海平面上升的风险指数计算模型中,评估海平面上升对天津沿海各海洋功能区社会经济发展产生的风险,计算所得天津沿海海平面上升风险指数及风险等级见表 7.11。

表 7.11 各评估单元海平面上升风险指数及风险等级

评估单元	海平面上升风险指数	风险等级
北疆电厂	1	Ⅳ级
中心渔港	0.9	Ⅳ级
临海新城	1.2	Ⅲ级
东疆保税港区	1.2	Ⅲ级
天津港	1.5	Ⅱ级
临港经济区	1.7	Ⅰ级
南港工业区	1.6	Ⅰ级

根据各评估单元海平面上升风险指数可见,滨海新区南部的临港经济区和南港工业区海平面上升风险指数最高,风险等级为Ⅰ级,主要是因为临港经济区和南港工业区危险性最大,围填海区域地面沉降严重,且海岸线长,南港工业区内石化项目较多,潜在风险较大,防护对象社会敏感程度高。滨海新区中部的天津港区域海平面上升风险指数其次,风险等级为Ⅱ级,主要原因是天津港保税区客运码头位置高程最低,人口密度和单位面积 GDP 较高,脆弱性最高。滨海新区中部的临海新城、东疆保税港区海平面上升风险指数较低,风险等级为Ⅲ级,目前来

看这些地区危险性相对较低,防护能力较好,防灾减灾能力较强。滨海新区北部的北疆电厂、中心渔港海平面上升风险指数最低,风险等级为Ⅳ级,这些区域单位面积 GDP 相对较低,人口密度低,暴露性和脆弱性较低,防灾减灾防护能力较强。

海平面上升是一种缓发性的自然灾害,长时间的积累效应会对高程较低的沿海产生严重影响。海平面上升影响风险评估的主要目的是反映评价海平面上升影响下沿海各区域总体风险水平和等级,以此优化土地利用布局,预防由于海平面上升可能引起的风险,减少可能造成的损失。对于天津滨海新区北部低风险区域适宜布局抗灾能力弱的养殖业、农业和脆弱性较高的土地利用方式。在天津滨海新区中部的中等风险区域,也是布局密集、发展成熟的区域,本区域长期来看应加宽加高堤坝,以防御海平面上升风险。在天津滨海新区南部高风险区域,存在大量规划中的工业设施,土地的利用率稍低,该区域可以通过大范围的抬高地基并加高加宽堤坝来防御风险。但是,已有的众多工业设施不能因灾害风险大小随意改变,因此在现有土地利用的基础上,加强海平面影响状况的监测,提高沿海的堤防防护能力,以减少可能的损失。

7.3.2 海岸侵蚀

海岸侵蚀在空间尺度和时间尺度上分别有不同的表现形式(蔡峰 等,2008)。我国海岸侵蚀在空间上的表现形式主要有三种:①岸线后退,以无海堤工程措施护岸的软岩类海岸(如第四纪沉积层、红壤型风化壳残坡积层等构成的海岸)为显著;②海滩滩面下蚀导致零米等深线向陆地移动,多见于有海堤护岸的岸段;③高滩相对稳定,低滩下蚀,通常是由于潮下带受岸外潮流冲刷侵蚀所致。前面两种情况普遍见于我国沿海,后者类型如杭州湾北岸金山嘴等地潮滩的侵蚀。侵蚀在时间尺度可划分两类:一是长周期趋势性(隐形)的海岸侵蚀,主要是由于海平面上升、河流改道、三角洲废弃或流域来沙减少等因素而造成海岸相对平衡的输沙态势发生变化,使得海岸在新的海洋动力环境与泥沙条件下,通过长期的调整过程而缓慢发生侵蚀。如滦河三角洲在全新世以来,随着入海口由西向东逐步迁移,原有的滨海平原沉沦为泻湖,一系列岸外堤坝被冲蚀消散,岸滩由淤涨转入侵蚀后退。二是短周期突发性(显形)的侵蚀现象,通常由短期的风暴浪、潮的肆虐冲蚀而造成的具明显破坏性的侵蚀状态。如在华南沿海,夏、秋季台风浪潮对海岸的侵蚀破坏。

7.3.2.1 海岸侵蚀灾害危险度评估指标

根据有关研究(Xu et al.,2013)表明,将风暴潮海浪、海平面上升、河流入海泥沙量以及人类活动这四大因素根据要素属性解析为海岸侵蚀危险度评估指标(表7.12)。表7.12中的指标与海岸侵蚀的关系,可以定性描述如下:流速、水深、泥沙颗粒容重、泥沙粒径是近滨的水文泥沙条件,决定着水流挟沙能力。若将风暴潮、波浪等对海岸侵蚀的作用理解为离岸输沙,则水流挟沙能力越强,海岸侵蚀的可能性则越大。波高、波向以及波周期是描述海浪特征的重要指标。其中,波高与海浪的能量有关,浪越高,表明海浪的能量越大,对海岸侵蚀的潜在破坏力也越大;波向决定着海岸侵蚀的展布方向;波周期与海浪的频率有关,频率越高,侵蚀的可能性也越大。风暴增水值是衡量风暴能量的重要因素,风暴潮增水值越大,表明风暴潮所蕴含的能量越高,风暴潮对海岸侵蚀的可能性越大。风暴潮持续的时间也是影响海岸侵蚀程度的重要因素,持续时间越长,侵蚀的程度将会越大。海平面上升高度越大,岸线后退量也越大;相反,近滨坡度越大,岸线后退量越小。人工采砂量越大,对海岸侵蚀的影响也越大。

表 7.12　海岸侵蚀危险度评估指标与编码

影响因素层（Ⅰ级）	编码	要素指标层（Ⅱ级）	编码
风暴潮、海浪	H1	风暴增水	H11
		风暴潮持续时间	H12
		浪高	H13
		波浪方向频率（或平均波向）	H14
		最大波浪周期	H15
海平面上升	H2	相对海平面上升高度	H21
		海滩近滨坡度	H22
河流入海泥沙	H3	流速	H31
		流向	H32
		水深	H33
		泥沙粒径	H34
		河流入海泥沙量	H35
		悬浮泥沙含量	H36
人类活动	H4	人工采砂量	H41

注：引自（Xu et al.，2013）。

7.3.2.2　海岸侵蚀灾害承灾体易损度评估指标

承灾体是海岸侵蚀影响区内的土地以及附着在其上的生态系统、建设在该区域内的一切设施如港口码头、房屋、娱乐设施等。海岸侵蚀的影响范围会因不同类型的岸段而有所差异，侵蚀后退量多则上百米，少则几厘米。根据陈吉余等（2010）制定的海岸侵蚀强度等级标准，年均侵蚀速率在 $1 \sim 2$ m/a 的砂质海岸即为强侵蚀。从海岸工程的设计标准为 50 a 一遇至 100 a 一遇的情景看，调查范围距海岸线 200 m 范围即可。考虑到滨海公路作为承灾体的同时也是海岸侵蚀的人工阻隔物（尤其滨岸公路），因此在有距岸线较近的区域内，以滨海公路向海一侧为承灾体的调查范围。而对于基岩海岸，由于它的侵蚀速率非常低，统一规定以 200 m 为界，有失偏颇，故在此以高程低于 10 m 来给出调查范围。综合这些分析，提出以下两条承灾体调查范围划定方案。

（1）距海岸线 200 m 之内（辽东湾以滨海路向海一侧为界）。

（2）以高程低于 10 m 为界（在基岩海岸区，海岸侵蚀基本影响不到距水边线 200 m 左右的区域，此情景下可以采用高程条件来进行调查范围的划定）。

制定合理的海岸侵蚀承灾体分类体系是承灾体易损度的基础。海岸侵蚀承灾体的分类主要遵循以下原则。

（1）完整性。海岸侵蚀所影响到且会受到损失或破坏的地物类型均需包含在内。

（2）可量化。承灾体分类是为易损性评价做准备，因此，承灾体需易于量化，以便于下一步的承灾体易损性评价。

依照上述原则，在参考大量相关文献材料的基础上，结合海岸侵蚀灾害的危害特点，确定了海岸侵蚀灾害承灾体因子及分类体系编码等（表 7.13），为开展海岸侵蚀灾害承灾体易损度评估奠定基础。

表 7.13　海岸侵蚀承灾体分类与编码

承灾体类型（Ⅰ级）	编码	承灾体名称（Ⅱ级）	编码	属性（Ⅲ级）	编码
建筑物	A1	简易房	A11		
		平房	A12		
		多层楼房	A13		
		高层楼房	A14		
港口设施	A2	防波堤	A21	土堤	A211
				混凝土堤	A212
				砌体堤	A213
		码头泊位	A22		
		仓库	A23		
交通设施	A3	高速公路	A31		
		一般公路	A32	国道	A321
				省道	A322
				乡村道路	A323
		铁路	A33		
工矿类	A4	盐田	A41		
海岸防护工程及水工设施	A5	海岸防护工程	A51	海堤	A511
				护岸	A512
				保滩设施	A513
		水工设施	A52	闸坝	A521
				排水口	A522
				取水口	A523
养殖类	A6	鱼塘虾池	A61		
		海养育苗室	A62		
旅游类	A7	海滩浴场	A71		
		旅游设施	A72		
		海滨公园	A73		
农林生态类	A8	农地	A81	水田	A811
				旱田	A812
		林地	A82	乔木	A821
				灌木	A822
				园地	A823
		草地	A83	苇地	A831
				荒草地	A832
				人工草地	A833
		滩涂湿地	A84		

注：引自（Xu et al. ,2013）。

由于海岸侵蚀是缓发灾害。它对承灾体的损坏,不同于其他一些突发性的灾害如地震、洪水那般瞬间摧毁性质。海岸侵蚀不至于造成人员伤亡,因此承灾体的分类表中没有考虑人口分布指标。

7.3.2.3　承灾体易损度评估指标体系

海岸侵蚀造成的承灾体损失主要包括两部分:土地损失和经济损失。土地损失体现在由于岸线后退造成如耕地、草地、湿地等的减少。经济损失主要体现在海岸侵蚀造成房屋倒塌、报废;公路、海岸防护工程、码头、港池等的损坏、废弃;粮食的减产;海滩旅游承载力降低导致的收入减少;以及由于防止岸线后退投入的防护、加固费用,城镇、村庄的搬迁费用等。衡量这些承灾体造成的可能损失即为易损度。易损度的评估包含两个方面:一为承灾体遭受侵蚀损坏的程度有多大,不同承灾体,其承灾能力、抗灾能力和救灾能力不同,可用损失率来表示;二为各承灾体的价值量,在此以单位面积的货币量来表示。但并非研究范围内所有的承灾体都会遭受损失,只有暴露在岸线后退影响范围内的面积才是成灾面积,因此还需加入暴露面积这一指标,易损度评估指标见表 7.14。

表 7.14　海岸侵蚀承灾体易损度评估指标与编码

因素层(Ⅰ级)	编码	要素层(Ⅱ级)	编码
承灾体类型	V1		
价值	V2	单位面积价值	V21
		暴露面积	V22
损失率	V3		

注:引自(Xu et al.,2013)。

7.3.2.4　天津海岸侵蚀灾害风险评估

天津市海岸带海域面积 3000 km²,其中潮间带面积 335.99 km²。海岸类型为典型的粉砂、淤泥质海岸,即堆积型平原海岸,其特点是地貌类型单一,岸线平直,潮滩宽广平坦,岸滩动态变化十分活跃。阚文静等(2016)结合天津海岸特点,采用模糊数学综合评价方法建立了岸线侵蚀风险评价模型,即风险评价指数=危险度×易损度,根据经验,建立了适合天津海岸侵蚀风险评估指标。根据海岸类型,将天津海岸线从北到南分为南堡—大神堂、大神堂—蛏头沽、蓟运河口—新港北以及海河闸下及两侧滩面、海河口以南—独流减河、独流减河—马棚口村、马棚口村—后唐铺六段进行评价。

(1)危险度指标

根据岸线侵蚀特征及其影响因素,分析岸线侵蚀定性、定量化指标。其中,侵蚀率及侵蚀速率是岸线侵蚀程度的直接体现;调查海域水动力(潮差、潮流及浪高)强度与岸线防护(自然防护——拦门沙坝或礁石、人工防护)、滩面规模、植被覆盖分别是岸线侵蚀直接原因及承受能力体现;河流输沙量变化、海平面、风暴潮及降雨量变化、水利工程建设、海砂采集等是导致岸线侵蚀的间接因素。

(2)易损度指标

岸线侵蚀导致土地资源及海岸线资源的匮乏,岸线蚀退对周边岸线利用及开发活动造成较大影响,破坏了岸线周边交通、旅游景观及历史文化遗迹,对周边建立的自然保护区、海洋特别保护区及重要生态系统带来较大挑战。根据岸线侵蚀导致自然环境及社会经济损失程度,确定岸线侵蚀易损度指标:岸线利用类型、人口密度、开发程度、交通、旅游景观及文化遗迹保护区、重要生态系统。

(3)指标权重及等级划分

由于影响岸线侵蚀因素复杂,且权重量化困难,因此,利用层次分析法计算岸线侵蚀风险评价指标权重;由于岸线侵蚀风险评价指标等级划分具有量化特征,结合岸线侵蚀特征、影响因素及渤海区具体状况,参照相关文献资料,采用主、客观赋值法确定渤海岸线侵蚀风险评价指标赋值等级(表7.15)。

(4)风险评价及区划

根据表7.15加权求和后得到岸线侵蚀风险评价指数,将渤海区岸线侵蚀风险分为低($R<3$)、中($3\leq R\leq6$)、高($R>6$)三级。

表7.15 岸线侵蚀风险评价指数权重及等级划分

指标	指数	权重	等级			备注
			1	2	3	
危险度	侵蚀率	0.370	<30%	30%~70%	≥70%	砂质岸线 淤泥质岸线 岸滩下蚀
	侵蚀速率	0.370	<0.5 m/a	0.5~2 m/a	≥2 m/a	
			<1 m/a	1~10 m/a	≥10 m/a	
			<1 cm/a	1~10 cm/a	≥10 cm/a	
	滩面规模	0.090	宽	狭窄	缺失	
	水体遮蔽屏障	0.043	岛屿、礁石	水下浅滩或拦门沙坝	缺失	
	潮差	0.023	<2 m	2~4 m	≥4 m	
	浪高	0.016	<1 m	1~3 m	≥3 m	
	植被覆盖	0.007	茂密树林	较多灌木丛或草丛	少量或缺失	
	降水量	0.066	<200 mm	200~600 mm	≥600 mm	
	岸线利用类型	0.014	自然岸线	农田、盐田	海洋工程	
易损度	人口密度	0.216	<200 人/km²	200~500 人/km²	>600 人/km²	
	开发比例	0.083	<30%	30%~70%	≥70%	
	交通	0.012	无或小路	主干道	高速或铁路	
	旅游景观及文化遗迹	0.026	无	省级	国际级	
	保护区	0.066	未考虑	10 km 范围内存在	2 km 范围内存在	
	重要生态系统	0.066	未考虑	10 km 范围内存在	2 km 范围内存在	

(5)结论

天津沿海六段岸线特点:一是天津蛏头沽—大神堂岸段属冲刷型海岸,侵蚀速率12~56 m/a;其他岸段属缓慢淤积、相对稳定型海岸,侵蚀速率<1 m/a。二是海河口以南—独流减河岸段和蛏头沽—大神堂岸段滩面宽度较窄,其他岸段滩面较宽。三是海岸水体遮蔽屏障和植被覆盖少,海洋工程大量开发,并修筑了一条沿海高速。按照岸线侵蚀风险评价模型,结合近5 a(2009—2013年)的潮差、浪高、风暴潮、降雨量等数据资料,并根据天津海岸特点进行危险度和易损度的赋值,其中南堡—大神堂、马棚口村—后唐铺岸段均有保护区,较其他地区易损度较低;蛏头沽—大神堂岸段滩面宽度小,坡度大,冲刷带直抵岸堤,岸堤有冲刷淘蚀现象,侵蚀速率较大,故而造成危险度较高。根据评价体系和权重,结合风险评价指数 $R=$ 危险度×易损度,经计算评价结果见表7.16。可以看出,天津除了最北部的"南堡—大神堂"和最

南部的"马棚口村—后唐铺"岸段处于岸线侵蚀低风险区外,其他均为中风险区(阚文静 等,2016)。

表 7.16　天津沿海海岸侵蚀风险评价

岸段	危险度	易损度	风险指数	风险等级
南堡—大神堂	1.28	1.24	1.59	低
大神堂—蛏头沽	2.11	2.49	5.27	中
蓟运河口—新港北以及海河闸下及两侧滩面	1.28	2.68	3.44	中
海河口以南—独流减河	1.37	2.47	3.39	中
独流减河—马棚口村	1.28	2.53	3.25	中
马棚口村—后唐铺	1.28	1.47	1.89	低

7.4　风暴潮监测与影响评估

7.4.1　风暴潮监测及影响

7.4.1.1　验潮站

潮汐观测通常称为水位观测,又称验潮。其目的是为了了解当地的潮汐性质,应用所获得的潮汐观测资料,来计算该地区的潮汐调和常数、平均海平面、深度基准面、潮汐预报以及提供测量不同时刻的水位改正数等,提供给有关军事、交通、水产、盐业、测绘等部门使用。潮汐观测是海洋工程测量、航道测量等工作的重要组成部分。潮汐测量,就是测量某固定点的水位随时间的变化,实际上就是测量该点的水深变化。海道测量所采用的验潮站,分为长期验潮站与短期验潮站、临时验潮站和海上定点验潮站,长期验潮站是测区水位控制的基础,它主要用于计算平均海面和深度基准面,计算平均海面要求有两年以上连续观测的水位资料。短期验潮站用于补充长期验潮站的不足,它与长期验潮站共同推算确定区域的深度基准面,一般要求连续 30 d 的水位观测。临时验潮站在水深测量期间设置,要求最少与长期验潮站或短期验潮站同步观测三天,以便联测平均海面或深度基准面,测深期间用于观测瞬时水位,进行水位改正。海上定点验潮,最少在大潮期间与长期或短期站同步观测三次 24 h,用以推算平均海面、深度基准面和预报瞬时水位。

世界上许多沿海国家对风暴潮灾害高度重视,美、日、澳等国很早就开展了风暴潮机理研究、监测和预警预报等工作。以美国国家海洋和大气管理局(NOAA)和国家地质调查局(USGS)为例,主要通过以下三种方法对风暴潮进行监测(薛明,2019)。

(1)水位站(water level station)

NOAA 在美国沿岸、岛礁、灯塔和码头等处拥有约 175 个水位站构成监测网络,沿美国东西海岸线分布平均间隔为 40 km。水位站测量沿海水位的变化,为风暴潮估算提供数据。它的优点在于站点一般位于避开波浪的区域,能够测量"静水",同时测量数据实时提供,准确性高。不足在于沿海地区的水位站数量有限,因此,没有风暴潮灾害最严重地区的监测数据,并且通常在灾害中由于电力或通信中断而停止工作。

201

（2）高水位线标记法（high-water marks）

高水位线标记不一定是实际的物理标记，但是水位升高到高点会留下持久的物理印记，如泡沫、海藻和碎片都会留下痕迹。在风暴潮过境之后对高水位线进行核实标记，使用北美大地垂直基准（NGVD29 或 NAVD88）订正后分解高水位标高得到风暴潮增水值。高水位线标记是传统上获取水位峰值的最佳方法，不足在于监测数据无法实时提供，数据结果主观性太强，并且受安装位置和波浪起伏的影响，数据准确性相对不高。

（3）传感器网络（sensors network）

传感器网络包括水位测量传感器、气压传感器与潮位实时响应传感器。水位传感器不提供实时数据，但用于记录事件并提供水位数据，以确定风暴潮淹没的程度和陆地表面的水深。气压传感器通过采集气压数据用于修正记录的水位数据。潮位实时响应传感器主要由雷达水位计、太阳能电池板和遥测设备组成，可以快速安放在桥梁轨道等永久性结构上，实时记录和传输风暴潮发生时间、持续时间和大小。一般在风暴潮来临之前，将水位传感器与气压传感器部署到预计风暴潮受灾区域，通过集中的风暴潮监测网络来提供更加空间密集的监测记录。

传感器网络优势在于能够提供无法从高水位线获得的定时信息，安装方便，实时性与灵活性较强。不足之处在于潮位实时响应传感器的数据受到波的影响，风暴潮增水值测量准确性不高。

澳大利亚使用风暴潮测量仪来记录风暴潮事件的大小。通过使用脉冲雷达向水面发送高频无线电脉冲，测量无线电脉冲从传感器进入到水面然后反射回传感器所花费的时间来获得水位，通过将每分钟数据存储在数据记录器里实现现场存储。然后，数据记录器自动将风暴潮数据通过互联网传输到数据服务器进行检查、处理、存档。整体硬件采用一种特殊设计结构，可承受恶劣天气和风暴潮，定期以数字方式记录海平面高度。

欧洲通过欧洲航天局（ESA）的低地球轨道上极地冰层探测卫星（CryoSat 卫星）来监测大区域风暴潮过程，低地球轨道为这种精确测量提供了极好的有利位置，卫星携带有干涉雷达高度计，用于精确测量在风暴持续时水位从正常水平上升到极值的高度与时间。

我国的风暴潮监测起步于 20 世纪 70 年代，国家海洋局所属的海洋站、部分沿海省市所属的简易潮位站和海军气象水文站共 280 多个监测点形成了空间分布密度较低的监测预报网络。目前风暴潮监测主要依靠于海洋站配套的水文气象观测设备，一般采用临近海洋站的验潮站、波浪浮标监测到的水位和波浪数据来大致估算预报区域的风暴潮增水强度。国家海洋技术中心建设的天津沿海风暴潮监测预报系统采用声学传感器对水位进行测量，采用低功耗嵌入式技术实现测站在野外恶劣环境下可靠运行，利用 GPRS 和 3G 网络通信技术将数据实时传输至国家海洋观测专网（张鹏 等，2002）。中国科学院南海海洋研究所自主研发的近岸海浪、风暴潮及海啸实时监测系统由安装在离岸 300 m 的 SZS3-1 型压力式测波仪和岸上的中央控制器与气压、气温测量仪器组成。测波仪以 2 Hz 频率采集波浪数据，中央控制器每分钟将采集的水位、气压和气温等数据通过 GPRS 模块发送至网络，远方用户通过 Internet 接收监测数据（王盛安 等，2009）。

目前，我国监测潮汐的仪器主要有以下几种（张保军 等，2016）。

（1）井式自记验潮仪

其主要结构由验潮井、浮筒、记录装置组成。工作原理如下：通过在水面上随井内水面起伏的浮筒带动上面的记录滚筒转动，使得记录针在装有记录纸的记录滚筒上画线，来记录水面的变化情况,达到自动记录潮位的目的。这种通过机械运动获得的潮位的过程可以通过数字记录仪来完成。其特点是坚固耐用,滤波性能良好,其缺点是联通导管易堵塞,成本高,机动性差。井式自记验潮仪一般包括浮子式与引压钟式验潮仪。

浮子式验潮仪是利用一漂浮于海面的浮子,它随海面而上下浮动,其随动机构将浮子的上下运动转换为记录纸滚轴的旋转,记录笔则在记录纸上留下潮汐变化的曲线。引压钟式验潮仪是将引压钟放置于水底,将海水压力通过管路引到海面以上,由自动记录器进行记录。为了消除波浪的影响,需在水中建立验潮井,即从海底竖一井至海面,其井底留有小孔与井外的海水相通,采用这种"小孔滤波"的方法将滤除海水的波动,这样井外的海水在涌浪的作用下起伏变化,而由于小孔的"阻挡"作用,使井内的海面几乎不受影响,它只随着潮汐而变。井上一般要建屋以保证设备的工作环境。这两种验潮仪由于安装复杂,须打井建站,适用于岸边的长期定点验潮。其特点是精度较高,维护方便,但一次性投入费用较高,不机动灵活,对环境要求高(如供电、防风防雨等)。国内的长期验潮站大多采用这两种设备。

(2)超声波潮汐计

超声波潮汐计主要由探头、声管、计算机等部分组成,其主要特点是利用声学测距原理进行非接触式潮位测量。基本工作原理是通过固定在水位计顶端的声学换能器向下发射声信号,信号遇到声管的校准孔和水面分别产生回波,同时记录发射接收的时间差,进而求得水面高度。特点是使用方便,工作量小,滤波性能好,适用测量。

(3)压力式验潮仪

压力式验潮仪是一种较新型的验潮设备,已逐步成为常用的验潮设备,它是将验潮仪安置于水下固定位置,通过检测海水的压力变化而推算出海面的起伏变化。按结构可以分机械式水压验潮仪和电子式水压眼验潮仪。机械式水压验潮仪主要由水压钟、橡皮管、U 型水银管和自动记录装置组成。电子式水压眼验潮仪主要由水下机、水上机、电缆、数据链等部分组成。

(4)声学式验潮仪

声学式验潮仪属无井验潮仪,根据其声探头(换能器)安装在空气中或水中而分为两类。探头安置在空气中的声学式验潮仪是在海面以上固定位置安放一声学发射接收探头,探头定时垂直向下发射超声脉冲,声波通过空气到达海面并经海面反射返回到声学探头,通过检测声波发射与海面回波返回到声探头的历时来计算出探头至海面的距离,从而得到海面随时间的变化。潮汐数据可存放于存贮器内。

(5)GPS 验潮

GPS 验潮是随着差分 GPS(DGPS)技术的不断成熟和发展而逐步发展起来的新技术,它是 GPS 技术发展的主攻方向之一,尚处于试验阶段。它是应用了 GPS 实时动态(real time kinematic,RTK)测量技术,是 GPS 测量技术与数据传输技术相结合而构成系统。其工作原理是在基准站安置一台 GPS 接收机,对所有可见 GPS 卫星进行连续地观测,并将其观测数据,通过无线电传输设备,实时地发送给用户观测站。在用户机上,GPS 接收机在接收 GPS 卫星信号的同时,通过无线电接收设备,接收基准站传输的数据,然后根据相对定位的原理,实时地计算并显示用户站的三维坐标。

7.4.1.2 风暴潮影响

风暴潮是发生在沿岸的一种海洋灾害,也称为"风暴海啸"或"气象海啸",是指由于剧烈的大气扰动,如热带气旋、温带气旋或者爆发性气旋等天气系统所伴随的强风和气压骤变导致海面异常升高的现象。由于受全球气候变暖和海平面上升的影响,近 10 a 来(2011—2020 年)我国因风暴潮灾害而造成的损失平均约在 80 亿元(图 7.17)。2005 年为风暴潮重灾年,共发生 9 次台风风暴潮,直接经济损失达 329.8 亿元,死亡 137 人。我国风暴潮一般具有以下几个特点:一年四季均有发生;发生次数较多;风暴潮位较高;规律较复杂,特别是在潮差大的浅水区,天文潮与风暴潮具有较明显的非线性耦合效应,致使风暴潮的规律更为复杂。渤海是我国风暴潮最严重的地区之一。渤海严重的风暴潮灾害导致水位暴涨、堤岸决口、咸潮倒灌,直接危及当地的经济建设、威胁沿海居民的生命财产安全。渤海海域的地形地貌及其地理位置的特殊性使其一年四季均有风暴潮发生(王建华 等,2014)。

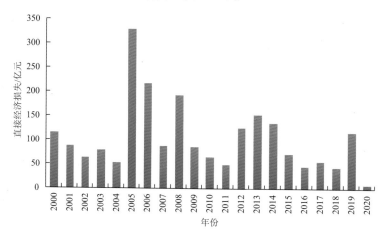

图 7.17　2000—2020 年中国风暴潮直接经济损失

1992 年 9 月 1 日 02 时,16 号台风进入渤海湾。该台风与渤海西部海岸平行,此时渤海受台风前半部偏东气流影响,形成持久的向岸风,北方有冷空气进入,减慢了 16 号台风继续北上的速度,增加了台风在渤海的滞留时间,相应地加大了东风的强度和持续时间,为强潮提供了有利条件。8 月 31 日—9 月 2 日,渤海湾持续偏东大风,根据石油钻井平台气象观测,风速大于 26 m/s 的偏东大风持续了 24 h。9 月 1 日风暴潮发生期,六号钻井平台出现气压最低值,低压中心所形成的海水隆起也有利于潮水向岸边的输送。9 月 1 日又正值“朔日”后的大潮期和农历的“秋分”期。所以诸多因素组合使这次风暴潮成为自 1895 年以来最大的风暴潮。9 月 1 日 14 时,闸下潮位仅为大沽高程水位 2.30 m,到 16 时 30 分潮位涨至 4.52 m,2 个半小时潮位上涨了 2.22 m,上涨率为 0.89 m/h。至 17 时 42 分,风暴潮出现极值高潮位 4.83 m。此次风暴潮因强向岸风的风程长、风场大、风力大和持续时间长,成为形成风暴潮的气象因素最有利的组合,另外,还有天文大潮期的共同作用,从而形成了百年一遇的特大风暴潮。天津沿海在这次风暴潮灾害中遭遇到惨重损失,部分海挡被海潮冲毁,大量的水利工程被毁坏。沿海的塘沽、大港、汉沽和大型企业均遭受严重损失,造成的直接经济损失达 4 亿元。

1997 年 8 月 20 日,受“9711”台风影响,天津沿海发生风暴潮潮灾。塘沽海洋环境监测站监测到最高潮位 559 cm,天津沿海地区损失近 2 亿元;2003 年 10 月 11 日,天津近岸海域出现温带风暴潮灾害。最高潮位为 533 cm,超警戒水位(490 cm)43 cm,最大增水 160 cm。潮灾波及天津沿海 3 个区,共造成直接经济损失约为 1.2 亿元。

2005 年 8 月 8 日,受第 9 号台风“麦莎”北上影响,天津沿岸出现风暴潮灾害。塘沽海洋环境监测站监测到最高潮值为 520 cm,超过警戒水位 30 cm。2009 年 2 月 13 日,受黄海气旋影响,天津近岸海域出现了超警戒水位的高潮位。本次过程最高潮位值为 513 cm,超警戒潮位 23 cm,高潮时增水 94 cm;4 月 15 日,受强冷空气和低压倒槽共同影响,塘沽海洋环境监测站监测显示最高潮位值为 504 cm,超警戒潮位 14 cm,最大增水 114 cm。由于此次风暴潮过程有风、浪配合,造成损失较大。

吴少华等(2002)依据塘沽逐月增水和高潮位、年极值分布资料,采用耿贝尔方法,分别计算出风暴增水和高潮位的不同重现期,见表 7.17 和表 7.18。

表 7.17　塘沽风暴增水的重现期值　　　　　　　　　　　　　　　　　单位:cm

重现期(a)	10000	1000	500	200	100	50	20	10	2
1 月	348	285	267	242	223	204	179	159	108
2 月	385	311	288	259	237	214	185	161	101
3 月	320	263	246	223	206	189	166	148	101
4 月	372	297	275	245	223	201	170	147	86
5 月	238	195	182	165	152	139	121	108	73
6 月	249	201	186	167	152	138	118	103	64
7 月	289	229	210	186	168	150	126	107	58
8 月	306	245	227	202	184	166	141	122	73
9 月	316	255	237	213	194	176	151	132	82
10 月	368	302	282	255	235	215	188	167	113
11 月	427	347	323	291	267	243	210	185	120
12 月	295	247	233	214	199	185	165	150	111
年值	394	333	314	290	271	253	228	209	158

表 7.18　塘沽高潮位的重现期值　　　　　　　　　　　　　　　　　单位:cm

重现期(a)	10000	1000	500	200	100	50	20	10	2
1 月	601	554	540	521	507	493	474	459	421
2 月	594	549	535	517	504	490	472	458	421
3 月	604	559	545	527	513	499	480	466	428
4 月	573	537	526	512	501	490	475	464	434
5 月	561	530	521	509	500	490	478	468	443
6 月	569	538	529	519	507	498	485	475	450
7 月	615	575	563	547	535	523	507	494	462
8 月	648	603	589	571	557	544	525	511	474
9 月	682	625	608	585	568	550	527	509	463
10 月	644	596	581	562	547	533	513	498	458
11 月	691	628	609	584	565	546	521	501	450
12 月	590	547	535	518	505	492	475	461	427
年值	702	647	631	609	593	576	554	537	492

资料分析表明,风暴潮过程最大增水可发生在天文潮的任何时段,最严重的是发生在与天文潮高潮相加。当不同重现期的风暴增水发生在天文潮高潮时,塘沽验潮站可能出现超过警戒水位的高潮位的量值范围。

7.4.2 基于"城市内涝仿真模型"的天津沿海地区风暴潮评估

7.4.2.1 城市内涝仿真模型

（1）滨海新区内涝模型计算域设计

段丽瑶等（2014）在天津市气象科学研究所开发的内涝仿真模型的基础上，在沿海边界和河口设置时变水位，使得模型拓展到既能模拟暴雨产生的内涝，也能模拟由于风暴潮侵袭造成的淹没情景。该内涝模型的网格设计考虑了滨海新区的地形、地貌特征，并兼顾通道属性。区域内较宽的河道蓟运河、潮白河、永定新河、海河以及独流减河概化为河道型网格，即一级河道；对于城市内尺度较小的河道及排水渠涌，如黑猪河、马厂减河、大沽和北塘排污河等，由于宽度较小，不足以概化为网格单元，但对排水影响较大，模型中将其概化成特殊型通道。坑塘、湖泊按大体形状概化为湖泊型网格；盐池也按湖泊型网格处理。公园、成片绿地、建筑群、街区均概化为不同形状的陆地型网格。

将社会资源相对集中，人口相对稠密地方的网格作了进一步的剖分，加密了网格，尽可能地包含了街道、居民区的信息。此外，对于城市容易积水的地区，也采用较密的网格。而对城市边缘或不易发生内涝的地区采用较稀疏的网格。城市中连续型的阻水建筑物，如堤防、高于地面的干道、铁路等，概化成连续堤，按实际走向布置在通道上，形成连续堤通道。滨海新区内涝模型共有网格 7973 个，通道 17191 个，节点 9217 个。图 7.18 为滨海新区的网格划分。其中，网格类型为 1 的为河道型网格，即一级河道；网格类型为 2 的为湖泊型网格；网格类型为 3 的是陆地型网格；城市内的二级河道（小河道、水沟等）由于宽度较小，不便于将其划分成独立的单元网格，只是将其概化为特殊通道，如图中红色通道所示。

网格单元的水深计算采用下式：

$$A_i \frac{\partial H}{\partial t} + \sum_{k=1}^{K} Q_{ik} L_{ik} = q A_i \tag{7.8}$$

式中，A_i 为第 i 个网格面积，L_{ik} 为网格周边的通道长度，Q_{ik} 为网格周边通道上的流量，H 为网格上水深，q 为网格上水流强度，k 为网格的通道数。内涝模型对网格单元之间的交换水量采用分类简化处理的方法。假定同一时段内同一网格的水位变化不大，采用分类处理的方法求的任意网格各个通道上的单位宽度的流量。地面型网格间水体交换的计算公式：

$$Q_j^{T+dt} = \text{sign}(Z_{j1}^T - Z_{j2}^T) H_j^{5/3} \left(\frac{|Z_{j1}^T - Z_{j2}^T|}{dL_j} \right)^{1/2} \frac{1}{n} \tag{7.9}$$

河道型网格间水体交换的计算公式：

$$Q_j^{T+dt} = Q_j^{T-dt} - 2dt \times g H_j \frac{Z_{j2}^T - Z_{j1}^T}{dL_j} - 2dt \times g \frac{n^2 Q_j^{T-dt} |Q_j^{T-dt}|}{H_j^{7/3}} \tag{7.10}$$

连续堤采用宽顶堰流公式计算：

$$Q_j^{T+dt} = m \sigma_s \sqrt{2g} Z_j^{3/2} \tag{7.11}$$

式中，Q_j 为 j 通道上单位宽度的流量，T 为某时刻，dt 为时间变化，Z_j 为通道两侧网格水位，H_j 为网格水深（水深＝水位－高程），n 为地表糙率，L 为 2 个网格形心之间的距离，m 为宽顶堰溢流系数，σ_s 为淹没系数，g 为重力加速度（m/s²）。

（2）滨海新区排水管网的概化

城市的排水系统，包括排水管网、泵、闸等，对内涝的形成有很大的影响。滨海新区排水管

图 7.18　滨海新区网格划分图

图例：
——特殊通道

网格类型
1.河道
2.湖泊
3.陆地

网纵横交错,无法逐一进行模拟处理。加之滨海新区由塘沽区、汉沽区、大港区以及开发区、保税区等组成,排水管网的建设自成体系,一次性收集难度较大。考虑到排水管网主要分布在道路下面,因此内涝模型以网格为单元,将网格单元分为含管网和不含管网两种。对含管网的网格单元,按道路长度概化管网长度,按当地道路等级概化管网的管径(能得到实际管径的则用实际的),求取网格单元的平均管径,以减少模型的计算难度(图 7.19)。

　　应用普林斯曼"明窄缝"(open slot)的方法来分析排水管网的有压水流(万五一 等,2003),该方法假设在管道顶部有一条非常窄的缝隙(图 7.20),该缝隙既不增加压力水管的横截面积,也不增加水力半径。选择缝隙宽度应使 $c=\alpha$(α 为水击波速,c 为面波波速)。这样,明渠交替水流均可以用圣维南方程来描述,一旦管道充满水时,圣维南方程确定的水深 y 就是作用在那一点处的压力水头。

　　管道内流量按下式计算：

$$Q_{\mathrm{p}i}^{T+\mathrm{d}t} = Q_{\mathrm{p}i}^{T-\mathrm{d}t} - 2\mathrm{d}t \times g \times A_{\mathrm{p}i} \times \frac{Z_{i2}^{T} - Z_{i1}^{T}}{\mathrm{d}L_i} - 2\mathrm{d}t \times g \times \frac{n^2 \; Q_{\mathrm{p}i}^{T-\mathrm{d}t} \; \left| Q_{\mathrm{p}i}^{T-\mathrm{d}t} \right|}{A_{\mathrm{p}i} R_{\mathrm{p}i}^{4/3}} \qquad (7.12)$$

式中,$Q_{\mathrm{p}i}$ 为管道计算断面的流量(非单宽流量);$\mathrm{d}L_i$ 为相邻两网格形心到通道中点距离之和;R_{p} 为水力半径;当管道为明渠流动时,$A_{\mathrm{p}i}$ 为管道计算断面的过流面积,Z_{i1}、Z_{i2} 分别为相邻两

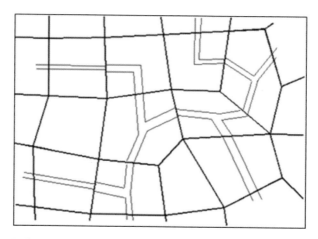

图 7.19　概化的排水管网分布示意图(粗实线为网格通道,细实线为排水管网)

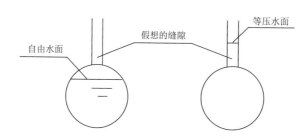

图 7.20　有压、无压水流过渡的假想缝隙

网格管道中的水位;当管道为有压流动时,A_{pi} 为管道计算断面的断面面积,Z_{i1}、Z_{i2} 分别为相邻两网格管道窄缝中的压强水头值。

地表水是通过排水井流入地下,因此,内涝模型定义了排水井半径和排水井的距离两个概化参数,每个网格单元排入管道的排水强度按下式计算:

$$q_1 = 0.61 \times \pi \times r^2 \times \sqrt{2g} \times L/d \tag{7.13}$$

式中,r 为排水井半径,d 为排水井的间距离,L 为网格单元的排水管网长度。

在地势低洼的地方,当流入管道的水量超过管道容积时,水体还会沿着排水井涌出地面,网格单元管道内的水体积按下式计算:

$$V_j^{T+2dt} = V_j^T + 2dt \times \left(\sum_{i=1}^N Q_{pi}^{T+dt} + q_1 \right) \tag{7.14}$$

设网格单元内管道总体积为 V_m,当 $V_j^{T+2dt} \leqslant V_m$,网格单元内的下水管道处于正常的泄水状态,不会上涌;当 $V_j^{T+2dt} > V_m$,下水管道向网格单元涌水,上涌的水体积 dV 为:

$$dV = V_j^{T+dt} - V_m \tag{7.15}$$

式中,m 为网格对应的管网数。

(3)排水设施的概化

在排水系统中,泵站和闸门都起着重要的排水作用。滨海新区共有泵站 111 个,其中分布在一级河道 2 侧的有 36 个,分布在二级河道两侧的 31 个;临海的有 1 个;闸门 150 个,其中分布在一级河道两侧的 60 个,分布在二级河道两侧的 12 个,在临海的有 9 个。另外,用于路面排水的泵站 20 个。

内涝模型将泵站、闸门等排水设施概化在通道上,并按排水属性进行分类,如向一级河道排水的泵站设为属性 1;向一级河道排水的闸门设为属性 2;向二级河道排水的泵站设为属性 6;向二级河道排水的闸门设为属性 7;陆地泵属性设为 11;可以分别调用不同的程序进行排水处理。由于滨海新区的河道没有淹没出流式的排水管道,因此,泵站和闸门的排水方向都是单向(只向临近河道排水)的,编程处理时只考虑开(1)或关(0)。当泵站或闸门开启时,其排水能力按单位时间内的流量进行概化。考虑到城市排水泵站通常都设有集水池,为了简化,连接泵站的网格单元的管道容水量均人为设置,使其与泵站排水量相适应。陆地泵也是单向的,也设置了开关和排水能力项。

(4)特殊通道的概化

城市内的二级河道(小河道、水沟等)通常起着排沥和调蓄雨水的作用,是城市排水系统的重要组成部分。由于二级河道宽度较小,不便于将其划分成独立的单元网格,只是将其概化为特殊通道。模拟时既要反映出水流沿河而流的特性,又要反映出河道与两侧陆地之间水量交换现象。沿河道的单宽流量 Q_s 采用河道型通道计算公式计算:

$$Q_s^{T+dt} = Q_s^{T-dt} - 2dt \times g \, H_s \, \frac{Z_{s2}^T - Z_{s1}^T}{dL_s} - 2dt \times g \, \frac{n^2 \, Q_s^{T-dt} \, Q_s^{T-dt}}{H_s^{7/3}} \tag{7.16}$$

式中,Z_{s1}、Z_{s2} 为相邻特殊单元的水深,即特殊节点处的水深;H_s 为特殊通道中点处的水深,取 Z_{s1} 和 Z_{s2} 的平均值;dL_s 为相邻两特殊节点之间的距离。

特殊通道的水深计算如下:

$$H_{di}^{T+2dt} = H_{di}^T + \frac{2dt}{A_{di}} \Big(\sum_{k=1}^{N} Q_{ik}^{T+dt} \, b_{ik} + \sum_{j=1}^{2N} Q_{ij}^{T+dt} \, L_{ij}/2 \Big) + 2dt \, q_{di}^{T+dt} \tag{7.17}$$

式中,A_d 为特殊单元的面积;q_d 为特殊单元上的源汇项,即特殊通道上的降雨强度,可以取特殊节点处的降雨强度作为整个单元的平均值;b 为特殊通道的宽度;L 为特殊通道的长度;Q_{ik} 为沿通道上的单宽流量,$\sum_{k=1}^{N} Q_{ik}^{T+dt} \, b_{ik}$ 为沿通道上的流量之和;Q_{ij} 为通道与网格之间的单宽流量,$\sum_{j=1}^{2N} Q_{ij}^{T+dt} \, L_{ij}/2$ 为通道与网格之间交换的流量之和。

(5)河口及海岸线的概化

滨海新区地势低平,周边无山。蓟运河、潮白新河、永定新河、海河、独流减河和子牙新河分别从北部、西部汇入新区,为边界河口。这些河口的水位反映着进入新区的客水的多寡。在盛夏季节,滨海新区上游出现暴雨,河口水位通常很高。我们从当地水务部门可以获取实时水位信息,作为河口的边界条件代入模型。需要注意的是,观测水位采用当地冻结高程,而内涝模型采用的是大沽高程,需要将冻结高程换算成大沽高程,才能进行模拟。滨海新区东侧临海,有 3 个出海口和 153 km 长的海岸线,时常受到风暴潮袭扰。为此,我们设置了沿海边界和沿海河口,并在这些地区设置了时变水位,其数学表达采用下式:

$$Z_i^{T+2dt} = Z_i^T + 2dt(Z_i^{T+1} - Z_i^T)/3600 \tag{7.18}$$

式中,Z_i^{T+2dt} 为时变水位,Z_i^T、Z_i^{T+1} 分别为 T 小时和 $T+1$ 小时的潮位,dt 为积分的时间步长,1 h 等于 3600 s。

由于天津沿海只有一个潮位站,只能假设沿海边界和沿海河口都按照验潮站的潮位变化,这与实际情况有一定差别,不得已而为之。随着验潮站的增加,可以分段采用不同的潮位变化值。在设计程序时,已将这种情况作了考虑,既可以选择不同的编号以代表不同的潮位序列。

对历史风暴潮事件的模拟直接以实际潮位作为时变水位;对未来事件的预测,则结合风暴潮数值模式预测给出时变水位;评估可以采用重现期估测潮位。

近年来,滨海新区兴起大规模的吹海造地,岸线在不断向东扩张。考虑到未来的发展,我们按照规划图来设置模型区域,在已建区域按照实况设置路面高程和堤高;在沿海尚未填海的区域设置了很低的高程。今后随着吹海造地的不断进行,可以将相应部分的高程数据修正为吹海造地完成后的数据。

7.4.2.2 天津沿海地区风暴潮淹没评估

在进行完前面的大量基础工作后,我们对天津沿海地区已经出现的风暴潮、多年一遇的风暴潮以及未来可能出现的风暴潮进行淹没范围和积水深度的模拟和评估。选取 1951 年以来天津沿海地区最为严重的 1992 年 9 月 1 日以及 2000—2013 年中最严重的 2003 年 10 月 11日两次风暴潮个例进行模拟。

(1)1992 年 9 月 1 日风暴潮模拟

1992 年 9 月 1 日出现了超过 100 a 一遇的 5.87 m 的最高潮位,当天没有出现降水。在此次风暴潮模拟中,将降水量设置为零,仅仅模拟沿海潮位随时间变化的逐小时淹没情况。图 7.21、图 7.22 分别给出了潮位变化和模拟滨海新区受风暴潮影响淹没情况。

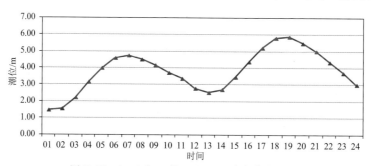

图 7.21　1992 年 9 月 1 日 24 h 内潮位变化图

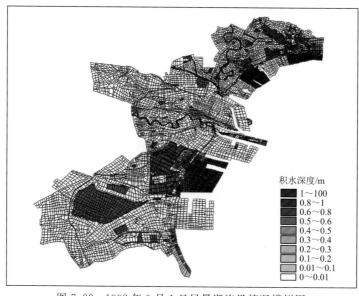

图 7.22　1992 年 9 月 1 日风暴潮淹没情况模拟图

图 7.23 为重点区域天津港南疆港区在 1992 年 9 月 1 日 12 时—9 月 2 日 11 时潮位作用下的积水变化。

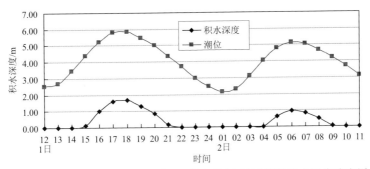

图 7.23　1992 年 9 月 1 日 12 时—9 月 2 日 11 时天津港积水深度演变图

模拟结果显示,此次风暴潮积水范围达 282 km²,最大积水深度 1.72 m,其中天津港、汉沽盐场等出现大范围积水现象,模拟情况与当时实况基本吻合。

(2)2003 年 10 月 11 日风暴潮模拟

2003 年 10 月 11 日在出现风暴潮的同时伴有降水,淹没情况为风暴潮和降水共同作用。图 7.24—图 7.26 给出了潮位变化、逐小时降水量以及重点区域淹没变化模拟图。

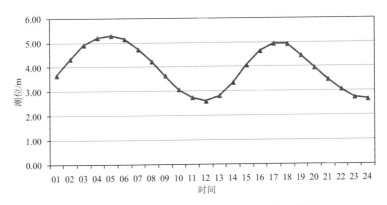

图 7.24　2003 年 10 月 11 日 24 h 内潮位变化图

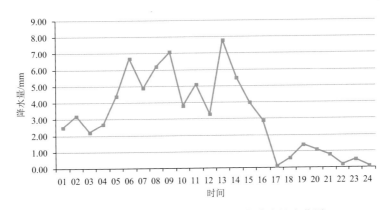

图 7.25　2003 年 10 月 11 日 24 h 内降水量变化图

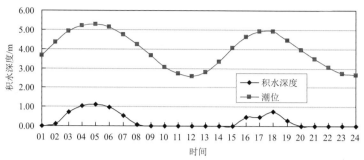

图 7.26 2003 年 10 月 11 日风暴潮淹没情况模拟图

图 7.27 为重点区域天津港南疆港区在 2003 年 10 月 10 日 08 时—10 月 11 日 07 时潮位作用下的积水变化。2003 年 10 月 11 日最高潮位 5.29 m,塘沽气象站 24 h 降水量 77.1 mm,由于当时没有自动气象站,以塘沽气象站降水量计算塘沽面雨量,对应的汉沽、大港、津南、东丽等分别使用气象观测站的逐小时降水数据计算所在区域的面雨量。该日在高潮位和降水的共同作用下,天津沿海地区大量进水,淹没面积达到 65 km²,最大积水深度 1.1 m,其中天津港、汉沽盐场等出现大范围积水现象,模拟情况与当时实况基本吻合。

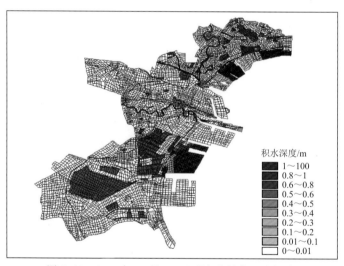

图 7.27 2003 年 10 月 11 日天津港最大积水深度

通过上面两次典型风暴潮个例的模拟(表 7.19),说明模型模拟结果基本能反映出实际淹没范围和积水深度。近年来随着天津滨海新区的快速发展,城市基础设施有了很大的变化,目前很多地方的高程数据可能要比 1992 年和 2003 年高,因而模拟结果可能会比当时的淹没范围要小,积水要浅一些。

表 7.19 1992 年和 2003 年两次风暴潮模拟情况对比

日期	最高潮位 /m	积水面积 /km²	最大积水 /m	不同深度等级积水面积/km²			
				0.1~0.25 m	0.25~0.5 m	0.5~0.8 m	≥0.8 m
1992-09-01	5.87	282.0945	1.716	46.7806	61.5428	73.2263	43.0479
2003-10-11	5.29	64.9688	1.132	7.593	15.0603	5.5011	4.1317

7.4.2.3　不同重现期风暴潮模拟

对天津沿海地区,利用 10 a、20 a、50 a 和 100 a 一遇的潮位设计 3 个试验方案,方案 1:只用潮位作为模型的边界条件;方案 2:用潮位和 2012 年 7 月 25—26 日的暴雨作为模型的边界条件;方案 3:用潮位和 2003 年 10 月 11—12 日的降水作为模型的边界条件。

不同重现期潮位变化曲线选取历史上出现过与不同重现期潮位相同或者接近的风暴潮个例的潮位逐小时变化曲线作为重现期潮位变化曲线,并将相似年份的潮位订正到重现期相同的潮位。图 7.28、图 7.29 为不同重现期对应的潮位变化和最大积水深度变化图,按照对应的潮位变化进行模拟。图 7.30 为 10 a、20 a、50 a、100 a 一遇的潮位,图 7.31 为 2012 年 7 月 25—26 日降水共同作为模型的边界条件计算出的滨海新区最大积水分布图。

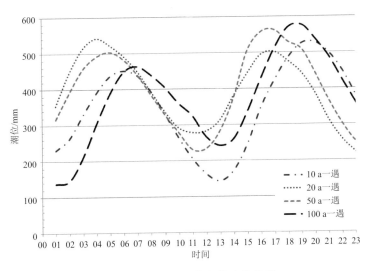

图 7.28　不同重现期潮位变化曲线

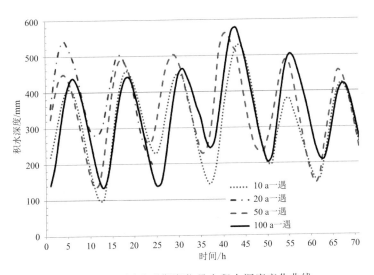

图 7.29　不同重现期潮位最大积水深度变化曲线

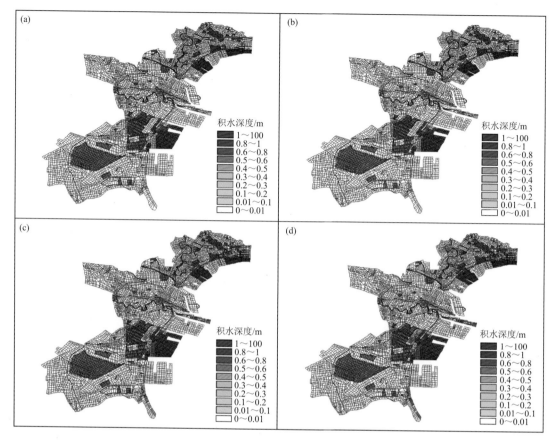

图 7.30　天津沿海地区在不同潮位下的最大积水分布

(a) 10 a 一遇；(b) 20 a 一遇；(c) 50 a 一遇；(d) 100 a 一遇

　　单纯只考虑高潮位以及同时考虑了 7 月 25—26 日的暴雨共同作用作为模型的边界条件计算出的滨海新区最大积水深度详见表 7.20。

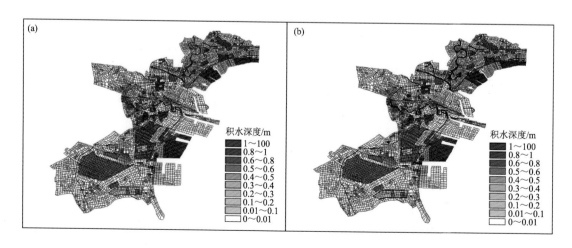

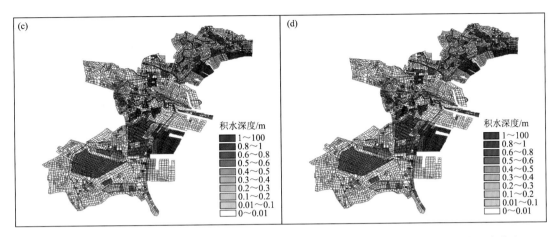

图 7.31　天津沿海地区不同重现期潮位与 2012 年 7 月 25 日大暴雨共同作用下的最大积水分布

(a) 10 a 一遇；(b) 20 a 一遇；(c) 50 a 一遇；(d) 100 a 一遇

表 7.20　不同重现期下天津沿海地区淹没情况统计表

(潮位边界条件以及潮位加 2012 年 7 月 11 日降水比较)

重现期	最高潮位/ m	试验方案	积水面积/ km²	最大积水/ m	不同深度等级积水面积/km²			
					0.1~0.25 m	0.25~0.5 m	0.5~0.8 m	≥0.8 m
10 a 一遇	5.28	潮位	51.031	1.12	5.4929	12.3979	4.6737	4.1317
		潮位＋降水	1061.6387	3.169	244.7496	178.5794	81.7436	84.6415
20 a 一遇	5.43	潮位	81.4289	1.278	25.6737	19.1063	10.8664	5.7042
		潮位＋降水	1071.8351	3.16	259.5931	175.2295	89.7106	85.2327
50 a 一遇	5.63	潮位	168.4578	1.473	26.9411	48.2748	33.8946	20.5874
		潮位＋降水	1122.9284	3.168	258.0919	203.5245	110.5780	99.9378
100 a 一遇	5.77	潮位	218.0223	1.615	41.7609	52.8539	48.4572	33.8343
		潮位＋降水	1156.3944	3.176	265.725	211.0544	127.4281	117.1301

7.4.3　天津沿海风暴潮风险评估模型

风暴潮灾害风险是孕灾环境敏感性、致灾因子危险性、承灾体易损性和防灾减灾能力 4 个因子综合作用的结果。图 7.32 给出了风暴潮灾害风险分析示意图。

7.4.3.1　孕灾环境敏感性分析

风暴潮灾害的孕灾环境主要包括地形地貌和地下排水系统，其中防潮堤高度、地形、河道水位、排水系统等对风暴潮灾害风险形成综合影响。

(1)堤坝：城市中连续型的阻水建筑物，如防潮堤、高于地面的干道等，堤越低，潮水越容易进入沿海城市，从而造成灾害。

(2)地形：主要包括地面高程变化。地势越低、地形变化越小的平坦地区越容易进水。

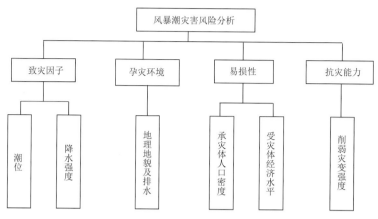

图 7.32　风暴潮灾害风险分析示意图

(3)河道、排水管网、地表状况等:排水系统好的地方,潮水进入后马上能通过地下管道、河道排出去,即使进水,损失也相对较小,城市不透水地表面积越大,高潮位进水后下渗作用就越弱,更容易形成地表径流,造成灾害的可能性更大。河道水位高低对风暴潮灾害风险也有影响,水位高到一定程度后,积水难以排出去,那淹没时间就会延长,损失也会加大。

7.4.3.2　致灾因子危险性分析

风暴潮的主要致灾因子是风暴增水,即海面在短期内迅速上升。当风暴增水和台风暴雨、天文大潮叠加时在沿海地区造成的损失更加严重。以风暴潮潮位及其伴随的降水量为风暴潮主要致灾因子。风暴潮产生的影响主要有以下几个方面。

(1)风暴潮灾害对堤围等工程设施的破坏。当风暴潮发生时,狂风夹着巨浪引起风暴潮增水,巨浪拍击海岸,对沿海海堤、海岸工程、公路和海塘都会造成严重的破坏。

(2)对沿海工业的破坏。风暴潮造成的增水会淹没码头、仓库等,造成工厂瘫痪,严重的会使海上油田停产。

(3)对海岸的侵蚀及生态系统的破坏。风暴潮加速海岸侵蚀,并挟带大量海水,淹没农田和湿地,加速海岸生态系统的退化。

(4)盐水入侵。风暴潮会加速盐水入侵城市低洼地区,造成城市地下水污染。

7.4.3.3　承灾体易损性分析

风暴潮灾害造成的危害程度除了与承灾体的自然状况有关外,它造成的损失大小还取决于发生地的经济、人口密度等风险暴露因子,即风险评估需要考虑承灾体的风险暴露特征。承灾体暴露性主要涉及评估单元的国民生产总值、人口密度、工业生产总值、耕地面积等。由于承灾体在不同地区的风险暴露程度不一样,暴露因子对灾害的响应也不一样,在计算风险暴露因子指标时要给予不同的权重。城市地区人口聚集度高、经济实体,风险暴露因子较大。核算风险暴露因子指数时,国民生产总值反映经济发展状况,户籍人口反映的是人口密度,本节以人均国民生产总值和户籍人口数作为承灾体易损性评价指标。

天津沿海地区的滨海新区是天津市重点发展地区,区内港口、开发区、保税区、油田、盐场等大型企业和经济技术园区众多,资本高度密集,因而自然灾害危险性和易损性比较大,这点在风险区划中加以考虑。

7.4.3.4　防灾减灾能力分析

随着滨海新区经济的快速发展,沿海地区新建和增高防潮堤坝,同时风暴潮监测预警技术也有了长足的进步,城市防范风暴潮灾害的能力不断加强。2000—2013 年也多次出现 4.9 m 警戒水位以上的风暴增水现象,但由于提前预报,及时预警,相关部门及时采取相应措施,未造成大的损失。总体而言,风暴潮防灾减灾能力是不断增强的。

7.4.3.5　风暴潮综合评估模型

风暴潮灾害风险是孕灾环境敏感性、致灾因子危险性、承灾体易损性和防灾减灾能力 4 个因子综合作用的结果,考虑到各风险评价因子对风险的构成起的作用可能不同,对每个风险评价因子分别赋予权重。具体计算公式为:

$$FDRI = (VE^{we})(VH^{wh})(VS^{ws})(10 - VR)^{wr} \tag{7.19}$$

式中,FDRI 为风暴潮灾害风险指数,用于表示风险程度,其值越大,则灾害风险程度越大;VE、VH、VS、VR 的值分别表示风险评价模型中的孕灾环境的敏感性、致灾因子的危险性、承灾体的易损性和防灾减灾能力各评价因子指数;we、wh、ws、wr 是各评价因子的权重。权重系数的大小(0.0～1.0)通过咨询海洋、水文、气象专家意见,结合风暴潮历史情况讨论确定。

通常情况下,在一定年限内,孕灾环境整体变化较小,在对滨海新区风暴潮风险进行综合评价时,式(7.19)中 VE 给定为 1;潮位和降水量表示致灾因子的危险性大小(VH),潮位和降水量越大,风险越高,符号取正;人均国民生产总值是人口密度和国民生产总值的综合体现,用其表示承灾体的易损性(VS),人均国民生产总值越大,易损性越大,符号为正;随着风暴潮预报预警技术的进步,防灾设施也不断加固,应对风暴潮的防灾能力不断加强,防灾能力越强,风险越小,符号为负。

评估中主要考虑风暴潮潮位、降水量、户籍人口数、人均国民生产总值 4 个因子进行风险评估。并对上面 4 个影响因子进行归一化处理($X'_{ij} = \dfrac{X_j - X_{imin}}{X_{imax}}$)的基础上,按照专家的经验对不同的因子给出权重,构成了综合体现风险程度的风险指数:

$$W_j = 100 \times \sum_{i=1}^{p} a_i \times X'_{ij} \tag{7.20}$$

式中,i 为评价风暴潮风险程度的因子编号,X'_{ij} 为第 i 项因子的第 j 年归一化值,p 为影响风暴潮灾害的因子数,a_i 为各因子权重系数。

$$\begin{cases} X'_{1j} = \dfrac{C_j - C_{imin}}{C_{imax}} \text{ 为潮位归一化值} \\[2mm] X'_{2j} = \dfrac{D_j - D_{imin}}{D_{imax}} \text{ 为降水量归一化值} \\[2mm] X'_{3j} = \dfrac{E_j - E_{imin}}{E_{imax}} \text{ 为户籍人口归一化值} \\[2mm] X'_{4j} = \dfrac{H_j - H_{imin}}{H_{imax}} \text{ 为人均国民生产总值归一化值} \end{cases} \tag{7.21}$$

$$a_i = (0.7, 0.15, 0.05, 0.1)$$

通过计算某年某次风暴潮出现时对应的各因子的均一化数值,带入式(7.21),即能得到每一次风暴潮的风险指数,同时也可以进行预评估(表 7.21)。

表 7.21　风险等级划分标准

级别	轻度风险	中度风险	重度风险	极重度风险
风险指数	<45	45～60	60～70	≥70

对历史上每年最高潮位进行风险评估,其中极重度风险 1 a(1992 年)、重度风险 3 a(1997年、2003 年、1972 年)、重度风险 5 a,其他年份为轻度风险。

7.4.3.6　风暴潮风险区划

同样潮位下,防潮堤的高度、离海岸线的距离远近、地势高低、所在地的经济状况、人口密度等密切相关。如果堤高高过风暴潮最高潮位,潮水不能涌入,风暴潮产生的灾害风险就小;潮水涌入后离海岸线越远的地方,遭受风暴潮的风险越小,越近的地方风险越大;潮水进入后地势低的地方进水多,地势高的地方进水少;潮水进入后,同样范围的潮水淹没面积以及同样深度的积水状况,经济越发达的地区遭受的损失越大、风险也越大;人口密集的地方风险也越大。一个地方如果无人居住、没有厂房、没有农田,即使有很深的积水,风险也不大。图 7.33为根据高程数据绘制的滨海地区地形图,数值越大表示地形越高,图中蓝颜色表示的是海或者水库、湖泊。灰度表示不同的高程数据,颜色越深,表示地形越高,越浅的地方表示地势越低。

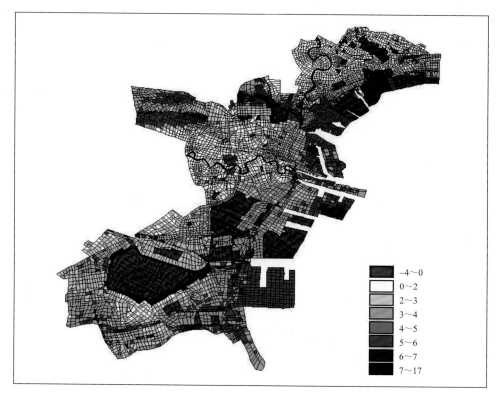

图 7.33　天津滨海新区高程数据分布图

天津沿海地区主要是滨海新区,是天津市重点发展地区,区内港口、开发区、保税区、油田、盐场等大型企业和经济技术园区众多,资本高度密集,因而自然灾害危险性和易损性比较大。

天津市委市政府把加快滨海新区开发开放作为全市工作的重中之重,举全市之力建设滨海新区,明确提出坚持改革开放带动、科技创新引领、高端产业支撑、发展环境保障、服务辐射提升,确定了项目集中园区、产业集群发展、功能集成建设、资源集约利用的开发思路。围绕功能定位,滨海新区规划了"一城、两港、三片区、九个功能区"的空间发展布局。"九个功能区"包括:中心商务区、临空产业区、滨海高新区、先进制造业产业区、中新生态城、海滨旅游区、海港物流区、临港工业区、南港工业区,图 7.34 为天津滨海新区功能区划图(蓝颜色为水体)。

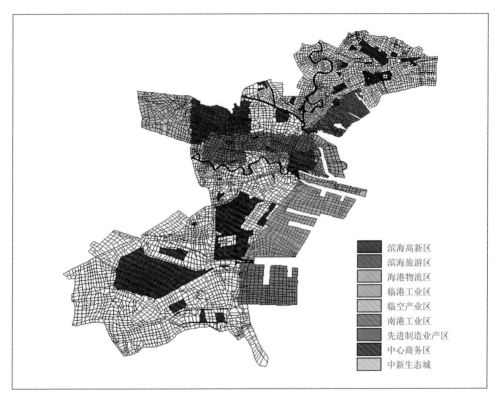

图 7.34　天津滨海新区功能区划图

根据高程数据分布图,考虑滨海新区 9 个功能区在滨海新区的重要性,并结合历史上沿海地区最容易受风暴潮影响的天津港、盐场、码头等,将天津滨海地区按 4 个等级进行风险区划。Ⅰ级为风险最大的地区,Ⅱ—Ⅳ级风险等级依次降低,风险区划图见图 7.35。

7.5　本章小结

本章通过卫星遥感,分析了天津市海岸线的变迁,评价了海岸线生态状况;整理了气候变化对海岸线侵蚀与海平面上升对天津的影响评估;介绍了风暴潮的监测和影响;最后应用城市内涝仿真模型,模拟评估风暴潮对滨海新区的影响。

(1)主要介绍了天津海岸带变化情况,以及大规模围填海对环境、生态和经济社会发展的影响。

(2)利用多源卫星遥感数据,评估了天津市海岸线生态环境变化,分析了变化产生的驱动

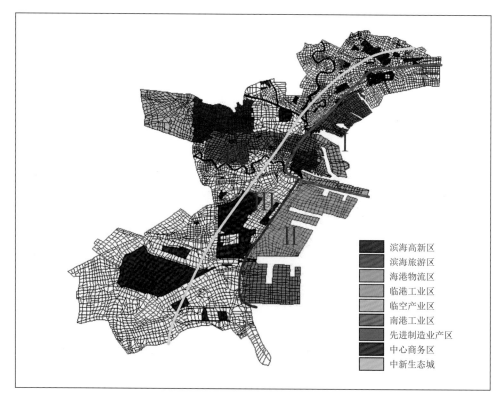

图 7.35 天津沿海地区风暴潮风险区划图

因素。2020 年全市海岸线总长度为 322.3 km,比 2000 年的 148.5 km 增加了 173.8 km,主要是因为人类生产生活建设(包括建设苇地、养殖围堤、盐田岸线)。2000 年,在自然状态下,50% 以上天津市海岸岸段在较低侵蚀程度以下。到 2020 年,该比例达到 80% 以上,侵蚀影响中等的区域主要分布在北部和南部等区域,以养殖围堤为主。

(3)根据《海平面上升影响脆弱区评估技术指南》,按照天津市海洋功能区划,将滨海新区沿海功能区自北向南划分为 7 个评估单元,在文献中获取各评估单元海平面上升风险评估指标的数值,进行风险评估,结果表明,滨海新区南部的临港经济区和南港工业区海平面上升风险指数最高(Ⅰ级),滨海新区中部的天津港区域海平面上升风险指数其次(Ⅱ级),滨海新区中部的临海新城、东疆保税港区海平面上升风险指数较低(Ⅲ级),滨海新区北部的北疆电厂、中心渔港海平面上升风险指数最低(Ⅳ级)。

(4)将风暴潮海浪、海平面上升、河流入海泥沙量以及人类活动这四大因素根据要素属性解析为海岸侵蚀危险度评估指标。根据文献,建立海岸侵蚀灾害承灾体,以及承灾体易损度评估指标。按照天津海岸带的实际情况,将天津海岸线从北到南分为南堡—大神堂、大神堂—蛏头沽、蓟运河口—新港北以及海河闸下及两侧滩面、海河口以南—独流减河、独流减河—马棚口村、马棚口村—后唐铺六段进行评价。结果表明,天津除了最北部的南堡—大神堂和最南部的马棚口村—后唐铺岸段处于岸线侵蚀低风险区外,其他均为中风险区。

(5)分析了滨海新区风暴潮灾害的历史情况,计算了风暴增水和高潮位的不同重现期,表明风暴潮过程最大增水可发生在天文潮的任何时段,最严重的是发生在与天文潮高潮相叠加。

当不同重现期的风暴增水发生在天文潮高潮时,塘沽验潮站可能出现超过警戒水位的高潮位的量值范围。

(6)在内涝仿真模型的基础上,在沿海边界和河口设置时变水位,使得模型拓展到既能模拟暴雨产生的内涝,也能模拟由于风暴潮侵袭造成的淹没情景。该模型模拟精度较高,通过对典型个例的模拟,基本上能够还原淹没情景。在此基础上,建立天津沿海风暴潮风险评估模型,通过对滨海新区的孕灾环境敏感性、致灾因子危险性、承灾体易损性以及防灾减灾能力分析,建立风暴潮综合评估模型,结合高程,将滨海新区划分为四个风险地区。

第8章
生态修复型人工影响天气

8.1 天津人工影响天气业务现状

天津地区是华北地区较早开展人工影响天气作业的区域之一,从1973年天津市成立人工降雨领导小组以来,人影工作已连续开展了50年。多年以来,天津市人工影响天气(简称人影)事业是在服务于经济社会建设中,特别是在防灾减灾服务中逐步发展壮大起来,作业规模越来越大,作业效益越来越显著。在市委市政府、市农委和市气象局的正确领导下,在市财政等部门的大力支持和空军、民航机场等有关部门的密切配合下,经过几十年的发展,天津人影作业基础设施建设、人影安全管理水平及业务科研能力都有了明显提升。在人影作业规模、基本设施、组织管理体系、技术积累、人员队伍、经费保障等方面,具备良好的基础条件。基本建立了地方政府领导、气象主管机构归口管理的人工影响天气管理体系,基本形成了以地方政府财政投入为主的投入机制,建立了市区两级作业指挥和市、区、作业站点三级作业体系,建成了防雹增雨专用的作业装备网、空地通信网、云水监测网。多年以来,天津市的人工影响天气工作在增雨抗旱、防雹减灾、保障粮食生产、缓解水资源短缺、生态环境保护和修复、促进人与自然和谐发展等方面发挥了积极作用,取得了显著的经济、社会和生态效益,得到各级政府的充分肯定。

8.1.1 人影作业规模与作业装备建设

目前,天津市所属的10个涉农区全部开展常态化人工增雨雪和人工防雹作业。现阶段在用的人工影响天气作业炮站共计43个,拥有地面人工增雨、防雹高炮59门,固定火箭作业装置36部,高山地基碘化银烟炉15部,新型增雨防雹燃气炮8部。2010年春季,天津开始独立租用运-12飞机开展空中人工增雨作业,2016年依托"十二五"气象为农工程项目建设,在运-12飞机上成功搭载全套的云降水粒子及气溶胶探测设备,实现了对作业目标云系的精细化立体化探测;2020年引入了空中国王B300型(Air King 350ER型)作业飞机,并完成飞机改装任务,2021年春季正式启用新一代空中国王高性能飞机执行天津市的空中增雨作业和大气探测任务。装备设施见图8.1。

2020—2022年,结合气象防灾减灾、服务生态文明建设、保障粮食安全等多方面需求,全市各区人影部门积极组织实施常态化地面人工增雨(雪)和防雹作业1435次,累计发射火箭弹1479枚、高炮增雨弹14344发、碘化银烟条1477根(表8.1)。开展飞机人工增雨作业及飞行观测试验78架次,累计飞行时长近159 h。评估表明,天津市人工增雨作业年平均增加降水约1.6亿 m^3。实施的人工防雹作业有效减少了保护区受雹灾影响的农田面积。长期以来组织

(a) 人影地面作业火箭发射架

(b) 人影地面作业自动37高炮

(c) 高山基地碘化银烟炉

(d) HY-R型增雨防雹燃气炮

(e) 空中国王B300型高性能作业飞机

图 8.1　目前在用的空地人影作业装备

开展的多手段、全方位的人工影响天气作业,在防灾减灾、缓解水资源紧缺、改善生态环境、提升城市功能等方面都发挥了积极的作用,为天津市的经济社会建设提供了及时服务与有力保障。

近些年,结合京津冀地区多项重大活动的人影保障服务需求,天津人影部门全程参与了庆祝中华人民共和国成立 70 周年阅兵式,中华人民共和国第十三届运动会、庆祝中国共产党成立 100 周年,2022 年北京冬奥会、2022 年北京冬季残奥会开闭幕式活动的人影保障。保障期间全体人员高度重视,上下联动,严格遵从军地联合指挥中心统一部署,充分发挥云降水综合监测网、各类空地作业装备、先进人影业务系统及通信系统的作用,圆满完成各次重大活动人影保障任务,并获得多次表彰。

表 8.1　2020—2022 年天津地面人影作业统计

年份	增雨雪作业				防雹作业		
	作业次数/次	人雨弹/发	火箭弹/枚	烟条/根	作业次数/次	人雨弹/发	火箭弹/枚
2020 年	302	1160	534	295	308	6274	58
2021 年	145	73	326	509	282	3491	211
2022 年	193	314	274	673	205	3032	76
合计	640	1547	1134	1477	795	12797	345

8.1.2 云降水综合观测网建设

随着气象业务现代化进程的不断推进,天津地区已经建立布局合理、功能完善的云降水综合观测网(图8.2),主要地基探测设备包括:1部新一代天气雷达(滨海新区塘沽),可以提供云雨目标的强度、距离、方位和高度等实时信息;2部L波段边界层风廓线雷达(宝坻和静海)、3部L波段低对流层风廓线雷达(武清、西青、滨海新区),能够探测其上空风向、风速等气象要素随高度的变化情况,以及遥感探测大气中温度的垂直廓线,可用来弥补多普勒天气雷达探测资料的盲区,提升人影的作业能力;2台微波辐射计(城区、西青),能够实时探测整层大气的温湿度和水汽特征;13部降水现象仪和8部激光雨滴谱仪,可以监测区分下落中的毛毛雨、大雨、冰雹、雪花、雪球以及各种介于雪花和冰雹之间的降水,解决了目前多数雨量传感器只能提供降水量,而不能提供降水类型的缺点;1台雾滴谱仪,能测量和显示云滴、雾滴粒子的浓度谱,同时也能计算和显示云、雾的液态水含量,是研究云、雾物理、监测能见度的有效工具;已建成车载X波段双偏振多普勒天气雷达1部,建成双偏振雷达1部(2022年投入使用),双偏振雷达利用云、降水对电磁波的后向散射和晴空大气对电磁波的衍射作用探测大气中的天气现象,为临近预报和人工影响天气提供基础资料,对中小尺度风暴、冰雹、强风切变、气旋、龙卷、大风等灾害性天气具有实时监测和报警能力。

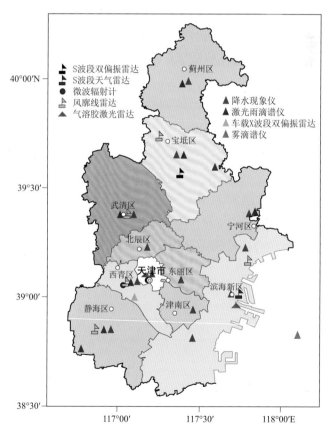

图 8.2　地基遥感观测设备、人影特种观测设备布局

全市现有省级气象观测站 282 个,其中 23 个站作为国家级地面天气站开展观测。区域站气象观测站网 282 个,其中二要素站 12 个,四要素站 45 个,五要素站 48 个,六要素及以上站 177 个,可以实时提供多种气象要素实时观测信息。建成 11 个大气成分观测站,可观测 PM_{10}、$PM_{2.5}$ 等气溶胶质量浓度(PMMUL)、气溶胶光学厚度、反应性气体;4 个雷电观测站,实现对雷电的观测,可全天候、连续运行并记录雷电发生的时间、位置、强度和极性等指标。这些常规和专项的气象探测设备有助于实现对空中云水资源、云降水气溶胶粒子的动态监测,为本地区科学合理地开展人工影响天气作业服务提供了重要保障。

2020 年完成了对新一代空中国王作业飞机的改装,并建成设备先进、功能完善的机载云降水综合观测平台(图 8.3 和表 8.2)。飞机搭载有先进的云微物理探测设备、气溶胶特性探测设备以及气象要素探测设备,包括:云水惯性探测系统 CWIP、气溶胶粒子探头 PCASP-100X、云粒子组合探头 CIP-15、降水粒子图像探头 PIP、偏振云粒子谱探头 CPSPD、机载微波辐射计 GVR、云凝结核计数器 CCN-200 以及单粒子碳黑光度计 SP2。该机载观测平台能够实现对作业云系大气环境场(温度、相对湿度、气压、作业层风向风速等)、作业高度、空气垂直速度、GPS 经纬度、云和气溶胶粒子谱、数浓度、云中垂直累积水汽及液态水含量等多要素参量的实时观测。与此同时,结合空中作业科学决策指挥的需要,建成了北斗空地数据传输系统以及海事卫星通信传输系统,为飞机增雨作业科学、安全地开展提供了有利条件。

图 8.3　飞机机载观测平台(a)及改装完毕的高性能飞机(b)

表 8.2 空中国王飞机搭载的大气探测设备及其主要技术参数

设备名称	设备功能	测量量程		分辨率
气溶胶粒子探头 PCASP	用于测量 0.1～3 μm 气溶胶粒子的谱分布及浓度	粒子尺度：0.1～3 μm 通道数量：30		最小分辨率 0.01 μm
降水粒子图像探头 PIP	用于测量 100～6200 μm 降水粒子的谱分布及浓度，并给出降水粒子的二维图像	粒子尺度：100～6200 μm 通道数量：62	100 μm	
云粒子组合探头 CIP-15	由云粒子探头（CIP）、热线含水量仪（LWC）、温湿度传感器、动静压传感器组成，用于测量 15～930 μm 云滴的谱分布及浓度，并给出云滴的二维图像；还可以测量出云中液态水含量、大气温度、相对湿度、气压及真空速等参数	粒子尺度：15～930 μm 通道数量：62 LWC：0～3 g/m³	15 μm	
机载微波辐射计 GVR	探测云中垂直累积水汽和液态水含量及其变化	辐射测量范围：0～800 K		辐射分辨率：0.3 K RMS
偏振云粒子探头 CPSPD	用于测量 0.65～30 μm 云粒子的谱分布及浓度，并给出粒子的前向散射和后向散射结果	粒子尺度：0.65～30 μm		取样频率 0.05～25 Hz
云水惯性探测系统 CWIP	用于测量大气环境温度、相对湿度、大气压力、云液态水含量、空气垂直速度、风向、风速、真空速、GPS 经纬度、海拔、飞机姿态等	环境温度：−50～50 ℃ 相对湿度：0～100% 真空速：0～175 m/s		采样频率 5 Hz
云凝结核计数器 CCN-200	用于测量不同过饱和度下云凝结核的浓度	粒子尺度：0.5～10 μm 粒子浓度范围：0～6000/cm³（SS < 0.2）；0～2000/cm³（SS＞0.3）		最小分辨率 0.25 μm
单粒子碳黑光度计 SP2	逐粒测量气溶胶大小和黑碳含量	粒子尺度：70～500 nm		最小分辨率 10 ng/m³
机载露点仪 137-vigilant	用于测量露点温度	测量范围−40～60 ℃		0.2 ℃

注：SS 指过饱和度。

8.1.3 人影业务管理

2017 年 7 月，《天津市人工影响天气管理条例》（简称《条例》）出台，于 2017 年 9 月 1 日正式实施，并在 2021 年 11 月进行了修订。该《条例》在上位法的基础上，结合天津实际进行了有针对性的制度设计，对部门职责、站点建设与保护、作业管理、安全管理及法律责任等进行了细化规定，为统一、科学、安全、审慎地开展人工影响天气工作提供了法制保障，对促进人影工作健康发展发挥了重要作用。2021 年，天津市人民政府办公厅出台《关于推进人工影响天气工作高质量发展的实施意见》，明确未来一段时间，尤其是"十四五"时期天津市人影的工作目标、重点任务和保障措施，推进新时代人影工作更好服务天津市经济社会发展，为防灾减灾、重大战略实施和人民群众安全福祉提供坚实保障。此外，近几年天津市人影办先后出台了《天津市人工影响天气工作安全生产应急预案》《人工影响天气火箭高炮作业队伍规范化建设指南》《天津市高炮(火箭)人工防雹增雨业务规范》等多个人影规范文件,《人工影响天气固定作业站点建设规范》《飞机人工增雨作业技术规程》《人工影响天气固定作业站点安全防范系统技术要求》3项地方标准颁布实施,进一步推动人影事业向依法依规方向发展,保证人影工作科学、有序、安全、有效地进行。

8.1.4 人影科技支撑能力

多年来,通过全市人影工作者的辛勤工作和不懈努力,在人工影响天气科学研究、技术开发、观测网建设和业务能力建设等诸多方面取得了一定成绩。具体表现在:基本形成了以高炮、火箭、地面燃气炮为主的针对对流云的地面催化方式;形成了以碘化银作为主要催化剂,以飞机作为运载工具针对层状云和层积混合云的播撒作业方式;装备有先进的机载云降水粒子探测系统、机载微波辐射计、车载双偏振雷达、激光雨滴谱仪、雾滴谱仪等人影特种观测仪器,具备对作业云系的全天候立体观测能力;基本形成了常规地基空基气象观测与云物理特种观测设备结合运用的云系条件实时监测手段,传统天气预报技术与云降水场数值模式产品综合运用的作业潜势预报方法;建成了集约、高效的人影综合业务管理系统,市区两级的云降水综合处理分析系统以及空地作业实时指挥业务系统,并初步建立本地化的人工影响天气作业指标体系;建立以物理检验和非随机统计检验评估作业效果的技术方法及评估系统;建成人影保障基地并投入使用,为实施天津市乡村振兴战略工作提供支撑。

结合天津市人影业务服务需求,积极开展新型机载和地基观测设备,如机载微波辐射计、雨滴谱仪、雾滴谱仪、机载气溶胶探头等观测资料的质控技术及应用研发工作,开展了海风锋触发局地强对流发生发展特征、人影催化作业技术、云降水数值模拟等多层次、多方面的科研开发工作,促进了人影研究型业务工作的深入开展。

8.1.5 人影安全管理

安全管理是人影工作的重中之重,一直以来,天津人影按照"政府主导、部门协作、综合监管"的人工影响天气安全管理机制,做好市、区两级人工影响天气安全管理工作。一是不断健全各项人影安全生产规章制度。各区人工影响天气安全管理规章制度、标准规范以及基层人员培训、安全操作、空域申请、弹药管理、隐患排查等安全生产制度基本建立;二是所有在用高炮、火箭等作业装备定期年检并处于合格有效期内,作业指挥、空域申报、弹药储运符合要求;三是作业人员岗前培训率100%,人影作业严格按照规定流程执行,切实将"安全操作十不准"等重要制度在实际作业中得以贯彻。

"十二五"期间,借助于"云水资源开发与服务系统"建设,建成作业站点安防监控系统及多功能示范站,实现了市-区-炮站三级架构的安防监控系统布设(作业站点安防监控系统工作流程参见图8.4),完成"高炮/火箭安全射界系统"软件的开发部署,并完成了静海沿庄、宝坻大钟庄2个多功能示范站建设(图8.5),有效提升了基层人影作业站点在安全生产、作业指挥、规范化操作等方面的水平。

依托天津市气象局"十三五"智慧气象重大工程项目,建成了由数字化采集装置、规范化弹药编码、智能化扫码终端、集约化信息平台和市级弹药监控管理软件组成的人影弹药物联网监控管理系统(系统架构及界面参见图8.6)。系统利用信息化识别二维码技术,对人影弹药从

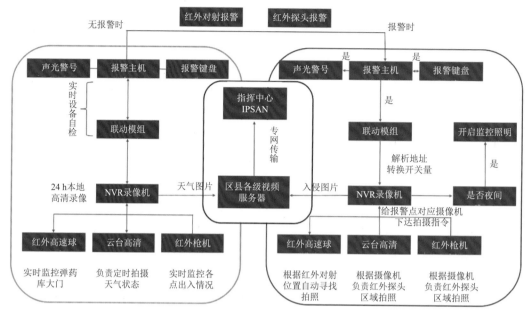

图 8.4　作业站点安防监控系统工作流程图

图 8.5　人影多功能示范站
(a)静海沿庄;(b)宝坻大钟庄

出入库、库存、运输、作业使用等环节的全流程实时监管,进行实时跟踪,有效解决了弹药信息缺乏统一监管和作业信息上报时效性差、格式不规范的问题,提高了人影作业安全管理的科技水平和业务现代化程度,最大限度满足了对燃爆器和燃爆品的信息管理要求,确保人影安全管理朝着标准化、规范化方向迈进。

8.2　生态修复型人工影响天气业务体系

"十四五"期间,天津认真贯彻"推动绿色发展,促进人与自然和谐共生"的新发展理念,加快推进"871"重大生态建设工程($875~km^2$ 湿地升级保护、$736~km^2$ 绿色生态屏障建设、$153~km$

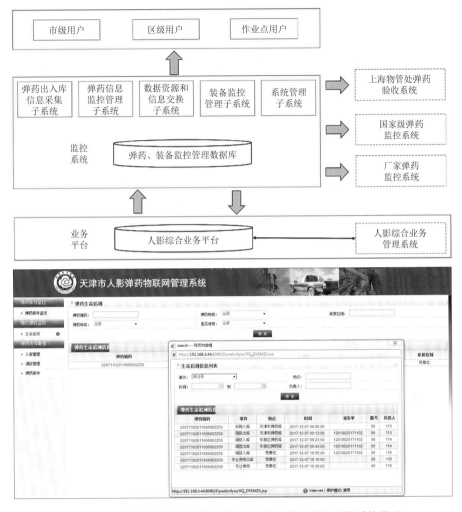

图 8.6　天津人影弹药物联网系统架构及物联网市级监控系统界面

海岸线严格保护),深入推进"津城""滨城"间绿色生态屏障建设,构建贯穿天津南北的生态廊道。而生态文明建设与气象保障服务密切相关,生态环境的保护和修复离不开水资源,科学开发空中云水资源,是助力生态文明建设的有效措施之一。人工影响天气作为实现空中云水资源开发的重要手段,近些年也坚持需求牵引,从传统的以抗旱增雨、驱雹减灾为主的服务逐渐向防灾减灾、降低森林火险等级、生态环境保护修复等多领域并举的服务转变,不断提升生态修复型人工影响天气服务能力,是助力生态文明建设的有力保障。

要实现常态化科学化的生态修复型人工影响天气作业服务,建立生态修复型人工影响天气业务体系非常必要,这就要求在前期工作基础上,不断推进生态修复型人工影响天气能力建设。

一是建立作业装备先进、布局完善的现代化人影降水云系监测系统和催化作业体系。人工影响降水的物理方法按其催化原理不同分为两种:一种是通过人工方法影响云中的微物理过程从而提高降水效率,最终达到增加地面降水的目的,而针对不同的降水云系,催化方式又有所差异,分为冷云催化和暖云催化;另一种是通过人工方法影响云中的动力过程以增大云中的上升气流,提高云中水汽的凝结率,以达到增加降水的目的。无论是人为影响云中微物理过程还是云中动力学过程,前期都必须了解降水云系的精细化特征,获得诸如云系水汽输送特征、云系冷暖层结构特征、不同水凝物的空间分布,以及云滴谱、雨滴谱等云系的微物理特征,才能合理确定作业目标云系、催化作业高度及作业区域、催化作业方式及催化剂用量等。这就需要在现有云降水观测站网基础上,持续优化云水资源观测站网布局,在重点生态功能区有针对性地补充建设人影特种观测设备,实现对云系条件的精准化观测。此外,天津市现有的空地催化作业装备基本都是针对冷云催化作业的碘化银催化剂,后期需加装暖云催化播撒装置,结合云系实际条件开展有针对性的播撒作业,使催化作业更科学更有效。

二是建成监测预报准确、作业决策指挥和方案设计科学、作业效果评估客观、人影业务布局与分工合理、实时业务流程高效,并与其他气象业务协调发展的现代化人工影响天气业务技术体系。对现有的实时业务流程进行不断完善和优化。具体包括:①完善作业天气过程预报。利用常规数值天气预报产品和气象台短期预报结果,结合作业天气概念模型,开展作业天气过程预报,结合生态修复型人影作业服务需求,判别影响本地适合人工影响天气作业的天气形势和条件,制定精准的作业天气过程预报,为提前申报空域计划、调配作业装备、组织实施作业和加密观测提供依据;②完善作业潜力预报。利用国家级和本地化的中尺度模式云降水场预报产品,参考气象台的短期预报订正产品和短时预报产品,判别影响本地适合人工影响天气作业的云系结构、云系性质和作业条件,结合云的监测分析,给出合理的作业潜力预报,为后期制定人影作业方案提供科学依据;③强化人影作业条件的临近预报预警。结合短时临近天气预报,基于卫星、雷达、探空等多种资料快速同化技术,发展具有快速滚动更新能力的云场临近精细预报和作业云系追踪方法,与作业条件实时监测结果进行综合分析,给出增雨雪作业条件临近预报和作业预警,为作业方案设计和修订、空域申报、作业指令下达提供必要依据;④提升空地作业方案设计合理性。结合实际云系条件和本地区作业技术指标,在作业条件连续追踪监测和预报基础上,制订飞机和地面作业预案、作业方案以及配套的加密观测方案,并根据天气实况,及时对作业预案和方案进行修正,进一步提高实际人影作业的科学性和针对性。

三是构建功能先进、保障有力、效益突出的服务体系。认真落实推进天津市生态文明建设的新的更高要求,围绕将天津市建设成为绿水青山、碧海蓝天、地净气良的美丽生态城市目标,聚焦生态保护和高质量发展。结合天津市 875 km^2 湿地保护修复以及 736 km^2 绿色生态屏障建设的服务需求,制定重点生态功能区常态化的人工影响天气作业计划,加强上下协调、部门联动、区域联合,积极组织实施生态修复型人工影响天气作业,更好地助力生态保护和修复。

四是形成管理科学、运转协调的管理体系和结构合理的人才保障体系。进一步强化政府对人工影响天气工作的统筹规划和组织协调,并将其纳入当地经济社会发展规划,并积极落实基础设施建设和管理、作业队伍管理、安全监管等职责。根据生态修复型人工增雨(雪)作业服务对综合探测分析、云物理数值模式预报和技术产品研发等人员的不同要求,强化人影专业人才引进和技术培训,完善和创新人才工作机制,有针对性地培训已有业务人员,建设专家型、复合型人才队伍。以科学作业、精准作业、安全作业为目标,充分发挥人才优势,开展云降水物理关键核心技术攻关,加强局校合作和联合技术研究,推动科研成果尽快转化为业务支撑能力,不断提升人影服务效益。

五是完善联动机制,完善市-区-站点三级联动式业务体系。健全人工影响天气管理体制,加强部门之间、地区之间、军地之间的沟通协调,建立上下衔接、分工协作、统筹集约的工作机制,协同做好人工影响天气能力建设、科技研发、业务运行保障及监管、协调和服务等方面工作。强化市级人影部门的作业决策指导作用,更好发挥区级人影部门及作业站点的主观能动性,不断完善市级核心决策指导、区级调度指挥与组织保障、基层人影炮站具体实施的三级联动式作业实施体系。

8.3 水库增蓄和重点生态区人工增雨雪作业

作为天津重要的地表水水源地,引滦入津线路上的于桥水库和引黄济津线路上的北大港水库,其供水量占到了天津市城区供水总量的 96.44%。有效保障水源地的供水量是饮用水供水安全非常重要的因素,为此,需要综合开发与科学配制水资源,加大对空中水资源的开发力度,充分发挥人工增雨(雪)作业在重点区域水库增蓄方面的积极作用,通过优化作业布局和合理的作业方案设计,根据实际需求,在水库集水区科学开展固定目标区人工增雨雪作业,不仅可以有效增加水库蓄水量,提高水利工程调配水资源的能力,也有助于保障城市饮用水水源供水量。

重点加强"871"生态功能区的常态化人工增雨雪作业力度。该功能区主要涵盖 875 km² 湿地(涵盖七里海、北大港、大黄堡、团泊洼等重要湿地保护区),736 km² 的绿色生态屏障(作为京津冀环首都生态屏障带的组成部分,该绿色生态屏障是连接中心城区与滨海新区的重要生态功能区)和 153 km 海岸线区域(渤海近岸海域岸线区域)。通过在这些地区开展常态化生态修复型人工增雨雪作业,不断提高重点生态功能区的水源涵养能力和水土保持功能。

借助于开展水库增蓄和重点生态区人工影响天气常态化作业,持续推进人工影响天气作业由防灾减灾型向生态修复型拓展,有效降低生态保护和修复成本,实现人工影响天气服务与生态文明建设的融入式发展。

8.4 生态修复型人工增雨雪作业效果评估

人工增雨雪作业实施后的效果评估是人工影响天气研究中的关键性问题,结合人工影响天气的原理及云降水物理学理论,人工增雨效果主要是指经过人工催化作业之后,云降水过程所发生的一系列变化。这种变化按影响对象的不同,可具体分为直接作业效果和间接作业效果。此外,按照催化方案设计的不同,可分为随机化试验效果评估和非随机化作业效果评估;按照评估手段的差异,可分为物理检验、统计检验和模式检验;按照评估结果的不同,又可划分为定性评估和定量评估(王飞 等,2022)。以下对目前被普遍公认的作业效果评估方法进行介绍。

(1)物理检验

物理检验主要是在人影作业前后借助于云的宏观变化、云的物态变化、滴谱的变化以及降雨形成等进行作业效果的检验。人工增雨物理检验的发展空间,与云降水探测技术的进步及物理检验方法的更新有着密切的联系(沙修竹 等,2022)。物理检验主要是通过对云降水过程物理参量的连续性观测,获得人工催化及影响后应该发生的各项物理变化的证据,具体来讲,就是找出相应的物理效应,如微物理效应或者宏观动力效应,作为人影作业效果评估的指标,进而通过试验来进一步验证人工催化是否显著地改变了这些指标。目前检验人工增雨作业效果最常用的观测资料是雷达资料,借助于雷达观测产品,判断催化作业前后云的宏微观特征参数的变化,如降水回波强度、回波面积、回波顶高、强回波区厚度、云中正温区厚度和负温区厚度之比、冰晶区融化带的变化等。

上面提到的这些指标,由于会受到许多因素的影响和制约,因此,也存在着很大的自然变率,要从中准确鉴别出人工播云的实际效果非常困难。因此,除了催化效果特别显著的情况之外(如雷达回波参量从无到有、云的宏观特征或者降水粒子的相态发生了显著变化),一般还是需要采用数理统计的方法进行分析和印证。基于多种观测资料的物理检验更多的是定性分析催化前后云系宏微观参量的变化,实现对作业效果的定量评估还比较困难。

(2)统计检验

前面介绍的物理检验,一般只能对单次人工增雨雪作业进行作业效果评估,无法实现对催化作业的整体效果进行客观定量估计,因此对于大范围地区某一时段内人影作业效果的估计,需采用统计检验的方法。其优势在于可以做到定量估计,并且可以减少试验效果中的偶然性误差,局限性在于它无法像物理检验那样给出非常直观的作业前后的效果对比。

随机化试验效果评估由于不依赖历史资料,常常被认为是较为可靠的检验播云作业效果的试验方案。自20世纪60年代开展的以色列随机播云试验(Gabriel,1967),到美国怀俄明州冬季地形云人工增雪试验(Pokharel et al.,2014a,2014b),随机化试验的效果评估结论一直以来被较广泛接受。我国于1975—1986年在福建古田水库开展的人工增雨随机试验(曾光平等,1986,1993;冯宏芳 等,2019),并得出增加降水20%左右的统计结论。海南开展的随机化烟炉增雨作业试验也得到了约11.4%的暖云增雨作业效果(黄彦彬 等,2019)。但是鉴于随机化试验所需要的样本量比较大,且要放弃一部分的人影作业机会,就导致了作业试验开展周期长,且方法本身并不能解决自然降水变率大的问题。鉴于设计和实施一项随机化人影外场试验历时长、耗资大(章澄昌,1998),在日常的人影业务中此类随机试验方案较少被采用。

与随机化试验效果评估相比,非随机化人工增雨作业效果评估则可以与实际业务作业一同开展,且较易实施,因此在人工影响天气业务效果评估中得以广泛应用。非随机化作业的统计评估主要关注作业后的降水量增加值,通过比较未进行作业的自然降水量和作业后实测降水量的差值,运用概率论或数理统计方法获得定量的人影作业效果(叶家东,1979)。统计检验作为人工增雨效果检验的基本方法(叶家东 等,1982),目前较为常用的统计检验评估方法有序列分析、区域对比分析、双比分析、区域历史回归分析、浮动对比区分析、基于聚类统计的协变量等方法。

运用这些方法开展检验,就需要对作业影响区的降水量期望值进行估计。根据统计检验原理,在给出检验结果时必须进行显著性水平检验,也就是播云作业后的实际观测降水量和预估的自然降水量之间存在差异,如果差异可能是由降水的自然变率造成的,那么就需要计算这种可能性到底有多大。如果可能性很大,那么就没有理由认为是因为人工播云的影响改变了降水量,即催化作业的效果不显著;反之,如果这种可能性很小,那么就有理由说明人工播云有效,即催化作业的效果较为显著。

在利用上述统计学方法进行作业效果检验时,需要选择合适的对比区(未受到催化影响的区域,可以利用该区的降雨量与目标区的雨量加以比较)和目标区(进行过人工催化的区域,也就是受到催化剂扩散影响的区域,一般位于作业点的下风方向(包括作业点在内))。一般地,对比区的选择有特定的要求:①不受催化剂的影响;②对比区与目标区的降水系统一致,雨型相同在统计学上表现为历史记录的两区雨量具有显著相关的特征;③对比区和目标区的面积及地形特征基本类似。

在对于目标区进行选择时,需要满足以下要求:①目标区位于作业点的下风方向;②目标区四周有催化作业点,以保证目标区能够一直处于有效的催化影响条件下;③目标区与对比区周围有足够数量的雨量观测站。

(3)数值模式检验

随着云降水物理研究的进步和计算机技术的不断发展,中小尺度数值模式对于云系的发展演变已经具有很好的预报能力,因此数值模式检验方法可以较好地满足人影作业效果评估中客观性、可预测性和可重复性的要求(郭钰文 等,2011)。作为人影研究中的关键组成,云降水数值模式可以在相同云况条件下比较播云前后的异同,从而明确播云的实际效果(楼小凤等,2016)。数值模式检验是指在描述云降水过程的数值模式中增加人工播云参数化方案,通过定量预报催化与不催化情况下云的宏、微观参量和地面降水,并与实际观测结果比较,综合判断作业效果。

数值模式检验结合云降水理论机制建立起来的有关云和降水发展的数学模式,基于模式预报出自然云顶的发展高度,从而选择合适的作业对象,并估计出自然云的降水量,将其与人工催化后的各要素实测值进行对比,最终对催化试验效果进行评估。通过对作业目标云系和非作业云系的催化数值模拟分析,能够拟云和降水的主要过程,描述云的多种宏微观物理过程相互作用,为人工增雨催化试验提供预期的效果,并实现对播云效果的合理判断。与此同时,借助于大量的数值模拟试验,可以进一步优化播云作业方案。

8.5　本章小结

近年来天津市人影从传统的以抗旱增雨、驱雹减灾为主的服务逐渐向防灾减灾、降低森林火险等级、生态环境保护修复等多领域并举的服务转变,不断提升生态修复型人工影响天气服务能力,是助力生态文明建设的有力保障。本章介绍了天津市人工影响天气业务的现状,包括人影作业规模、作业装备、云降水综合观测网和飞机搭载探测设备;介绍了人影科技支撑系统、安全管理系统以及业务管理;综述了生态修复型人工影响天气业务体系、水库增蓄和重点生态区人工增雨雪作业、生态修复型人工增雨雪作业效果评估。

参考文献

包枫,刘波,2007.天津市地面沉降对堤防的影响及损失研究[J].岩土工程界,10(9):63-65.

蔡锋,苏贤泽,刘建辉,等,2008.全球气候变化背景下我国海岸侵蚀问题及防范对策[J].自然科学进展,18（10）:1093-1103.

曹丹,周立晨,毛义伟,等,2008.上海城市公共开放空间夏季小气候及舒适度[J].应用生态学报,8:1797-1802.

曹宇峰,林春梅,余麒祥,等,2015.简谈围填海工程对海洋生态环境的影响[J].海洋开发与管理,32(6):85-88.

曹湛,2014.滨海城市填海城区综合防灾规划研究[D].天津:天津大学.

曹喆,丁立强,梅鹏蔚,2004.天津市湿地环境变迁及成因分析[J].湿地科学,2(1):74-80.

陈国南,1987.用迈阿密模型测算我国生物生产量的初步尝试[J].自然资源学报,2(3):270-278.

陈吉余,夏东兴,虞志英,等,2010.中国海岸侵蚀概要[M].北京:海洋出版社.

陈茗,2015.西安城市户外公共空间水体小气候效应实测分析[D].西安:西安建筑科技大学.

陈思宁,柳芳,黎贞发,2014.设施农业气象灾害研究综述及研究方法展望[J].中国农学通报,30(20):302-307.

陈思宁,黎贞发,柳芳,等,2017.天津新型日光温室风灾风险评估及区划[J].中国农学通报,33(2):115-120.

陈燕珍,孙钦帮,王阳,等,2015.曹妃甸围填海工程开发对近岸沉积物重金属的影响[J].海洋环境科学,34(3):402-405.

陈颖,张冬峰,王林,等,2022.RegCM4对华北区域21世纪气候变化预估研究[J].干旱气象,40(1):1-10.

程晨,2011.天津市中心城区和滨海新区热岛效应研究[D].天津:南开大学.

崔保山,杨志峰,2002.湿地生态环境需水量研究[J].环境科学学报,22(2):219-225.

崔保山,杨志峰,2003.湿地生态环境需水量等级划分与实例分析[J].资源科学,25(1):21-28.

崔丽娟,康晓明,赵欣胜,等,2015.北京典型城市湿地小气候效应时空变化特征[J].生态学杂志,34(1):212-218.

戴声佩,李海亮,罗红霞,等,2014.1960—2011年华南地区界限温度10 ℃积温时空变化分析[J].地理学报,69(5):650-660.

董克刚,周俊,于强,等,2007.天津市面沉降的特征及其危害[J].地质灾害与环境保护,18(1):67-70.

董克刚,徐鸣,于强,等,2010.天津地面沉降区地下水资源超采和涵养恢复阈值的讨论[J].地下水,32(1):30-33.

董李勤,章光继,2011.全球气候变化对湿地生态水文的影响研究综述[J].水科学进展,22(3):429-436.

董锁成,陶澍,杨旺舟,等,2010.气候变化对中国沿海地区城市群的影响[J].气候变化研究进展,6(4):284-289.

窦以文,屈玉贵,陶士伟,等,2008.北京自动气象站实时数据质量控制应用[J].气象,34(8):77-81.

杜庆有,魏玲娜,2021.天津台风特征及其灾害性影响分析[J].海河水利,4:45-49.

段斌,方玲,宋世枝,等,2017.信阳粳稻晚播气候适宜度分析[J].中国稻米,23(2):53-56.

段丽瑶,解以扬,陈靖,等 2014.基于城市内涝仿真模型的天津风暴潮灾害评估[J].应用气象学报,25(3):354-359.

冯宏芳,林文,曾光平,2019.福建省古田水库人工增雨随机回归试验回顾及展望[J].海峡科学,5:21-25.

傅抱璞,1997.气流通过水域时的变性[J].气象学报,4:57-69.

傅国斌,李克让,2001.全球变暖与湿地生态系统的研究进展[J].地理研究,20(1):120-128.

高懋芳,覃志豪,徐斌,等,2007.用MODIS数据反演地表温度的基本参数估计方法[J].干旱区研究,24(1):113-118.

高润祥,司鹏,宋明,等,2011.近50年天津地区局地气候变化特征分析[J].气候与环境研究,16(2):159-168.

高素华,潘亚茹,郭建平,1994.气候变化对植物气候生产力的影响[J].气象,20(1):30-33.

高志强,刘向阳,宁安才,等,2014.基于遥感的近30 a中国海岸线和围填海面积变化及成因分析[J].农业工程学报,30(12):140-147.

郭洁,李国平,2007.若尔盖气候变化及其对湿地退化的影响[J].高原气象,26(2):422-428.

郭军,2008.天津地区灰霾天气的气候特征分析[J].城市环境与城市生态,21(3):12-20

郭钰文,王佳,商兆堂,等,2011.一次人工增雨作业效果的中尺度数值模拟[J].气象科学,31(5):613-620.

韩慕康,三村信男,细川恭史,等,1994.渤海西岸平原海平面上升危害性评估[J].地理学报,49(2):107-116.

韩素芹,郭军,黄岁梁,等,2007.天津城市热岛效应演变特征研究[J].生态环境学报,16(2):280-284.

何霄嘉,张九天,仇天宇,等,2012.海平面上升对我国沿海地区的影响及其适应对策[J].海洋预报,29(6):84-91.

侯西勇,张华,李东,等,2018.渤海围填海发展趋势、环境与生态影响及政策建议[J].生态学报,38(9):1-9.

胡俊杰,蒙爱军,2005.天津地区的相对海平面上升与地面沉降[J].海洋环境保护,2:17-19.

黄宝华,田力,周利霞,等,2008.基于MODIS数据的火险潜在指数(FPI)及其应用研究[J].国土资源遥感,3:56-60.

黄鹤,李英华,韩素芹,等,2011.天津城市边界层湍流统计特征[J].高原气象,30(6):1481-1487.

黄利萍,苗俊峰,刘月琨,2012.天津城市热岛效应的时空变化特征[J].大气科学学报,35(5):620-632.

黄利萍,苗峻峰,刘月琨,等,2013.天津地区夏季海陆风对城市热岛日变化特征影响的观测分析[J].大气科学学报,36(4):417-425.

黄彦彬,毛志远,邢峰华,等,2019.海南岛西部山区人工催化暖底积云随机化效果检验[J].气象科技,47(3):486-494.

纪鹏,朱春阳,王洪义,等,2013.城市中不同宽度河流对滨河绿地四季温湿度的影响[J].湿地科学,11(2):240-245.

贾琦,运迎霞,尹泽凯,等,2016.高密度城区公园降温效应与模拟预测研究——以天津中心城区为例[J].重庆大学学报,39(2):44-50.

靳宇弯,杨薇,孙涛,等,2015.围填海活动对黄河三角洲滨海湿地生态系统的影响评估[J].湿地科学,13(6):682-689.

阚文静,张秋丰,石海明,等,2016.天津海岸侵蚀灾害风险评价[J].海洋湖沼通报,3:8-12.

雷坤,孟伟,郑丙辉,等,2007.渤海湾西岸入海径流量和输沙量的变化及其环境效应[J].环境科学学报,27(12):2052-2059.

李春,黎贞发,谢东杰,等,2010.天津市日光温室生产的气候资源比较分析[J].北方园艺(4):63-65.

李建国,韩春花,康慧,等,2010.滨海新区海岸线时空变化特征及其成因分析[J].地质调查与研究,33(1):63-70.

李杰,陈燕珍,牛福新,等,2018.天津海平面变化影响调查研究[J].天津航海,147(2):69-71.

李杰,谭晓璇,李响,等,2022.天津沿海海平面上升影响风险等级研究[J].海洋开发与管理,1:49-53.

李林,李凤霞,朱西德,等,2009.黄河源区湿地萎缩驱动力的定量辨识[J].自然资源学报,24(7):1246-1255.

李平日,方国祥,黄光庆,1993.海平面上升对珠江三角洲经济建设的可能影响及对策[J].地理学报,48(6):527-534.

李书严,轩春怡,李伟,等,2008.城市中水体的微气候效应研究[J].大气科学,3:552-560.

李响,段晓峰,刘克修,等,2014.津冀沿海地区海平面上升的风险评估研究[J].灾害学,29(3):108-114.

廖菲,利娅敏,洪延超,2009.地形动力作用对华北暴雨和云系影响的数值研究[J].高原气象,28(1):115-126.

林黎,赵苏民,李丹,等,2006.深层地热水开采与地面沉降的关系研究[J].水文地质工程地质,21(3):34-37.

林忠辉,莫兴国,项月琴,2003.作物生长模型研究综述[J].作物学报,29(5):750-758.

刘春兰,谢高地,肖玉,2007.气候变化对白洋淀涨地的影响[J].长江流域资源与环境,16(2):245-250.

刘德义,傅宁,范锦龙,2008.近20年天津地区植被变化及其对气候变化的响应[J].生态环境,17(2):798-801.

刘红艳,2010.天津市湿地生态保护水资源保障措施研究[D].天津:天津大学.

刘捷,2016.天津市三北防护林体系五期工程建设的意义[J].天津农业科学,22(4):140-142,150.

刘明华,2010.辽东湾北部浅海区底泥砷元素形态特征[J].地质与资源,19(1):32-35,41.

刘露,2011.天津城市空间结构与交通发展的相关性研究[M].天津:天津大学出版社.

刘晓书,刘芳,张俊,2022.京津冀地区板栗产业布局及前景分析[J].中国果树,2:99-102.

楼小凤,师宇,李集明,2016.云降水和人工影响天气催化数值模式的发展及应用[J].气象科技进展,6(3):75-82.

陆鸿宾,魏桂玲,1990.太湖气温效应的分析[J].海洋与湖沼,21(1):80-87.

陆荣华,2010.围填海工程对厦门湾水动力环境的累积影响研究[D].厦门:国家海洋局第三海洋研究所.

马玫,1997.天津城市发展研究—产业·地域·人口[M].天津:天津人民出版社.

马庆树,1996.吉林省农业气候研究[M].北京:气象出版社.

孟凡超,任国玉,郭军,等,2020.城市热岛对天津市居住建筑供暖制冷负荷的影响[J].地理科学进展,39(8):1296-1307.

苗雅杰,2002.长春城市绿地、湖泊小气候效应[J].吉林林业科技,6:46-47.

欧阳海,郑步忠,王雪娥,等,1990.农业气候学[M].北京:气象出版社.

彭小芳,孙逊,袁少雄,等,2008.广州城市湿地的景观特点及小气候效应[J].生态环境学报,17(6):2289-2296.

齐成喜,2005.天津耕作制度演变规律、2020年发展方向及其对策研究[D].北京:中国农业大学.

齐静静,2010.松花江及其周边区域热气候的现场实测研究[D].哈尔滨:哈尔滨工业大学.

秦延文,郑丙辉,李小宝,等,2012.渤海湾海岸带开发对近岸沉积物重金属的影响[J].环境科学,33(7):2359-2367.

任建武,田翠杰,胡青,等,2012.天津滨海新区湿地野生植物资源调查与分析[J].林业资源管理,2:90-95.

任鹏,2016.龙口湾海区沉积环境研究[D].青岛:青岛大学.

任云兰,郭力君,2009.天津城市更新改造的探索与实践[J].城市发展研究,16(3):3-6.

沙修竹,褚荣浩,黄毅梅,2022.人工增雨效果物理检验方法的建立及应用[J].大气科学,46(4):819-834.

石春娥,杨军,邱明燕,等,2008.从雾的气候变化看城市发展对雾的影响[J].气候与环境研究,13(5):327-336.

宋红丽,2015.围填海活动对黄河三角洲滨海湿地生态系统类型变化和碳汇功能的影响[D].长春:中国科学院研究生院(东北地理与农业生态研究所).

宋晓程,2011.城市河流对局地热湿气候影响的数值模拟和现场实测研究[D].哈尔滨:哈尔滨工业大学.

粟晓玲,姜田亮,牛纪苹,2021.生态干旱的概念及研究进展[J].水资源保护,37(4):15-21.

孙百顺,左书华,谢华亮,等,2017.近40年来渤海湾岸线变化及影响分析[J].华东师范大学(自然科学版),4:

139-148.

孙家柄,舒宁,关泽群,1997.遥感原理·方法和应用[M].北京:测绘出版社.

孙家兴,孙晓宁,2021.北大港湿地自然保护区总体规划实施情况研究[J].安徽农学通报,27(18):143-145.

孙万龙,孙志高,卢晓宁,等,2016.黄河口岸线变迁对潮滩盐沼景观格局变化的影响[J].生态学报,36(2):
    480-488.

孙奕敏,边海,1988.天津市城市热岛效应的综合性研究[J].气象学报,46(3):341-348.

索安宁,张明慧,于永海,等,2012.曹妃甸围填海工程的海洋生态服务功能损失估算[J].海洋科学,36(3):
    108-114.

覃先林,张子辉,李增元,等,2008.国家级森林火险等级预报方法研究[J].遥感技术与应用,23(5):500-504.

天津市规划和自然资源局,2022.天津市国土空间总体规划(2021—2035年)[EB/OL].(2021-09-27)[2023-09].
    https://www.tj.gov.cn/zmhd/jcyjzj/202109/t20210927_5613287.html.

天津市农业农村委员会,2022.天津市种植业"十四五"发展规划[EB/OL].(2022-05-23)[2023-09].https://
    nync.tj.gov.cn/ZWGK0/ZCFG152022/202205/t20220525_5889626.html.

万五一,练继建,王俊,2003.明渠-结合池-暗管输水系统水力瞬变过程计算[J].水利学报,8:16-20.

王成刚,王得军,2004.天津市沿海风暴潮成因及防御对策分析[J].海河水利,4:27-28.

王飞,李集明,姚展予,等,2022.我国人工增雨作业效果定量评估研究综述[J].气象,48(8):945-962.

王昊,许士国,孙砂石,2006.扎龙湿地芦苇沼泽蒸散耗水预测[J].生态学报,26(5):1352-1358.

王浩,傅抱璞,1991.水体的温度效应[J].气象科学,3:233-243.

王建华,卜清军,许长义,2014.渤海风暴潮研究进展简介[J].天津科技,41(6):71-73.

王静,李维涛,陈丽棠,2005.海堤工程防洪(潮)标准与区域社会经济发展[J].水利技术监督,3:47-51.

王静爱,王珏,叶涛,2004.中国城市水灾危险性与可持续发展[J].北京师范大学学报(社会科学版),3:
    138-142.

王娟娟,缴建华,马丹,等,2016.围填海吹填淤泥及悬浮物对天津海域海洋生物资源的急性毒性效应[J].渔业
    科学进展,37(2):16-24.

王宁,张利权,袁琳,等,2012.气候变化影响下海岸带脆弱性评估研究进展[J].生态学报,32(7):2248-2258.

王青,严登华,翁白莎,等,2012.流域干旱对淡水湖泊湿地生态系统的影响机制[J].湿地科学,10(4):
    396-403.

王若柏,周伟,李风林,等,2003.天津地区构造沉降及控沉远景问题[J].水文地质工程地质,18(4):1-9.

王盛安,龙小敏,黎满球,等,2009.近岸海浪、风暴潮及海啸灾害远程实时监控系统的现场试验及应用[J].热
    带海洋学报,28(1):29-33.

王彦,李胜山,郭立,2006.渤海湾海风锋雷达回波特征分析[J].气象,32(12):23-29.

王园君,翟伟康,孙艳莉,等,2020.近40年天津市大陆海岸线时空变迁分析[J].天津科技大学学报,35(6):
    44-49.

韦玉春,汤国安,杨昕,2007.遥感数字图像处理教程[M].北京:科学出版社.

魏瑞江,张文宗,康西言,等,2007.河北省冬小麦气候适宜度动态模型的建立及应用[J].干旱地区农业研究,
    25(6):5-9.

魏星,王品,张朝,等,2015.温度三区间理论评价气候变化对作物产量影响[J].自然资源学报,30(3):
    470-479.

温克刚,王宗信,2008.中国气象灾害大典:天津卷[M].北京:气象出版社.

吴恩融,叶齐茂,倪晓晖译,2014.高密度城市设计[M].北京:中国建筑工业出版社.

吴婕,高学杰,徐影,2018.RegCM4模式对雄安及周边区域气候变化的集合预估[J].大气科学,42(3):
    696-705.

吴少华,王喜年,宋珊,等,2002.天津沿海风暴潮灾害概述及统计分析[J].海洋预报,19(1):29-35.

吴铁钧,金东锡,1998.天津地面沉降防治措施及对策[J].中国地质灾害预防治学报,9(2):6-12.

吴月,2019.基于遥感数据的林火监测方法及其应用[D].南京:南京信息工程大学.

武永利,卢淑贤,王云峰,等,2009.近45年山西省气候生产潜力时空变化特征分析[J].生态环境学报,18(2):567-571.

夏东兴,刘振夏,王德邻,等,1994.海面上升对渤海湾西岸的影响与对策[J].海洋学报,16(1):61-67.

肖荣波,欧阳志云,李伟峰,等,2005.城市热岛的生态环境效应[J].生态学报,25(8):2055-2060.

谢俊民,郑子捷,2013.基于土地使用的城市风廊道规划策略[C].青岛:中国城市规划年会.

许启慧,苗峻峰,刘月琨,等,2013.渤海湾西岸海风时空演变特征观测分析[J].海洋预报,30(1):9-18.

薛桁,朱瑞兆,杨振斌,2002.沿海陆上风速衰减规律[J].太阳能学报,23(2):207-210.

薛明,2019.风暴潮监测预警系统研究[D].天津:天津大学.

薛禹群,张云,叶淑君,等,2003.中国地面沉降及其需要解决的几个问题[J].第四纪研究,23(6):585-593.

杨桂山,施雅风,1995.海平面上升对中国沿海重要工程设施与城市发展的可能影响[J].地理学报,50(4):302-309.

杨凯,唐敏,刘源,等,2004.上海中心城区河流及水体周边小气候效应分析[J].华东师范大学学报(自然科学版),3:105-114.

杨萍,刘伟东,仲跻芹,等,2011.北京地区自动气象站气温观测资料的质量评估[J].应用气象学报,22(6):706-715.

杨曦,王中良,2014.天津地区相对海平面变化最新进展及发展趋势分析[J].地球与环境,42(2):157-160.

杨阳,李红柳,郭鑫,2019.天津市双城间绿色生态屏障区生态环境保护对策研究[J].节能,38(7):162-163.

叶家东,1979.人工降水的试验设计和效果检验[J].气象,5(2):26-29.

叶家东,范蓓芬,1982.人工影响天气的统计数学方法[M].北京:科学出版社.

俞芬,千怀遂,段海来,2008.淮河流域水稻的气候适宜度及其变化趋势分析[J].地理科学,28(4):537-542.

曾光平,方仕珍,1986.福建省古田水库人工降雨试验效果的多元回归分析[J].热带气象,4:336.

曾光平,吴明林,林长城,等,1993.古田水库人工降雨效果的综合评价[J].应用气象学报,4(2):154-161.

张保军,王泽民,安家春,等,2016.南极长城站验潮站数据处理和潮汐特点初步分析[J].极地研究,28(4):498-504.

张华,李艳芳,唐诚,等,2016.渤海底层低氧区的空间特征与形成机制[J].科学通报,61(14):1612-1620.

张继权,李宁,2007.主要气象灾害风险评价与管理的数量化方法及其应用[M].北京:北京师范大学出版社.

张洁,赵洪婧,杨会春,等,2006.天津市外环线外侧绿化带现状及发展对策[J].天津农林科技,5:36-38.

张立奎,2012.渤海湾海岸带环境演变及控制因素研究[D].青岛:中国海洋大学.

张利民,石春娥,杨军,等,2002.雾的数值模拟研究[M].北京:气象出版社.

张明洁,赵艳霞,2012.日光温室气候适宜性研究——以北方地区为例[J].中国农业资源与区划,34(29):92-97.

张鹏,张锦文,2002.天津沿海风暴潮实时监测预报系统[J].海洋预报,19(1):16-23.

张鹏程,孙林云,诸裕良,2015.渤海湾围填海对三河口海域水动力及含沙量的影响[J].中国港湾建设,35(10):6-12.

张晓钰,郝日明,张明娟,2014.城市通风道规划的基础性研究[J].环境科学与技术,37:257-261.

张永泽,王恒,2001.自然湿地生态恢复研究综述[J].生态学报,21(2):309-314.

张云,黄锦楼,张海涛,2011.汉石桥湿地生态环境需水量研究——以北京市汉石桥湿地自然保护区为案例[J].中国人口资源与环境,21:277-280.

张云霞,2004.天津市滨海新区地面沉降防治对策研究[D].天津:天津大学.

张壮壮,2014.渤海湾近海栖息地变化对大型底栖动物群落结构影响的研究[D].上海:上海海洋大学.

张子鹏,2013.辽东湾北部现代沉积作用研究[D].青岛:中国海洋大学.

章澄昌,1998.当前国外人工增雨防雹作业的效果评估[J].气象,24(10):3-8.

赵安,赵小敏,1998.FAO-AEZ法计算气候生产潜力的模型及应用分析[J].江西农业大学学报,20(4):528-533.

赵璀,2020.盈江国家湿地公园生态需水量研究[J].水文,40(5):67-70.

赵全勇,孙艳玲,王中良,2014.城市化进程中天津城市热岛景观格局变化分析[J].天津师范大学学报,34(2):49-55.

赵鑫,孙群,魏皓,2013.围填海工程对渤海湾风浪场的影响[J].海洋科学,37(1):7-16.

郑楷源,高超,郑铣鑫,等,2022.中国沿海地区相对海平面上升研究进展[J].宁波大学学报(理工版),35(2):113-120.

中国科学院学部,2011.我国围填海工程中的若干科学问题及对策建议[J].中国科学院院刊,26(2):171-173,141.

中国自然资源丛书编撰委员会,1966.中国自然资源丛书(天津卷)[M].北京:中国环境科学出版社.

周潮洪,常守权,2004.天津湿地演变过程及原因探讨[C]//全国环境水力学学术会议.北京:中国水利学会.

周潮洪,刘红艳,王得军,等,2007.天津湖泊湿地生态抗旱对策研究[C]//唐洪武,李桂芬,王连祥.第三届全国水力学与水利信息学大会论文汇编.南京:河海大学出版社:491-496.

周广胜,张新时,1995.自然植被净第一生产力模型初探[J].植物生态学报,19(3):193-200.

周淑贞,1988.上海城市气候中"五岛"效应[J].中国科学B辑,11:1226-1234.

周永宝,2014.基于MODIS的森林火灾预警与检测研究[D].兰州:兰州交通大学.

朱春阳,2015.城市湖泊湿地温湿效应——以武汉市为例[J].生态学报,35(16):5518-5527.

自然资源部,2021.中国海平面公报(2020年)[EB/OL].(2021-04-26)[2023-09].http://gi.mnr.gov.cn/202104/t20210426_2630186.html.

BRUUN P,1962.Sea-level rise as a cause of shore erosion[J]. Journal of Waterways and Harbors Division,(88):117-130.

CHEN S N, GUO J, ZHAO Y X, et al,2021. Evaluation and grading of climatic conditions on nutritional quality of rice: A case study of Xiaozhan rice in Tianjin[J]. Meteorological Applications,28(4):e2021.

FOSBERG M A, DEEMING J E,1971. Derivation of the 1 and 10 hour timelag fuel moisture calculations for fire danger rating[J]. USDA Forest Service Research Note RM-207:1-8.

GABRIEL K R,1967. The Israeli artificial rainfall stimulation experiment. Statistical evaluation for the period 1961—1965[C]. Proceedings of the Fifth Berkeley Symposium on Mathematical Statistics and Probability, Volume 5: Weather Modification. Berkeley:91-113.

GABRIEL K R, AVICHAI Y, STEINBERG R,1967. A statistical investigation of persistence in the Israeli artificial rainfall stimulation experiment[J]. Journal of Applied Meteorology,6(2):323-325.

GIGLIO L,KENDALL J D,JUSTICE C O,1999. Evaluation of global fire detection algorithms using simulated AVHRR infrared data[J]. International Journal of Remote Sensing,20(10):1947-1985.

GLEICK P H,1998. Water in crisis: Paths to sustainable water use[J]. Ecological Applications,8(3):571-579.

GRIMMOND C S B, OKE T R,1999. Aerodynamic properties of urban areas derived from analysis of surface form[J]. Journal of Applied Meteorology,38:1262-1292.

IPCC,2021. Climate Change 2021: The Physical Science Basis. Contribution of Working Group I to the Fifth Assessment Report of the Intergovernmental Panel on Climate Change[M]. Cambridge and New York:Cambridge University Press.

MACDONALD R W, GRIFFITHS R F, HALL D J,1998. An improved method for the estimation of surface roughness of obstacle arrays[J]. Atmospheric Environment,32(11):1857-1864.

NICHOLAS R B，LAKE P S，ANGELA H A，2008. The impacts of drought on freshwater ecosystems：An Australian perspective[J]. Hydrobiologia，600：3-16.

PETERSEN R L，1997. A wind tunnel evaluation of methods for estimating surface roughness length in industrial facilities[J]. Atmospheric Environment，31：45-57.

POKHAREL B，GEERTS B，JING X Q，2014a. The impact of ground-based glaciogenic seeding on orographic clouds and precipitation：A multisensor case study[J]. Journal of Applied Meteorology and Climatology，53(4)：890-909.

POKHAREL B，GEERTS B，JING X Q，et al，2014b. The impact of ground-based glaciogenic seeding on clouds and precipitation over mountains：A multi-sensor case study of shallow precipitating orographic cumuli[J]. Atmospheric Research，147-148：162-182.

POTTER C，PANDERSON J T，FIELD C B，et al，1993. Terrestrial ecosystem production：A process model based on global satellite and surface data[J]. Global Biogeochemical Cydes，7(4)：811-841.

REN Y Y，REN G Y，2011. A remote-sensing method of selecting reference stations for evaluating urbanization effect on surface air temperature trends[J]. Journal of Climate，24(13)：3179-3189.

SUO A，ZHANG M L，2015. Sea areas reclamation and coastline change monitoring by remote sensing in coastal zone of Liaoning in China[J]. Journal of Coastal Research，73：725-729.

WONG M S，NICHOL J E，TO P H，et al，2010. A simple method for designation of urban ventilation corridors and its application to urban heat island analysis[J]. Building and Environment(45)：1880-1889.

WU S J，YANG H，LUO P，et al，2021. The effects of the cooling efficiency of urban wetlands in an inland megacity：A case study of Chengdu，Southwest China[J]. Building and Environment，204：108-128.

XU L F，WEN S Y，ZHAO D Z，et al，2013. On the coastal erosion risk assessment indexes[J]. Journal of Risk Analysis and Crisis Response，3(3)：146-155.

YANG P，REN G Y，LIU W D，2013. Spatial and temporal characteristics of Beijing urban heat island intensity[J]. Journal of Applied Meteorology and Climatology，52(8)：1803-1816.